综采工作面远距离供电系统分类设计与案例

主编　郭　瑜　高彩霞

郑州大学出版社

图书在版编目(CIP)数据

综采工作面远距离供电系统分类设计与案例／郭瑜，高彩霞主编. -- 郑州：
郑州大学出版社，2024.1(2024.5 重印)
ISBN 978-7-5773-0177-8

Ⅰ. ①综… Ⅱ. ①郭… ②高… Ⅲ. ①综采工作面 - 供电系统 - 系统设计
Ⅳ. ①TD61

中国国家版本馆 CIP 数据核字(2024)第 035312 号

综采工作面远距离供电系统分类设计与案例
ZONGCAI GONGZUOMIAN YUANJULI GONGDIAN XITONG FENLEI SHEJI YU ANLI

策划编辑	李 香		封面设计	苏永生
责任编辑	李 香		版式设计	苏永生
责任校对	许久峰		责任监制	李瑞卿

出版发行	郑州大学出版社		地　址	郑州市大学路 40 号(450052)
出 版 人	孙保营		网　址	http://www.zzup.cn
经　销	全国新华书店		发行电话	0371-66966070
印　刷	郑州宁昌印务有限公司			
开　本	787 mm×1 092 mm 1／16			
印　张	13.25		字　数	325 千字
版　次	2024 年 1 月第 1 版		印　次	2024 年 5 月第 2 次印刷

书　号	ISBN 978-7-5773-0177-8		定　价	59.00 元

作者名单

主　　编　郭　瑜　高彩霞

副 主 编　于　洪　秦高威　史鹏飞

　　　　　马彦操　邓亚良

编　　委　郭　瑜　高彩霞　于　洪　秦高威

　　　　　史鹏飞　马彦操　邓亚良　朱福文

　　　　　徐耀晖　董庆伟　张龙飞　王　翰

　　　　　王中州　赵宝森　刘　洋　何俊涛

　　　　　娄松磊　缪庆彬　李凯歌　孙纪坤

　　　　　郑文杰　弯佳毅　刘鹏飞

前　言

　　进入 21 世纪以来,我国各生产矿井规模在飞速发展,综采工作面逐步向纵深方向推进,大采高长距离的工作面不断增多,致使综采设备朝着大型化与重型化的方向发展,造成设备列车的规模不断增大。同时,随着矿井开采深度的加深,工作面压力越来越大,巷道会出现严重变形、通风断面减小、底板起伏等问题。如果仍采用大型设备进工作面的传统近距离供电方式,存在不少弊端。首先,随着工作面的不断回采,需不断后撤移动列车配电点,既会增大生产成本,也会严重影响工作面的正常生产、降低工作效率;其次,由于设备列车规模大,同时巷道又严重变形,造成设备列车拉移过程中存在极大的安全隐患,极易发生断绳或翻车事故。为了解决近距离供电方式所带来的诸多不便,从根本上消除生产作业安全隐患,实现综采工作面减人提效、高产高效、安全生产的目标,亟需开展综采工作面远距离供电系统分类设计研究。

　　为了给综采工作面远距离供电系统设计人员提供参考,推进远距离供电系统的应用,我们编写了《综采工作面远距离供电系统分类设计与案例》一书。本书共 6 章。第 1 章主要阐述了综采工作面远距离供电系统设计的基本理论及基于极限供电距离的综采工作面远距离供电系统设计方法。第 2 章以焦作煤业(集团)有限责任公司各综采工作面为例,对各工作面概况及其配套综采设备进行分析,在此基础上对工作面进行分类研究。第 3 章对第一类典型工作面进行远距离供电系统设计,并研究其在不同供电设备和电能传输设备下的极限供电距离,形成第一类典型综采工作面远距离供电系统设计数据库。给出了焦作煤业(集团)有限责任公司九里山矿东二工作面远距离供电系统设计示例。该示例利用第一类典型工作面设计结果,快速进行九里山矿东二工作面远距离供电系统设计。第 4 章对第二类典型工作面进行远距离供电系统设计,并研究其在不同供电方式、不同供电设备和不同电能传输设备下的极限供电距离,形成第二类典型综采工作面远距离供电系统设计数据库。给出了焦作煤业(集团)有限责任公司赵固二矿 11012 工作面远距离供电系统设计示例。该示例利用第二类典型工作面设计结果,快速进行赵固二矿 11012 工作面远距离供电系统设计。第 5 章对第三类典型工作面进行远距离供电系统设计,并研究其在不同供电设备和电能传输设备下的极限供电距离,形成第三类典型综采工作面远距离供电系统设计数据库。给出了焦作煤业(集团)有限责任公司赵固一矿 16051 工作面远距离供电系统设计示例。该示例利用第三类典型工作面设计结果,快速进行赵固一矿 16051 工作面远距离供电系统设计。第 6 章对第四类典型工作面进行远距离供电系统设计,并研究其在不同供电设备和电能传输设备下的极限供电距离,形成第四类典型综采工作面远距离供电系统设计数据库。给出了焦作煤业(集团)有限责任公司赵固二矿 14030 工作面远距离供电系统设计示例。该示例利用第四类典型工作面设计结果,快速进行赵固二矿 14030 工作面远距离供电系统设计。

本书由郭瑜、高彩霞任主编,于洪、秦高威、史鹏飞、马彦操、邓亚良任副主编。河南理工大学王福忠教授认真细致地审读了全部书稿,提出了许多宝贵意见;郑州大学出版社做了大量细致入微的出版工作。在此向他们表示衷心感谢。

本书在写作过程中参考了大量的文献资料,对所引用的文献尽力在书后的参考文献中列出,但是难免有所遗漏,特别是一些被反复引用很难查实原始出处的参考文献,在此向被提遗漏参考文献的作者表示歉意,并向本书所引用的参考文献的作者表示诚挚的谢意。

本书及相关研究工作得到焦作煤业(集团)有限责任公司委托项目"综采工作面远距离供电系统分类分型设计规范研究"的资助。

由于时间仓促,加上作者水平有限,不足及疏漏之处在所难免,有待进一步充实和更新,恳请读者不吝赐教。

编　者

2023 年 6 月

目录

第1章 综采工作面远距离供电系统设计理论

综采工作面远距离供电系统设计理论是设计供电系统的依据。为此,作者在广泛调查研究的基础上,对目前国内已应用远距离供电系统的工作面进行认真分析和总结,同时汲取国内外煤矿供电的新技术、新设备及新的科研成果,最终形成了综采工作面远距离供电系统设计理论。所制定的远距离供电系统设计理论充分结合了《煤矿井下供配电设计规范》(GB/T 50417—2017)、《综采综放工作面远距离供电系统技术规范》(GB/T 37814—2019)、《综采综放工作面常规供电系统设计规范》(GB/T 37808—2019)及国家现有相关标准的规定。主要内容涉及供电系统电压等级确定、供电方式的确定、配电点位置的确定、工作面负荷计算与变压器选择、供配电设备的选型及保护、电缆选择及计算以及工作面电气设备安装、远距离供电压降及电气保护校验等内容。

1.1 供电系统电压等级及供电方式确定

根据负荷要求确定供电系统的电压等级。综采工作面供电系统接线方式有放射式、干线式和混合式三类,如图 1-1 所示。

放射式接线是从移动变电站的动力中心或低压馈电开关向各用电设备分别引出专用电缆供电。该接线方式的优点是供电线路相互独立,任一线路发生故障都不影响其他线路的正常运行,操作维护方便;继电保护简单,易于实现自动化。缺点是出线回路多,投资大。

干线式接线是指从移动变电站的动力中心或低压馈电开关引出一回供电干线,然后通过组合开关向各用电设备分别引出电缆供电。干线式接线的优点是出线回路少,供电线路总长度短,有色金属的用量较少,投资较小;缺点是供电可靠性不高。

混合式接线是部分负荷通过从移动变电站引出一回供电干线供电,干线供电距离较长,靠近负荷端再通过组合开关向各用电设备分别引出电缆;还有一部分负荷是通过从移动变电站引出的专用电缆供电,支线供电距离较长。

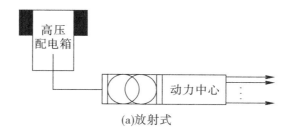

(a)放射式

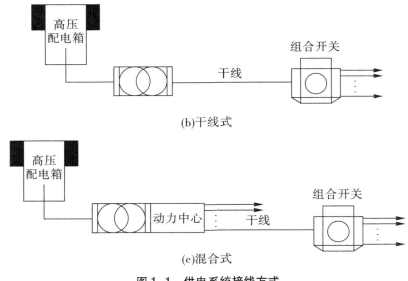

(b)干线式

(c)混合式

图 1-1　供电系统接线方式

在进行综采工作面供电系统设计时,可根据工作面走向长度、设备容量、电压等级等选取合适的接线方式。对于走向长度较长的综采工作面,可采用两段或多段式供电,且可以根据具体情况灵活设计每段的接线方式,最终形成最优的供电方案。

1.2　配电点位置确定

配电点位置确定原则:

1)移动变电站应安装在离工作面较远的扩宽区域、短石门里或硐室里,不随工作面推进而多次移动。

2)工作面机电设备控制用组合开关等宜布置在转载机落地段上,或在可伸缩带式输送机靠近转载机的上方设置一个控制架,将组合开关等控制设备放在上面构成控制台。冲击地压矿井,组合开关配电点可放置在距离切眼 350 m 外。

3)变频器宜与移动变电站布置在同一位置,并尽量缩短与移动变电站之间的距离。

4)乳化液泵站及喷雾泵站宜与移动变电站布置在同一位置,不随工作面推进而多次移动。

远距离供电可分为以下三种方式:

1)将移动变电站、变频器、泵站控制电气设备直接布置在机头设备硐室内或运顺外段。

2)对于工作面走向长度较长的综采工作面,分次将移动变电站、变频器、泵站控制电气设备移出工作面运输顺槽。

3)对于工作面走向长度较长的综采工作面,将变频器、泵站控制电气设备及为其供电的移动变电站直接布置在机头设备硐室内或运顺外段,剩余移动变电站分次移出工作面运输顺槽。

1.3　负荷计算及变压器选择

为正确地选择变压器、电缆、组合开关与馈电开关,以及为继电器保护整定等提供技术参数,需要进行负荷计算,并制定工作面负荷统计表。负荷统计表可参照表 1-1 进行编制。

表 1-1　工作面负荷统计表

序号	设备名称	型号	数量	额定电压/V	额定功率/kW	总功率/kW
1	采煤机					
	采煤机牵引					
	采煤机截割					
2	转载机					
3	乳化液泵					
4	喷雾泵					
5	破碎机					
6	前刮板输送机头					
7	前刮板输送机尾					
8	后刮板输送机头					
9	后刮板输送机尾					
总功率合计/kW						

根据《煤矿井下供配电设计规范》,综采工作面总计算负荷视在功率计算公式如下:

$$S_{ca} = \frac{K_r \sum P_N}{\cos\varphi} \tag{1-1}$$

其中,综采工作面需用系数

$$K_r = 0.4 + 0.6 \times \frac{P_{max}}{\sum P_N} \tag{1-2}$$

式中　S_{ca}——综采工作面总计算负荷视在功率,kVA;

$\sum P_N$——综采工作面所有用电设备额定功率之和,kW;

P_{max}——综采工作面最大一台(套)电动机的额定功率,套的含义是一套设备功率之和,kW;

$\cos\varphi$——综采工作面电力负荷的平均功率因数,根据《煤矿井下供配电设计规范》,综采工作面的平均功率因数取 0.7~0.9;

K_r——需用系数。

计算出综采工作面电力负荷视在功率后,可查矿用变压器产品样本手册或电工手

— 3 —

册,选用额定容量等于或稍大于计算容量的标准规格的变压器。

1.4 电缆选择

根据《煤矿井下供配电设计规范》,煤矿井下电缆必须选用有煤矿矿用产品安全标志的阻燃电缆,应采用铜芯,严禁使用铝包电缆。采区变电所高压开关至工作面移动变电站高压线路应选用 MYPTJ 型电缆,移动变电站至工作面高低压开关应选用 MYPT、MYP、MCPT、MCP 型电缆,工作面高低压开关至采煤机应选用 MCPT、MCP 型电缆。

1.4.1 电缆长度

电缆因吊挂敷设时会出现弯曲,根据《综采综放工作面常规供电系统设计规范》,电缆的实际长度 L 应按式(1-3)计算:

$$L = K \times l \qquad (1-3)$$

式中　L——电缆的实际长度,m;

　　　K——电缆弯曲系数,橡套电缆取 1.1,铠装电缆取 1.05;

　　　l——电缆敷设路径的长度,m。

1.4.2 电缆截面的选择

根据《综采综放工作面远距离供电系统设计规范》,电缆截面选择的一般要求如下:

1)电缆允许持续电流值应大于电缆的正常工作负荷计算电流值;

2)对距离最远,容量最大的电动机(如采煤机、工作面刮板输送机等)起动时,应保证电动机在重载下起动;可按电动机起动时的端电压不低于额定电压的 75% 校验;

3)正常运行时,电动机端电压不得低于额定电压的 93% 校验;

4)线路电压损失应分别按最远端、最大负荷电动机起动时的电压损失和正常运行时的电压损失进行校验;

5)所选电缆截面应与其保护装置相配合,并应满足机械强度要求;

6)在电力系统最大运行方式下,应按电缆首端发生三相短路时的热稳定性要求校验电缆截面。

1.4.3 高压电缆截面的选择与计算

高压电缆截面按经济电流密度选择,按长时允许电流、正常运行时允许的电压损失和电缆首端发生最大运行方式下三相短路时的热稳定性要求进行校验,所选高压电缆必须满足上述所有条件。

(1)根据经济电流密度选择电缆截面

电缆经济截面计算公式如下:

$$S_{ec} = \frac{I_{ca}}{n \cdot J} \qquad (1-4)$$

式中　S_{ec}——符合总经济利益的电缆截面,mm^2;

　　　I_{ca}——通过电缆的负荷计算电流值,A;

n ——同时工作电缆的根数；

J ——经济电流密度，A/mm^2，可根据导线材料及年最大负荷利用小时由表1-2查出。

表1-2　经济电流密度　　　　　　　　　　　　　　单位：A/mm^2

导线材料		年最大负荷利用小时 T_{max}/h		
		1000～3000	3000～5000	5000 以上
裸导体	铜	3	2.25	1.75
	铝（钢芯铝绞线）	1.65	1.15	0.9
	钢	0.45	0.4	0.35
钢芯电缆、橡胶绝缘电缆		2.5	2.25	2
铝芯电缆		1.92	1.73	1.54

由式（1-4）计算出经济截面后，可查《矿用电缆产品样本手册》或《电工手册》，选用截面等于或小于经济截面的标准截面。

（2）按长时允许电流校验电缆截面

电缆芯线的实际温升不能超过绝缘材料允许的最高温升，因此电缆允许持续电流值应大于电缆的正常工作负荷计算电流值。即

$$I_p \geqslant \frac{S_{ca}}{\sqrt{3} \times U_N} \tag{1-5}$$

式中　I_p ——电缆允许载流量，A；

　　　S_{ca} ——电缆所带负荷的总视在功率，kVA；

　　　U_N ——电网额定电压，kV。

（3）按电缆短路时热稳定性校验电缆截面

电缆首端在系统最大运行方式下发生三相短路时，应满足热稳定性要求。满足热稳定性要求的最小截面计算公式如下：

$$A_{min} \geqslant I_{d.max}^{(3)} \frac{\sqrt{t_f}}{C} \tag{1-6}$$

式中　A_{min} ——电缆短路时满足热稳定要求的最小截面，mm^2；

　　　$I_{d.max}^{(3)}$ ——最大运行方式下，电缆首端最大三相短路电流，A；

　　　t_f ——短路电流作用的假想时间，s；

　　　C ——电缆芯线热稳定系数。

当用式（1-6）计算出来的电缆最小热稳定截面大于所选电缆截面时，应增大一级标准截面，直到合格为止。

（4）按正常运行时允许电压损失校验电缆截面

为了保证供电质量，根据《综采综放工作面远距离供电系统技术规范》的规定，工作面高压系统的最大电压损失在正常情况下不超过额定电压的7%。

高压电缆电压损失计算公式如下：

$$\Delta U = \frac{P \times L \times (R_0 + X_0 \tan\varphi)}{U_N} = \frac{P \times (R + X\tan\varphi)}{U_N} \tag{1-7}$$

$$\Delta U\% = \frac{\Delta U}{1000 \times U_N} \times 100 = \frac{\Delta U}{10 \times U_N} \qquad (1-8)$$

式中　ΔU—— 电压损失,V;

$\qquad\Delta U\%$—— 电压损失率;

$\qquad P$—— 电缆输送的有功功率,kW;

$\qquad L$—— 电缆的长度,km;

$\qquad R_0 \text{、} X_0$—— 电缆的每千米电阻值、电抗值,Ω/km;

$\qquad R \text{、} X$—— 电缆实际电阻值、电抗值,Ω;

$\qquad \tan\varphi$—— 工作面功率因数角对应的正切值;

$\qquad U_N$—— 电网额定电压(6 kV、10 kV),kV。

1.4.4　低压电缆截面的选择与计算

低压电缆截面选择与高压电缆不同,主要考虑电缆正常运行时的发热与电压损失,大容量电动机起动时的电压损失,以及考虑故障时短路电流所引起的温升。因此,电压电缆截面不再按经济电流密度选择,而是按长时允许负荷电流初选截面,再按正常运行时允许的电压损失、起动时允许的电压损失和短路热稳定性要求进行校验,所选低压电缆必须满足上述所有条件。

(1)根据长时允许电流选择电缆截面

电缆允许的载流量应大于实际流过电缆的最大长时负荷电流计算值。当电缆向单台或两台电动机供电时,其实际工作电流可取电动机额定电流或两台电动机额定电流之和。当电缆向三台以上(包括三台)电动机供电时,其电流可按式(1-9)计算。

$$I_{lw} = \frac{\sum P_N \cdot K_r \cdot 1000}{\sqrt{3} \cdot U_N \cdot \cos\varphi} \qquad (1-9)$$

式中　I_{lw}—— 实际流过电缆的最大长时负荷电流计算值,A;

$\qquad \sum P_N$—— 电缆所带电动机的额定功率之和,kVA;

$\qquad U_N$—— 电动机的额定电压,kV;

$\qquad \cos\varphi$—— 电缆所带负荷的平均功率因数;

$\qquad K_r$—— 需用系数,由式(1-2)计算。

(2)按正常运行时允许电压损失校验电缆截面

为了保证综采工作面电动机的正常运行,根据《综采综放工作面远距离供电系统技术规范》的规定,电动机端电压不得低于额定电压的93%,否则各设备的驱动电动机将因电压过低而过载,甚至过热而烧毁。因此,应按正常运行时线路允许电压损失校验电缆截面,如果校验不合格,应增大一级标准截面,直到合格为止。

终端负荷的电压损失包括变压器的电压损失、干线电缆的电压损失和支线电缆的电压损失三部分,计算公式如式(1-10)所示。

$$\sum \Delta U = \Delta U_T + \Delta U_G + \Delta U_Z \qquad (1-10)$$

式中　ΔU_T—— 变压器的电压损失,V;

$\qquad \Delta U_G \text{、} \Delta U_Z$—— 干线、支线电缆的电压损失,V。

1）变压器电压损失计算

$$\Delta U_{\mathrm{T}} = \frac{I_{\mathrm{Tw}}}{I_{2\mathrm{N}}} \left[\frac{\Delta P}{10 \cdot S_{\mathrm{N}}}\% \cdot \cos\varphi + \sqrt{U_{\mathrm{K}}^2 - \left(\frac{\Delta P}{10 \cdot S_{\mathrm{N}}}\%\right)^2} \cdot \sin\varphi \right] \cdot \frac{U_{2\mathrm{N}}}{100} \qquad (1-11)$$

式中　I_{Tw}——正常运行时,变压器低压侧的负荷电流,A;

　　　$U_{2\mathrm{N}}$——变压器二次侧额定电压,V;

　　　$I_{2\mathrm{N}}$——变压器二次侧额定电流,A;

　　　ΔP——变压器的短路损耗,W;

　　　S_{N}——变压器额定容量,kVA;

　　　U_{K}——变压器的阻抗电压百分数;

　　　$\sin\varphi$、$\cos\varphi$——工作面平均功率因数角对应的正弦值、余弦值。

2）干线和支线电缆的电压损失计算

$$\Delta U_1 = \frac{K_{\mathrm{r}} \cdot \sum P_{\mathrm{N}} \cdot 1000 \cdot L}{U_{\mathrm{N}}}(R_0 + X_0\tan\varphi) \qquad (1-12)$$

式中　ΔU_1——干线或支线电缆的电压损失,V;

　　　$\sum P_{\mathrm{N}}$——电缆所带电动机的额定有功功率之和,kW;

　　　K_{r}——需用系数,支线电缆取 1,干线电缆由式(1-2)计算;

　　　R_0、X_0——电缆的每千米电阻值、电抗值,Ω/km;

　　　R、X——电缆实际电阻值、电抗值,Ω;

　　　$\tan\varphi$——对于干线电缆为平均功率因数角对应的正切值,对于支线电缆为电动机功率因数角对应的正切值;

　　　U_{N}——额定电压,kV。

正常运行时线路末端电压不得低于电网电压的 93%,1140 V 系统最大电动机起动时允许的电压损失为 $\sum \Delta U_{\mathrm{Q}} = 1200 - 1140 \times 93\% = 139.8$ V。3300 V 系统最大电动机启动时允许的电压损失为 $\sum \Delta U_{\mathrm{Q}} = 3450 - 3300 \times 93\% = 381$ V。

（3）按电动机起动时允许电压损失校验电缆截面

因电动机起动时电流远远大于额定电流,导致电缆负荷电流增大,相应的电压损失也大。因此《综采综放工作面远距离供电系统技术规范》规定,要保证距电源最远,容量最大的电动机(如采煤机、工作面刮板输送机等)重载起动时电压损失低于允许值,以保证供电质量。根据《煤矿井下供配电设计规范》,对于最远端、容量最大的电动机应保证其起动时线路末端的电压损失不超过额定电压的 25%。进行远距离供电系统设计时应根据正常运行时线路电压损失,最远端、容量最大电动机起动时允许电压损失及线路末端发生系统最小运行方式下两相短路时灵敏度计算供电系统极限供电距离,从而确定远距离配电点的位置及供电方式。

电动机起动时,终端负荷的电压损失包括变压器的电压损失、干线电缆的电压损失和支线电缆的电压损失三部分,计算公式如下:

$$\sum \Delta U_{\mathrm{Q}} = \Delta U_{\mathrm{BQ}} + \Delta U_{\mathrm{GQ}} + \Delta U_{\mathrm{ZQ}} \qquad (1-13)$$

式中　ΔU_{BQ}——电动机起动时,变压器的电压损失,V;

ΔU_{GQ}、ΔU_{ZQ}——电动机起动时，干线和支线电缆的电压损失，V。

1）电动机起动时干线电缆的电压损失

$$\Delta U_{GQ} = \frac{\sqrt{3}\, I_{GQ} L_G \cos\varphi_Q \cdot 10^3}{\gamma A_G} \tag{1-14}$$

式中 γ——干线电缆芯线电导率，m$/(\Omega \cdot mm^2)$，铜取 53；

L_G——干线电缆实际长度，km；

A_G——干线电缆芯线截面，mm^2；

$\cos\varphi_Q$——电动机起动时，干线电缆的功率因数；

I_{GQ}——电动机起动时，干线电缆实际流过的电流，A，由式（1-15）计算。

$$I_{GQ} = I_Q + \frac{K_r \sum P_{LSN} \cdot 10^3}{\sqrt{3}\, U_{2N} \cos\varphi_S} \tag{1-15}$$

式中 I_Q——电动机实际起动电流，一般取额定起动电流的 $\frac{3}{4}$，A；

$\cos\varphi_S$——干线电缆剩余负荷平均功率因数；

$\sum P_{LSN}$——电缆剩余负荷总功率，kW。

2）电动机起动时支线电缆电压损失

$$\Delta U_{ZQ} = \frac{\sqrt{3}\, I_Q L_Z \cos\varphi_Q \cdot 10^3}{\gamma A_Z} \tag{1-16}$$

式中 γ——支线电缆芯线电导率，m$/(\Omega \cdot mm^2)$，铜取 53；

L_Z——支线电缆实际长度，km；

A_Z——支线电缆芯线截面，mm^2；

$\cos\varphi_Q$——电动机起动时，支线电缆的功率因数。

3）电动机起动时变压器的电压损失

$$\Delta U_{BQ} = \frac{U_{2P}}{I_{2N}}\left[I_{BQ} U_r\% \cos\varphi_Q + U_X\% \left(I_Q \sin\varphi_Q + \frac{K_r \sum P_{BSN} \cdot 10^3}{\sqrt{3}\, U_{2N}} \tan\varphi_{BS} \right) \right] \tag{1-17}$$

式中 I_{BQ}——最大容量电动机起动时，变压器的负荷电流，A；

U_{2P}——变压器负荷侧平均额定电压，kV；

$\sum P_{BSN}$——最大容量电动机起动时，变压器剩余负荷额定功率之和，kW；

$\cos\varphi_Q$、$\sin\varphi_Q$——最大容量电动机起动时，变压器功率因数和功率因数角对应的正弦值；

$\tan\varphi_{BS}$——最大容量电动机起动时，变压器剩余负荷平均功率因数角对应的正切值；

$U_r\%$——电阻压降百分数，由式（1-18）计算；

$U_X\%$——电抗压降百分数，由式（1-19）计算。

$$U_r\% = \frac{\Delta P}{10 \cdot S_N}\% \tag{1-18}$$

式中 S_N——变压器额定容量，kVA；

ΔP——短路损耗，W。

$$U_X\% = \sqrt{U_K^2 - U_r^2}\,\% \tag{1-19}$$

最远端最大容量电动机起动时其端电压不得低于电网电压的 75% ,1140 V 系统最大电动机起动时允许的电压损失为 $\sum \Delta U_Q = 1200 - 1140 \times 75\% = 345$ V。3300 V 系统最大电动机起动时允许的电压损失为 $\sum \Delta U_Q = 3450 - 3300 \times 75\% = 975$ V。

（4）按短路电流校验电缆的热稳定性

按短路条件校验电缆的最小热稳定截面。当用式（1-6）计算出来的电缆最小热稳定截面大于所选电缆截面时,应增大一级标准截面,直到合格为止。

1.5　短路电流计算

1.5.1　短路电流计算的目的与意义

短路是一种常见的故障。短路产生的后果极为严重,为了限制短路的危害和缩小故障影响的范围,在供电系统设计中,必须进行短路电流计算,并设计相应的继电保护。短路电流计算按短路电流类型可分为最小运行方式下两相短路电流计算和最大运行方式下三相短路电流计算。其中,最小运行方式下两相短路电流用于继电保护灵敏度的校验,最大运行方式下三相短路电流用于开关分段能力校验。短路电流计算按短路点位置可分为高压侧短路电流计算和低压侧短路电流计算。

1.5.2　高压侧短路电流计算

（1）系统电抗

$$X_S = \frac{U_P^2}{S_S} \tag{1-20}$$

式中　X_S ——系统电抗,Ω;

　　　U_P ——线路的平均电压,kV;

　　　S_S ——系统短路容量,MVA。

（2）线路电抗

$$R_L = R_0 \times L \tag{1-21}$$
$$X_L = X_0 \times L \tag{1-22}$$

式中　R_0 ——线路每千米电阻,Ω/km;

　　　X_0 ——线路每千米电抗,Ω/km;

　　　R_L ——线路电阻有名值,Ω;

　　　X_L ——线路电抗有名值,Ω;

　　　L ——线路长度,km。

（3）高压侧短路电流计算

高压侧两相短路电流由式（1-23）计算。

$$I_d^{(2)} = \frac{U_P \times 10^3}{2\sqrt{(X_S + X_L)^2 + (R_L)^2}} \tag{1-23}$$

高压侧三相短路电流由式(1–24)计算。

$$I_d^{(3)} = 1.15 \times I_d^{(2)} \tag{1–24}$$

式中　$I_d^{(2)}$ ——两相短路电流值的周期分量，A；

　　　$I_d^{(3)}$ ——三相短路电流值的周期分量，A。

高压系统短路冲击电流的峰值 i_{sh} 和有效值 I_{sh} 如下：

$$i_{sh} = 2.55 \times i_{d.max}^{(3)} \tag{1–25}$$

$$I_{sh} = 1.52 \times I_{d.max}^{(3)} \tag{1–26}$$

1.5.3　低压侧短路电流计算

低压侧两相短路电流由式(1–27)~(1–29)计算。

$$I_d^{(2)} = \frac{U_{2N}}{2\sqrt{\left(\sum R\right)^2 + \left(\sum X\right)^2}} \tag{1–27}$$

$$\sum R = \frac{R_1}{K_T^2} + R_T + R_2 \tag{1–28}$$

$$\sum X = X_S + \frac{X_1}{K_T^2} + X_T + X_2 \tag{1–29}$$

式中　U_{2N} — 低压侧线路平均额定电压，V；

　　　$\sum R$ —— 短路回路内总电阻有名值，Ω；

　　　$\sum X$ —— 短路回路内总电抗有名值，Ω；

　　　K_T —— 变压器变比；

　　　R_T —— 变压器电阻有名值，Ω；

　　　X_T —— 变压器电抗有名值，Ω；

　　　R_1 —— 高压电缆电阻有名值，Ω；

　　　X_1 —— 高压电缆电抗有名值，Ω；

　　　R_2 —— 低压电缆电阻有名值，Ω；

　　　X_2 —— 低压电缆电抗有名值，Ω。

利用式(1–27)计算出低压侧最大两相短路电流后，利用式(1–24)计算低压侧三相短路电流的周期分量。利用式(1–25)和式(1–26)分别计算低压系统短路冲击电流的峰值和有效值；

1.6　高压开关的选择与整定计算

综采工作面供电系统中高压开关包括高压隔爆开关和移动变电站高压真空开关。其中，高压隔爆开关作为综采工作面高压线路的配电开关，可以用于对变压器进行控制、保护和测量；移动变电站高压真空开关用于额定容量 6300 kVA 及以下移动变电站高压侧，能保护控制变压器。

1.6.1　高压隔爆开关的选择

（1）根据长时工作电流初选型号

高压隔爆开关的额定电流须大于它的长时工作电流。

（2）按分段能力校验

$$I_{\mathrm{m}} \geqslant I_{\mathrm{d.\,max}}^{(3)} \tag{1-30}$$

式中　I_m——开关额定开断电流，A；

　　　$I_{\mathrm{d.\,max}}^{(3)}$——最大运行方式下，高压线路首端三相短路电流。

（3）按动稳定性校验

$$i_{\mathrm{es}} \geqslant i_{\mathrm{sh}} \tag{1-31}$$

$$I_{\mathrm{es}} \geqslant I_{\mathrm{sh}} \tag{1-32}$$

式中　i_{es}、I_{es}——开关额定动稳定电流峰值、有效值，A；

　　　i_{sh}、I_{sh}——最大运行方式下，通过开关的短路电流峰值、有效值，A。

（4）按热稳定性校验

$$I_{\mathrm{ts}} \geqslant I_{\mathrm{d.\,max}}^{(3)} \sqrt{\frac{t_{\mathrm{i}}}{t}} \tag{1-33}$$

式中　I_{ts}——开关在 t 秒内的额定热稳定电流，A；

　　　t——额定热稳定电流允许的作用时间，s；

　　　t_{i}——短路电流的假想作用时间，由式（1-34）计算，s。

$$t_{\mathrm{i}} = t_{\mathrm{s}} + 0.05 \tag{1-34}$$

式中　t_{s}——短路电流的实际作用时间（当 $t_{\mathrm{s}} \geqslant 1\ \mathrm{s}$ 时，取 $t_{\mathrm{i}} = t_{\mathrm{s}}$）。

$$t_{\mathrm{s}} = t_{\mathrm{r}} + t_{\mathrm{c}} \tag{1-35}$$

式中　t_{r}——继电保护的动作时间，s；

　　　t_{c}——断路器的断路时间，对快速动作的断路器取 0.1 s，对低速动作的断路器取 0.2 s。

1.6.2　高压隔爆开关的整定计算

（1）变压器保护

变压器内部以及低压侧出线端发生的短路故障，是用高压隔爆开关来切除的，因此它的瞬时过电流继电器短路整定值必须大于变压器的尖峰负荷电流，小于其低压侧出线端的最小两相短路电流。具体的整定计算方法如下：

1）短路整定值

a）按躲过最大容量电动机起动时的最大负荷电流整定

$$I_{\mathrm{Z}} \geqslant \frac{K_{\mathrm{rel}}}{K_{\mathrm{T}} \cdot K_{\mathrm{i}}} \left(I_{\mathrm{NQ}} + K_{\mathrm{r}} \sum I_{\mathrm{SMN}} \right) \tag{1-36}$$

或简化成

$$I_{\mathrm{Z}} \geqslant \frac{K_{\mathrm{rel}}}{K_{\mathrm{i}}} \left(\frac{I_{\mathrm{NQ}}}{K_{\mathrm{T}}} + K_{\mathrm{r}} I_{\mathrm{1N}} \right) \tag{1-37}$$

式中　I_{Z}——高压隔爆开关过电流继电器电流短路整定值，A；

　　　K_{rel}——可靠系数，取 1.2～1.4；

K_i ——电流互感器的变流比；

K_T ——变压器的变压比；

I_{1N} ——变压器高压侧的额定电流，A；

I_{NQ} ——起动电流最大的一台或几台（同时起动的）电动机的额定起动电流，A；

$\sum I_{SMN}$ ——剩余电动机的额定电流之和，A。

b）按躲过变压器励磁涌流整定

$$I_{set} = (4 \sim 8)I_{1N} \tag{1-38}$$

高压隔爆开关过电流继电器短路整定值取上面两种计算方法中较大值。

2）灵敏度校验

$$K_S = \frac{I_{SC}^{(2)}}{K_x \cdot K_T \cdot K_i \cdot I_Z} \geqslant 1.5 \tag{1-39}$$

式中　K_S ——灵敏度系数；

K_x ——接线系数，对于 Y/△ 或 △\Y 接线的变压器取 $\sqrt{3}$，其他变压器取 1；

$I_{SC}^{(2)}$ ——变压器低压侧母线上的最小两相短路电流，A。

3）欠压保护

欠压保护按额定电压的 65% ~ 75% 进行整定，动作于跳闸。带有局部通风机、瓦斯抽放泵等重要负荷欠压保护、失压延时保护可投入 2.5 ~ 4 s 的延时跳闸功能。

（2）带线路的高压隔爆开关保护

1）短路整定值

按躲过线路末端故障整定

$$I_Z = K_{rel} \times I_{2k.max}^{(3)} \tag{1-40}$$

动作时限 $t^{\mathrm{I}} = 0$ s。

式中　K_{rel} ——可靠系数，取 1.2 ~ 1.3，对于煤矿电缆短线路速断保护计算建议取 1.2；

$I_{2k.max}^{(3)}$ ——最大运行方式下本线路末端三相短路电流，A。

按首端最小两相短路电流校验灵敏系数

$$K_{sen} = \frac{I_{Ik.min}^{(2)}}{I_Z} \geqslant 1.5 \tag{1-41}$$

按最小保护范围进行校验，要求保护范围不小于线路全长的 15% ~ 20%。

$$l_{min} = \frac{1}{Z_1}\left(\frac{\sqrt{3}}{2} \times \frac{U_\varphi}{I_Z} - X_{s.min}\right)$$

$$l_{min}\% = \frac{l_{min}}{L} \times 100\% \geqslant 15\% \tag{1-42}$$

当保护的灵敏系数达不到要求时，根据相关规程规定要保证最小保护范围为线路全长的 15% 进行逆向计算 I 段保护定值，或按首端最小两相短路有不小于 1.5 的灵敏系数进行逆向整定，但保护范围可能延伸到下一级线路。

$$I_z = \frac{\sqrt{3}}{2} \times \frac{U_\varphi}{0.15 Z_1 L + X_{s.min}} \ \text{或} \ I_z = \frac{I_{Ik.min}^{(2)}}{K_{sen}} \tag{1-43}$$

式中　K_{sen} ——瞬时电流速断保护的灵敏系数，取 1.5；

$I_{Ik.min}^{(2)}$ ——最小运行方式下线路首端两相短路电流，A；

U_φ——系统相电压，V；

Z_1——线路单位长度的正序阻抗，Ω/km；

$X_{s.min}$——最小运行方式下电源到保护安装处的系统电抗，Ω；

L——线路的长度，km。

2）过流整定值

$$I_{gl} \geqslant \frac{K_{rel}}{K_i} \cdot I_{n \cdot m} \tag{1-44}$$

式中　I_{gl}——过电流继电器短路整定电流值，A；

　　　K_{rel}——可靠系数，一般取 1.2；

　　　$I_{n \cdot m}$——线路的最大工作电流，A。

3）过载整定值

$$I_{gz} = \frac{I_{2N}}{K_i} \tag{1-45}$$

式中　I_{2N}——负荷侧的额定电流，A。

4）灵敏度校验

$$K_S = \frac{I_{SC}^{(2)}}{K_i I_Z} \geqslant 1.5 \tag{1-46}$$

式中　$I_{SC}^{(2)}$——下一级开关进线端的最小两相短路电流，A。

1.6.3　移动变电站高压真空开关的整定计算

（1）过载整定值

$$I_{gz} = \frac{I_{2N}}{K_i} \tag{1-47}$$

（2）过流整定值

$$I_{gl} \geqslant \frac{K_{rel}}{K_i} \cdot I_{n \cdot m} \tag{1-48}$$

式中　K_{rel}——可靠系数，一般取 1.2。

（3）灵敏度校验

$$K_s = \frac{I_{SC}^{(2)}}{K_i K_T I_{gl}} \geqslant 1.5 \tag{1-49}$$

式中　$I_{SC}^{(2)}$——变压器低压侧母线上的最小两相短路电流，A。

1.7　低压开关的选择与整定计算

　　综采工作面供电系统中低压开关包括移动变电站低压保护箱、馈电开关、起动器。其中，移动变电站低压保护箱与移动变电站高压真空开关配套使用；馈电开关作为配电系统的总开关或分开关使用；起动器可以减少皮带机、刮板机等设备起动冲击力，降低对设备的损害，延长设备的使用寿命。

1.7.1　低压开关的选择

（1）根据长时工作电流初选型号

低压开关的额定电流须大于它的长时工作电流。

（2）按分段能力校验

$$I_m \geqslant I_{d.max}^{(3)} \tag{1-50}$$

式中　I_m——开关的额定开断电流，A；

$I_{d.max}^{(3)}$——最大运行方式下，变压器低压侧出线端最大三相短路电流。

1.7.2　低压开关的整定计算

（1）短路整定值

$$I_Z \geqslant I_{NQ} + K_r \sum I_{SMN} \tag{1-51}$$

（2）过载整定值

$$I_g = K_r \sum I_{MN} \tag{1-52}$$

式中　I_g——电子保护器的过载整定值，A；

$\sum I_{MN}$——电动机的额定电流之和，馈电开关作为单独线路的截开关使用时可取下级开关过载整定的 $1.05 \sim 1.2$ 倍，A。

（3）灵敏度校验

$$\frac{I_{d.min}^{(2)}}{I_Z} \geqslant 1.5 \tag{1-53}$$

式中　$I_{d.min}^{(2)}$——变压器低压侧开关所保护线路最远点的两相短路电流值，A。

1.8　起动器的整定计算

（1）短路整定值

$$I_Z \geqslant nI_g \tag{1-54}$$

式中　I_Z——起动器的短路整定值，A；

n——模拟型保护器默认 8 倍，电子或智能型保护器最大设置 8 倍；

I_g——用户选择过载值，A。

（2）灵敏度校验

$$\frac{I_{d.min}^{(2)}}{I_Z} \geqslant 1.2 \tag{1-55}$$

式中　$I_{d.min}^{(2)}$——电动机侧的两相短路电流值，A。

1.9　基于极限供电距离的综采工作面远距离供电系统设计

基于极限供电距离的综采工作面远距离供电系统设计是初步选定接线方式、移动变电站、高压电缆及低压电缆后，按正常运行时线路允许电压损失、电动机起动时线路允许电压损失,线路末端发生最小运行方式小两相短路的灵敏度分别确定支路的极限供电距离。然后,计算各支路在选择不同移动变电站、不同电缆截面下的极限供电距离,最终形成基于极限供电距离的矿井综采工作面远距离供电系统数据库。具体设计过程如下:

1)根据工作面设备情况确定供电系统的电压等级,初步拟定综采工作面供电系统总体方案。

2)进行负荷分配与计算,确定移动变电站的台数及型号。

3)进行高压电缆的选择与计算,具体方法见本书第 1.4.3 节。另外,高压电缆的热稳定性校验需要用短路电流,短路电流计算方法见本书第 1.5 节。

4)进行低压电缆的初选,具体方法见本书第 1.4.4 节。

5)按正常运行时线路允许电压损失(1140 V 系统允许电压损失为 139.8 V,3300 V 系统允许电压损失为 381 V)计算各支路的极限供电距离。根据线路允许电压损失计算干线或支线电缆允许的电压损失,从而确定其对应的极限供电距离。

6)按电动机起动时线路允许电压损失(1140 V 系统允许电压损失为 345 V,3300 V 系统允许电压损失为 975 V)计算各支路的极限供电距离。根据电动机起动时线路允许电压损失计算电动机起动时干线或支线电缆允许的电压损失,从而确定其对应的极限供电距离。

7)选择短路点,进行短路电流计算,具体方法见本书第 1.5 节。

8)进行高压开关的选择与整定计算,包括高压隔爆开关的选择与整定计算、移动变电站高压真空开关的整定计算,具体方法见本书第 1.6 节。

9)进行低压开关的选择与整定计算,包括移动变电站低压保护箱的整定计算、组合开关的选择与整定计算等,具体方法见本书第 1.7 节。

10)根据灵敏度校验确定支路极限供电距离。一般情况下,只要低压保护箱的灵敏度满足要求,高压开关的灵敏度就能满足要求,因此按变压器低压侧开关所保护线路最远点发生最小两相短路有不低于 1.5 灵敏系数进行逆向整定。根据低压保护箱的短路整定值,确定保护线路末端最小两相短路电流,进而确定支路的极限供电距离。

11)取按正常运行时线路允许电压损失计算的支路极限供电距离、电动机起动时线路允许电压损失计算的支路极限供电距离,线路末端发生最小运行方式小两相短路的灵敏度计算的支路极限供电距离中的最小者作为支路的极限供电距离。

12)计算同一类型综采工作面各支路采用不同供电方式、变压器容量、电缆截面积时支路的极限供电距离,形成典型综采工作面供电系统设计的最优方案及数据库。

第2章 综采工作面远距离供电系统分类

矿井综采工作面远距离供电系统设计与工作面的主要设备、巷道布置情况及地质条件等因素有关。综采工作面采煤机、刮板输送机、转载机、破碎机等主要设备的合理科学配套,是综采工作面正常生产的前提。只有综采设备与支护设备、运输设备在生产能力、性能、结构、空间尺寸以及相互连接部分的形式、强度和尺寸等方面互相匹配,才能保证各设备正常运行,实现工作面高产高效。因此,需要根据国内外高产高效矿井的发展趋势,依照投资合理、效益最大化的开发建设原则,结合各生产矿井煤层的厚度,倾角及煤的物理机械性质、地质条件等煤层情况,开采规模以及采煤工艺,为工作面选择合适的综采设备。然而,为工作面配置的综采设备不一样,巷道布置不一样,实现远距离供电方案也不一样。为了给矿井综采工作面远距离供电系统设计人员提供参考和借鉴,加快远距离供电系统在国内外各矿井的推广应用,本书以焦作煤业(集团)有限责任公司各生产矿井综采工作面为例,对各综采工作面概况及其配套综采设备进行调研分析,研究其分类原则并对综采工作面进行分类,然后进行远距离供电系统的分类设计。

焦作煤业(集团)有限责任公司九里山矿东二工作面、九里山矿 14 煤柱工作面、古汉山矿 1606 工作面、中马村矿 3900 工作面、宝雨山矿东大巷煤柱工作面、赵固二矿 11012 工作面、赵固二矿 14030 工作面、赵固一矿 16051 工作面的概况分别如表 2-1 ~ 表 2-8 所示。

表 2-1 九里山矿东二工作面概况

煤层厚度/m	0.5 ~ 6.8			煤层结构	简单	煤层倾角/(°)	+11 ~ +13 +12
开采煤厚/m	4.2	硬度	0.6	煤种	中灰低硫无烟煤	稳定程度	较稳定
工作面走向长度/m	485			日进度		0.6 m×4	
工作面倾向长度/m	114 ~ 188			采储量/日产量/万 t		4.29/0.212	
煤层情况描述	结合工作面煤层厚度为 0.5 ~ 6.8 m,采用放顶煤工艺开采,放顶煤之前工作面采高控制在 3.0 m;放顶煤之后采高控制在 2.6 m±0.1 m						

表 2-2 九里山矿 14 煤柱工作面概况

煤层厚度/m	3.1 ~ 7.9			煤层结构	简单	煤层倾角/(°)	+11 ~ +13 +12
开采煤厚/m	6.3	硬度	0.3 ~ 0.6	煤种	中灰低硫无烟煤	稳定程度	较稳定
工作面走向长度/m	381			日进度		0.6 m×2	

续表 2-2

工作面倾向长度/m	104.5~150.5（平均124）		采储量/日产量/万 t	39.55/0.1204
煤层情况描述	（1）初采阶段工作面沿煤层顶板进行回采,采高控制在 2.8 m±0.1 m （2）初次来压之后采用放顶煤工艺开采,一次采全高,及时调整采高,放顶煤阶段采高控制在 2.6 m±0.1 m			

表 2-3　古汉山矿 1606 工作面概况

煤层厚度/m	4~7.75			煤层结构	简单	煤层倾角/(°)	+12~+15 +14
开采煤厚/m	6.2	硬度	中硬	煤种	中灰、低硫、优质无烟煤	稳定程度	稳定
工作面走向长度/m	940.4				日进度	0.6 m×4	
工作面倾向长度/m	142				采储量/日产量/万 t	111.48/0.317	
煤层情况描述	采高确定为 2.6 m±0.1 m						

表 2-4　中马村矿 3900 工作面概况

煤层厚度/m	3.8~8.0			煤层结构	简单	煤层倾角/(°)	+6~+35 +13
开采煤厚/m	6.5	硬度	0.5~1.92	煤种	无烟煤二号	稳定程度	较稳定
工作面走向长度/m	658				日进度	0.6 m×4	
工作面倾向长度/m	89.5~173.5				采储量/日产量/万 t	82.9/0.2	
煤层情况描述	采高确定为 2.8~3.0 m						

表 2-5　宝雨山矿东大巷煤柱工作面概况

煤层厚度/m	7.0~15.9			煤层结构	简单	煤层倾角/(°)	+17~+30 +23
开采煤厚/m	9.94	硬度	0.2	煤种	贫煤	稳定程度	较稳定
工作面走向长度/m	165				日进度	0.6 m×2	
工作面倾向长度/m	99.1				采储量/日产量/万 t	31.46/0.212	
煤层情况描述	平均厚度 9.94 m。煤层赋存稳定,采用分层式开采。本工作面中间架采高确定为 2.4 m~2.6 m,即 2.5 m±0.1 m;过渡支架采高确定为 2.5~2.7 m,即 2.6 m±0.1 m						

表2-6 赵固二矿11012工作面概况

煤层厚度/m	0.4~3.0		煤层结构	简单	煤层倾角/(°)	+3~+9 +6
开采煤厚/m	2.45	硬度 0.98~1.8	煤种	贫煤、无烟煤	稳定程度	稳定
工作面 走向长度/m	738		日进度		0.6 m×8	
工作面倾向 长度/m	167.5		采储量/日产量/万t		44.8/0.2768	
煤层情况描述	工作面采高设计为2~3 m,平均采高2.45 m					

表2-7 赵固二矿14030工作面概况

煤层厚度/m	4.8~6.1		煤层结构	简单	煤层倾角/(°)	+4~+6 +
开采煤厚/m	5.9	硬度 1.25~2.01	煤种	无烟煤	稳定程度	较稳定
工作面 走向长度/m	2032		日进度		0.8 m×4	
工作面倾向 长度/m	201		采储量/日产量/万t		344.7/0.48	
煤层情况描述	采高为4.5~6.1 m					

表2-8 赵固一矿16051工作面概况

煤层厚度/m	5.6~6.85		煤层结构	简单	煤层倾角/(°)	+1~+6 +4
开采煤厚/m	3.0/3.2/3.5	硬度 1.41~1.64	煤种	三号优质 无烟煤	稳定程度	稳定
工作面 走向长度/m	1474.2		日进度		0.8 m×10	
工作面倾向 长度/m	145		采储量/日产量/万t		93.2/0.47/0.50/0.55	
煤层情况描述	平均厚度6.0 m。煤层赋存稳定,采用分层式开采					

2.1 第一类典型工作面

对九里山矿东二工作面、九里山矿14煤柱工作面、古汉山矿1606工作面、中马村矿3900工作面的煤层厚度、煤层倾角、工作面长度及开采规模等方面进行对比分析。由表2-1~表2-4可以看出,上述四个工作面煤层基本情况相似,煤层硬度小于4,煤层倾角小于 15°，采高在 1.4~3.8 m，日产煤量 0.4 t 以内。根据采煤方法选择原则，通过对上述四个工作面煤层基本条件的分析，这四个工作面均采用长壁综采放顶煤采煤法，坚持多循环的作业形式，根据工作面煤层厚度选择合适的循环次数。其中，东二工作面采用单一走向长壁采煤法，综合机械化放顶煤工艺，开采煤厚为 4.2 m，一日四循环，一个循环进尺 0.6 m，日推进 2.4 m。14 煤柱工作面采用单一倾斜长壁采煤法，综合机械化放顶煤工艺，开采煤厚为 6.3 m，一日二循环，一个循环进尺 0.6 m，日推进 1.2 m。古汉山矿 1606 走向长壁后退式综采放顶煤采煤法，工作面开采煤厚为 6.2 m，一日四循环，一个循环进尺 0.6 m，日推进 2.4 m。中马村矿 3900 走向长壁采煤法，综采放顶煤采煤工艺，工作面开采煤厚为 6.5 m，一日四循环，一个循环进尺 0.6 m，日推进 2.4 m。

　　根据综采设备的选择原则，综合考虑煤层的厚度，倾角及煤的物理机械性质、地质条件等煤层情况，开采规模以及采煤工艺，为九里山矿东二工作面、九里山矿 14 煤柱工作面、古汉山矿 1606 工作面、中马村矿 3900 工作面这四个工作面选择的综采设备如表 2-9 所示。

表 2-9　各生产矿井工作面主要设备配置

序号	设备名称	型号	数量	电压/kV	装机功率/kW
1	东二采煤机	MG200/500-WD	1	1.14	2×200+2×40+18.5
2	14 煤柱采煤机	MG200/500-WD	1	1.14	2×200+2×40+18.5
3	1606 采煤机	MG200/500-QWD	1	1.14	2×200+2×40+18.5
4	3900 采煤机	MG200/456-WD4	1	1.14	2×2×100+2×25+5.5
5	东二刮板机	SGZ764/400	2	1.14	2×2×200
6	14 煤柱刮板机	SGZ764/400	2	1.14	2×2×200
7	1606 刮板机	SGZ764/400	2	1.14	2×2×200
8	3900 刮板机	SGZ630/320	2	1.14	2×2×160
9	东二转载机	SZZ764/200	1	1.14	200
10	14 煤柱转载机	SZZ764/200	1	1.14	200
11	1606 转载机	SZZ764/200	1	1.14	200
12	3900 转载机	SZZ764/160	1	1.14	160
13	东二破碎机	PLM1000	1	1.14	110
14	14 煤柱破碎机	PLM1000	1	1.14	110
15	1606 破碎机	PCM1000	1	1.14	110
16	3900 破碎机	PLM1000	1	1.14	110
17	东二带式输送机	DSJ100/63/2×75 DSJ100/63/75	2	1.14	150+75
18	14 煤柱带式输送机	DSJ100/63/2×75 DSJ100/63/75 三部皮带 DSJ80/40/55	3	1.14	2×75+75+55

续表 2-9

序号	设备名称	型号	数量	电压/kV	装机功率/kW
19	1606 带式输送机	DSJ100/63/2×75	1	1.14	2×75
20	3900 带式输送机	二部皮带 SDP-800+一部皮带：SDP-800	2	1.14	2×55+2×30
21	东二乳化液泵	BRW400/31.5	2	1.14	2×250
22	14 煤柱乳化液泵	BRW400/31.5	2	1.14	2×250
23	1606 乳化液泵	BRW400/31.5	2	1.14	2×250
24	3900 乳化液泵	BRW200/31.5	2	1.14	2×125
25	东二喷雾泵	BPW250/10	2	1.14	2×37
26	14 煤柱喷雾泵	BPW250/10	2	1.14	2×37
27	1606 喷雾泵	BPW315/10K	2	1.14	2×75
28	3900 喷雾泵	BRW200/31.5	2	1.14	125

由表 2-9 可以看出,九里山矿东二工作面、九里山矿 14 煤柱工作面、古汉山矿 1606 工作面、中马村矿 3900 工作面这四个工作面配置的采煤机及其配套设备的技术参数相近,故上述四个工作面最大装机功率及总装机功率相近,因此把上述工作面的综采设备划分为同一类,本书中称其为第一类典型工作面。第一类典型工作面主要综采设备如表 2-10 所示。

表 2-10　第一类典型工作面主要负荷

序号	设备名称	型号	数量	额定电压/V	设备额定电流/A	装机功率/kW	总功率/kW
1	采煤机泵	MG200/500-WD	1	1140	12	18.5	18.5
	采煤机牵引		2	1140	23.8	40	2×40
	采煤机截割		2	1140	119.2	200	2×200
2	转载机	SZZ764/200	1	1140	125	200	200
3	乳化液泵	BRW400/31.5	2	1140	149	250	2×250
4	喷雾泵	BPW250/10	2	1140	23.4	37	2×37
5	破碎机	PLM1000	1	1140	64.8	110	110
6	前刮板输送机头	SGZ764/400	1	1140	123.5	200	200
7	前刮板输送机尾		1	1140	123.5	200	200
8	后刮板输送机头		1	1140	123.5	200	200
9	后刮板输送机尾		1	1140	123.5	200	200
总功率合计/ kW							2182.5

2.2 第二类典型工作面

宝雨山矿东大巷煤柱工作面煤层硬度为 0.2,煤层倾角为 23°,采高为 2.4 ~ 2.6 m,开采煤厚为 9.94 m,工作面的走向长度为 165 m,工作面的倾向长度为 99.1 m。根据采煤方法的选择原则,结合东大巷煤柱工作面煤层情况及地质构造情况,东大巷煤柱工作面采用走向长壁后退式采煤方法、综合机械化放顶煤采煤工艺、多循环的作业形式。由于工作面煤层厚度较厚,故采用一日二循环,一个循环进尺 0.6 m,日推进 1.2 m。根据综采设备选择原则,综合考虑东大巷煤柱工作面煤层的厚度,倾角及煤的物理机械性质、地质条件等煤层情况、开采规模以及采煤工艺,为东大巷煤柱工作面选择的主要综采设备如表 2-11 所示。

表 2-11 东大巷煤柱采煤工作面主要机械设备配置

序号	设备名称	型号	数量	电压/kV	装机功率/kW
1	采煤机	MG300/730-AWD1	1	1.14	2×300+2×55+20
2	刮板输送机	SGZ764/400	2	1.14	2×2×200
3	转载机	SZZ764/200	1	1.14	200
4	破碎机	PLM1000	1	1.14	110
5	胶带输送机	DTL80/45/2＊55	1	1.14	2×55
6	乳化液泵	BRW400/31.5	2	1.14	2×250
7	乳化液泵	BRW200/31.5	1	1.14	125

赵固二矿 11012 工作面煤层硬度为 0.98 ~ 1.8,煤层倾角为 6°,采高为 2.45 m,开采煤厚为 2.45 m,工作面的走向长度为 738 m,工作面的倾向长度为 167.5 m。根据对工作面煤层基本条件的分析,赵固二矿 11012 工作面采用走向长壁后退式采煤方法、综合机械化放顶煤采煤工艺、多循环的作业形式。工作面采用一日八循环,一个循环进尺 0.6 m,日推进 4.8 m。根据综采设备的选择原则,综合考虑 11012 工作面煤层的厚度,倾角及煤的物理机械性质、地质条件等煤层情况,开采规模以及采煤工艺,为 11012 工作面选择的主要综采设备如表 2-12 所示。

表 2-12 11012 工作面主要机械设备配置

序号	设备名称	型号	数量	电压/kV	装机功率/kW
1	采煤机	MG300/720-AWD3	1	1.14	2×300+2×55+2×7.5
2	刮板输送机	SGZ764/630	1	1.14	2×315
3	转载机	SZZ764/200	1	1.14	200
4	破碎机	PCM110	1	1.14	110

续表 2-12

序号	设备名称	型号	数量	电压/kV	装机功率/kW
5	胶带输送机	DSJ100/63/75	1	1.14	75
6	胶带输送机	DSJ100/63/110	1	1.14	110
7	胶带输送机	DSJ100/100/2×110	1	1.14	220
8	乳化液泵	BRW400/31.5	2	1.14	2×250
9	乳化液泵	BRW200/31.5	1	1.14	125

　　对表 2-11 所列出的东大巷煤柱工作面配套综采设备和表 2-12 所列出的 11012 工作面配套综采设备进行对比分析,可以看出上述两个工作面配置的采煤机及其配套设备的技术参数相近,故这两个工作面最大装机功率及总装机功率相近,因此把上述两个工作面的综采设备划分为同一类,称为第二类典型工作面。第二类典型工作面主要综采设备如表 2-13 所示。

表 2-13　第二类典型工作面主要负荷

序号	设备名称	型号	数量	额定电压/kV	设备额定电流/A	装机功率/kW
1	采煤机泵	MG300/720 -AWD3	2	1.14	14.9/3	2×362.5
	采煤机牵引		2	1.14	107/3	
	采煤机截割		2	1.14	182	
2	转载机	SZZ764/200	1	1.14	121	200
3	乳化液泵	BRW400/31.5	2	1.14	147.1	500
4	乳化液泵	BRW200/31.5	1	1.14	77.3	125
5	破碎机	PCM110	1	1.14	69	110
6	前刮板输送机头	SGZ764/630	1	1.14	195	315
7	后刮板输送机尾		1	1.14	195	315
总功率合计/ kW						2290

2.3　第三类典型工作面

　　赵固一矿 16051 工作面煤层硬度为 1.41～1.64,煤层平均倾角为 4°,采高为 3.0 m/3.2 m/3.5 m,煤层平均煤厚为 6 m,工作面的走向长度为 1474 m,工作面的倾向长度为 145 m。根据对工作面煤层基本条件的分析,赵固一矿 16051 工作面采用走向长壁下行垮落采煤法、综合机械化采煤工艺、多循环的作业形式。工作面采用一日十循环,一个循环进尺 0.8 m,日推进 8 m。根据综采设备的选择原则,综合考虑 16051 工作面煤层的厚度,倾角及煤的物理机械性质、地质条件等煤层情况,开采规模以及采煤工艺,为 16051 工作面配置的主要综采设备如表 2-14 所示。

表 2-14 16051 工作面主要机械设备配置

序号	设备名称	型号	数量	电压/kV	装机功率/kW
1	采煤机	MG400/930-WD3	1	3.3	2×400+2×55+20
2	刮板输送机	SGZ800/800	1	3.3	2×400
3	转载机	SZZ800/250	1	3.3	250
4	破碎机	PCM160	1	3.3	160
5	胶带输送机	DSJ-100/80/2×200	1	1.14	2×200
6	胶带输送机	DSJ-100/80/2×75	1	1.14	2×75
7	乳化液泵	BRW500/31.5	2	1.14	2×315
8	乳化液泵	BRW400/31.5	2	1.14	2×250
9	喷雾泵	BPW315/6.3	2	1.14	2×45

16051 工作面的采煤机、刮板输送机等综采设备的电压为 3.3 kV,工作面 3.3 kV 系统装机容量适中,故将该工作面划分为第三类典型工作面。第三类典型工作面主要综采设备如表 2-15 所示。

表 2-15 第三类典型工作面主要负荷

编号	设备名称	型号	数量	额定电压/V	装机功率/kW	额定电流/A	总功率/kW
1	采煤机	MG400/930-WD3	1	3300	930	2×87+2×12.3+6	930
2	转载机	SZZ800/250	1	3300	250	54	250
3	破碎机	PCM160	1	3300	160	34	160
4	刮板输送机	SGZ800/800	1	3300	800	2×85	800
5	乳化液泵	BRW500/31.5	2	1140	315	2×186	630
6	乳化液泵	BRW400/31.5	2	1140	250	2×149	500
7	喷雾泵	BPW315/6.3	2	1140	45	2×27	90
8	胶带输送机	DSJ-100/80/2×200	2	1140	200	2×118	400
9	胶带输送机	DSJ-100/80/2×75	2	1140	75	2×45	150
10	张紧车	YBJ7.5	2	1140	7.5	2×4.5	15
总功率合计/kW							4085

2.4 第四类典型工作面

赵固二矿 14030 工作面煤层硬度为 1.25～2.01,煤层倾角为 4°～6°,采高为 5.3 m,开采煤厚为 5.9 m,工作面的走向长度为 2032 m,工作面的倾向长度为 201 m。根据对工作面煤层基本条件的分析,赵固二矿 14030 工作面采用走向长壁后退式采煤方法、一次采全高综合机械化采煤工艺、多循环的作业形式。工作面采用一日四循环,一个循环进尺 0.8 m,日推进 3.2 m。根据综采设备的选择原则,综合考虑 14030 工作面煤层的厚度、倾角及煤的物理机械性质、地质条件等煤层情况,开采规模以及采煤工艺,为 14030 工作面选择的主要综采设备如表 2-16 所示。

表 2-16 14030 工作面主要机械设备配置

序号	设备名称	型号	数量	电压/kV	装机功率/kW
1	采煤机	MG900/2320-GWD	1	3.3	2×900+2×150+180+40
2	刮板输送机	SGZ1200/2000	1	3.3	2×1000
3	转载机	SZZ1200/525	1	3.3	525
4	破碎机	PLM4000	1	3.3	525
5	破碎机	PLM2000	1	3.3	200
6	胶带输送机	DSJ120/120/2×110	1	1.14	110
7	胶带输送机	DSJ120/200/2×400	1	1.14	400
8	乳化液泵	BRW500/31.5	4	3.3	4×315
9	喷雾泵	BPW516/16	2	1.14	2×160
10	喷雾泵	BPW315/6.3	2	1.14	2×160

14030 工作面的采煤机、刮板输送机等综采设备的电压为 3.3 kV,工作面 3.3 kV 系统装机容量较大,故将该工作面划分为第四类典型工作面。第四类典型工作面主要综采设备如表 2-17 所示。

表 2-17 第四类典型工作面主要负荷

序号	设备名称	型号	数量	额定电压/V	装机功率/kW	额定电流/A	总功率/kW
1	采煤机	MG900/2320GWD	1	3300	2320	2×189.2+2×31.5+38+9.2	2320
2	转载机	SZZ1200/525	1	3300	525/263	115	525
3	乳化液泵	BRW500/31.5	2	3300	315	2×68	630
4	刮板输送机	PLM2000	1	3300	2000	2×203	2000
5	破碎机	PLM4000	1	3300	525/263	115	525

序号	设备名称	型号	数量	额定电压/V	装机功率/kW	额定电流/A	总功率/kW
6	破碎机	PLM2000	1	3300	200	42	200
7	乳化液泵	BRW500/31.5	2	3300	315	2×68	630
总功率合计/ kW							6830

　　通过对各综采工作面概况及其配套综采设备进行调研分析,以电源电压等级、采煤机、刮板输送机等主要综采设备的额定电压,最大单机容量,主要设备总容量等为分类依据,将供电电源电压和采煤机等主要综采设备额定电压等级相同、主要综采设备技术参数相近的工作面划分为同一类,共分成四类典型工作面。后续将针对这四类典型工作面分别进行远距离供电系统设计,对各工作面大功率设备所在支路在不同接线方式、不同系统阻抗、不同变压器容量、不同电缆截面下的极限供电距离进行了计算并制定出相应表格。设计者可以根据工作面概况、系统阻抗,通过查表法快速进行供电系统设计。需要说明的是,本书主要针对采煤机、刮板机、转载机等大功率负荷进行供电设计,胶带输送机、水泵等其他设备可以通过增加小容量变压器供电或附近的配电点供电,设计方法和步骤可以参考本书。

第3章　第一类典型工作面供电系统设计与分析

3.1　负荷统计及供电系统拟定

第一类综采工作面的负荷资料如表3-1所示。

表3-1　第一类典型工作面负荷统计表

设备名称	安装数量	额定功率/kW	额定电压/V	所带负荷需用系数
采煤机1路	1	298.5	1140	
采煤机2路	1	200	1140	
刮板输送机	2	400	1140	
乳化液泵	2	250	1140	0.51
转载机	1	200	1140	
破碎机	1	110	1140	
喷雾泵	2	37	1140	

根据表3-1的负荷资料初步拟定的第一类工作面供电系统如图3-1所示。供电电压高压为6 kV,低压为1.14 kV,高压供电线路选用MYPTJ-6/10 kV型电缆,低压供电线路选用MYP-0.66/1.14 kV及MCP-0.66/1.14 kV型电缆。

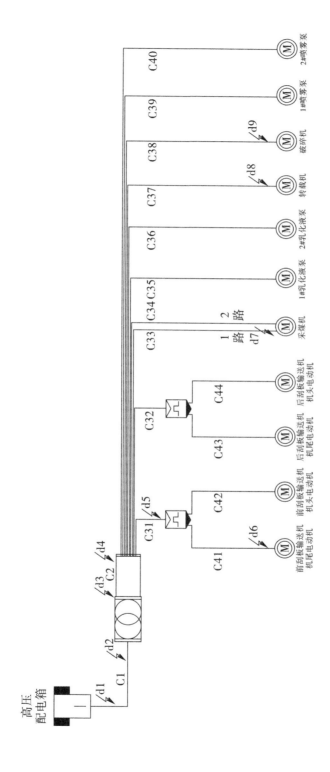

图 3-1　第一类工作面供电系统

3.2 负荷计算及变压器的选择

由表3-1知,第一类综采工作面主要负荷的总功率为2182.5 kW,最大负荷为一套400 kW的刮板输送机。利用式(1-2)计算该工作面的需用系数:

$$K_r = 0.4 + 0.6 \times \frac{P_{max}}{\sum P_N} = 0.4 + 0.6 \times \frac{400}{2182.5} = 0.51$$

根据《煤矿井下供配电设计规范》,综采工作面的平均功率因数取0.7~0.9。本设计功率因数取0.8,利用式(1-1)计算该工作面的负荷:

$$S = \frac{K_r \sum P_N}{\cos\varphi} = \frac{0.51 \times 2182.5 \times 1}{0.8} = 1391.3 \text{ kVA}$$

依据上述计算结果选择KBSGZY-1600/6移动变电站,主要参数如表3-2所示。

表3-2　KBSGZY-1600/6变压器参数

变压器型号	额定容量/kVA	空载损耗/W	短路损耗/W	空载电流/%	短路电压百分数/%	一次/二次额定电流/A	一次/二次额定电压/kV
KBSGZY-1600/6	1600	3350	8000	0.8	4	154/769.8	6/1.2

3.3 高压电缆选择与计算

高压电缆截面选择原则为按经济电流密度选择,按长时允许负荷电流、正常运行时允许电压损失和短路热稳定性要求进行校验,所选高压电缆必须满足上述所有条件。

(1)根据经济电流密度初选电缆截面

根据本书1.4节电缆选择的一般原则,采区变电所隔爆型高压开关至工作面移动变电站高压线路应选用MYPTJ型电缆。MYPTJ型电缆为煤矿用移动金属屏蔽监视型铜芯橡套软电缆,由表1-2查得其经济电流密度J为2.25 A/mm^2。

C1电缆为采区变电所隔爆型高压开关至工作面移动变电站段高压线路。根据负荷计算结果,C1所带负荷的视在功率为1391.3 kVA,通过C1持续工作电流I_{ca}为

$$I_{ca} = \frac{S_{ca}}{\sqrt{3}\,U_N} = \frac{1391.3}{\sqrt{3} \times 6} = 133.9 \text{ A}$$

按经济电流密度计算出的经济截面S_{ec}为

$$S_{ec} = \frac{I_{ca}}{n \cdot J} = \frac{133.9}{1 \times 2.25} = 59.5 \text{ mm}^2$$

其中,n为并列敷设的电缆根数。

按经济电流密度计算出的经济截面积为59.5 mm^2,故初选MYPTJ-3.6/6.3×50型金属屏蔽监视型橡套软电缆。

（2）根据长时允许电流校验电缆截面

查电缆参数表得知，MYPTJ-3.6/6.3×50 型电缆长时载流量为 170 A>133.9 A，满足要求。

（3）按电缆短路时热稳定性校验电缆截面

1）d1 点短路电流计算

本次设计，最大运行方式下的系统短路容量取 40 MVA，最小运行方式下的系统短路容量取 30 MVA；高压侧平均电压 $U_{p} = 6.3$ kV。

最大运行方式下，d1 点（C1 电缆首端）电抗值为

$$X_{s.\,max} = \frac{U_{p}^{2}}{S_{s.\,max}} = \frac{6.3^{2}}{40.0} = 0.9923 \ \Omega$$

最大运行方式下，d1 点三相稳态短路电流为

$$I_{d1}^{(3)} = \frac{U_{p}}{\sqrt{3} \times \sqrt{(X_{s.\,max} + 0)^{2} + 0^{2}}} = \frac{6300}{\sqrt{3} \times \sqrt{(0.9923 + 0)^{2} + 0^{2}}} = 3665.8 \ A$$

2）热稳定性校验

d1 点最大三相短路电流为 3665.8 A，热稳定系数 C 取 93.4，假想时间 t_{f} 取 0.25 s。满足热稳定要求的最小截面 S_{min} 为

$$S_{min} = I_{d1}^{(3)} \frac{\sqrt{t_{f}}}{C} \geq 3665.8 \times \frac{\sqrt{0.25}}{93.4} = 19.62 \ mm^{2}$$

$S_{min}<50 \ mm^{2}$，故选用的 MYPTJ-3.6/6.3×50 型电缆满足热稳定性要求。

（4）按允许电压损失校验电缆截面

根据《煤矿电工手册》的规定，正常运行时，6 kV 电网的电压损失不允许超过额定电压的 7%，其允许电压损失为

$$\Delta U = 6300-6000 \times (1-7\%) = 720 \ V$$

查电缆参数表得知，MYPTJ-3.6/6.3×50 型电缆的每千米电阻值为 0.412 Ω，每千米电抗值为 0.075 Ω；长度为 70 m 的电缆的电阻值为 0.029 Ω，电抗值为 0.0053 Ω。C1 电缆所输送的总有功功率为 2182.5 kW，$\cos\varphi$ 为 0.8，$\tan\varphi$ 为 0.75，额定电压为 6 kV，利用式（1-7）可计算出 C1 电缆的实际电压损失为

$$\Delta U = \frac{P \times (R + X\tan\varphi)}{U_{N}} = \frac{2182.5 \times (0.029 + 0.0053 \times 0.75)}{6} = 11.99 \ V \ < 720 \ V$$

由于实际电压损失小于允许电压损失，故电压损失校验合格。

上述 C1 高压电缆的选择及校验结果表明，所选的 MYPTJ-3.6/6.3×50 型电缆满足要求，其计算结果如表 3-3 所示。

表 3-3 高压电缆选择计算结果

编号	电缆型号	额定电压/V	长度/m	根数	空气中允许载流量/A	长时工作电流/A
C1	MYPTJ-3.6/6.3×50	6000	70	1	170	133.9

3.4 基于极限供电距离的低压电缆选择与计算

低压电缆选择原则为按长时允许电流初选截面,再按正常运行时允许电压损失、起动时允许电压损失和短路热稳定性进行校验,所选低压电缆必须满足上述所有条件。依据上述原则,基于极限供电距离的低压电缆选择的思路为:首先,按长时允许电流初选截面;然后,按电缆短路时热稳定性校验电缆截面,按机械长度要求校验电缆截面;接着,按正常运行时允许电压损失、起动时允许电压损失、按保证线路末端最小运行方式下发生两相短路有不小于 1.5 的灵敏系数分别计算极限供电距离。此外,低压供电线路选用 MYP-0.66/1.14 kV 及 MCP-0.66/1.14 kV 或 MCPT-0.66/1.14 kV 型电缆。

(1)根据长时允许电流选择电缆截面

C2 干线电缆为变压器低压侧至组合开关段的供电线路,向所有负荷供电,其需用系数为 0.51,负荷总功率为 2182.5 kW,本设计平均功率因数为 0.8。C2 电缆长时载流为

$$I_2 = \frac{K_r \sum P_N \times 1000}{\sqrt{3} \ U_N \cos\varphi} = \frac{0.51 \times 2182.5 \times 1000}{\sqrt{3} \times 1140 \times 0.8} = 704.6 \text{ A}$$

C2 干线电缆选择型号为 MYP-0.66/1.14 3×185 的电缆,2 根并列敷设。查电缆参数表得知,MYP-0.66/1.14 3×185 型电缆的额定载流量为 413 A,故 2 根并列敷设电缆的额定载流为 826 A> 704.6 A,满足要求。

C31 支线电缆所带负荷为刮板输送机机头电动机和机尾电动机。查 PLM200 型刮板输送机产品说明书可知,机头电动机和机尾电动机的额定电流都为 123.5 A。C31 电缆长时载流为

$$I_{31} = 123.5 \times 2 = 247 \text{ A}$$

C31 支线电缆选择型号为 MYP-0.66/1.14 3×95 的电缆。查电缆参数表得知,MYP-0.66/1.14 3×95 型电缆的额定载流 260 A>178.8 A,满足要求。

C32 支线电缆所带负荷为刮板输送机机头电动机和机尾电动机,查 PLM200 型刮板输送机产品说明书得知,机头电动机和机尾电动机的额定电流都为 123.5 A。C32 电缆长时载流为

$$I_{32} = 123.5 \times 2 = 247 \text{ A}$$

C32 支线电缆选择型号为 MYP-0.66/1.14 3×95 的电缆。查电缆参数表得知,MYP-0.66/1.14 3×95 型电缆的额定载流 260 A>178.8 A,满足要求。

C33 支线电缆所带负荷为采煤机 1 路,负载为一台截割电动机,两台牵引电动机和一台泵电动机。查 MG200/500-WD 型采煤机产品说明书得知,截割电动机额定电流为 119.2 A,牵引电动机额定电流为 23.8 A,泵电动机额定电流为 12 A。C33 电缆长时载流为

$$I_{33} = 119.2 + 23.8 \times 2 + 12 = 178.8 \text{ A}$$

C33 支线电缆选择型号为 MCPT-0.66/1.14 3×70 的电缆。查电缆参数表得知,MCPT-0.66/1.14 3×70 型电缆的额定载流 215 A>178.8 A,满足要求。

C34 支线电缆所带负荷为采煤机 2 路,负载为一台截割电动机,其额定电流为 119.2 A,故选择型号为 MCPT-0.66/1.14 3×35 的电缆。查电缆参数表得知,MCPT-

0.66/1.14 3×35 型电缆的额定载流 138 A>119.2 A,满足要求。

　　C35 支线电缆所带负荷为乳化液泵,其额定电流为 149 A,故选择型号为 MYP-0.66/1.14 3×50 的电缆。查电缆参数表得知,MYP-0.66/1.14 3×50 型电缆的额定载流 173 A>149 A,满足要求。

　　C36 支线电缆所带负荷为乳化液泵,其额定电流为 149 A,故选择型号为 MYP-0.66/1.14 3×50 的电缆。查电缆参数表得知,MYP-0.66/1.14 3×50 型电缆的额定载流 173 A>149 A,满足要求。

　　C37 支线电缆所带负荷为转载机,其额定电流为 125 A,故选择型号为 MYP-0.66/1.14 3×35 的电缆。查电缆参数表得知,MYP-0.66/1.14 3×35 型电缆的额定载流 138 A>125A,满足要求。

　　C38 支线电缆所带负荷为破碎机,其额定电流为 64.8 A,故选择型号为 MYP-0.66/1.14 3×16 的电缆。查电缆参数表得知,MYP-0.66/1.14 3×16 型电缆的额定载流85 A>64.8 A,满足要求。

　　C39 支线电缆所带负荷为喷雾泵,其额定电流为 23.4 A,故选择型号为 MYP-0.66/1.14 3×16 的电缆。查电缆参数表得知,MYP-0.66/1.14 3×16 型电缆的额定载流85 A>23.4 A,满足要求。

　　C40 支线电缆所带负荷为喷雾泵,其额定电流为 23.4 A,故选择型号为 MYP-0.66/1.14 3×16 的电缆。查电缆参数表得知,MYP-0.66/1.14 3×16 型电缆的额定载流85 A>23.4 A,满足要求。

　　C41 支线电缆所带负荷为刮板输送机机尾电动机,其额定电流为 123.5 A。查电缆参数表得知,电缆 C41 选择 MYP-0.66/1.14 3×35 型电缆,其额定载流 138 A>123.5 A,满足要求。

　　C42 支线电缆所带负荷为刮板输送机机头电动机,其额定电流为 123.5 A。查电缆参数表得知,电缆 C42 选择 MYP-0.66/1.14 3×35 型电缆,其额定载流 138 A>123.5 A,满足要求。

　　C43 支线电缆所带负荷为刮板输送机机尾电动机,其额定电流为 123.5 A。查电缆参数表得知,电缆 C43 选择 MYP-0.66/1.14 3×35 型电缆,其额定载流 138 A>123.5 A,满足要求。

　　C44 支线电缆所带负荷为刮板输送机机头电动机,其额定电流为 123.5 A。查电缆参数表得知,电缆 C44 选择 MYP-0.66/1.14 3×35 型电缆,其额定载流 138 A>123.5 A,满足要求。

　　(2)按电缆短路时热稳定性校验电缆截面

　　最大运行方式下系统短路容量 $S_{s.max} = 40.0 \text{ MVA}$,低压侧平均电压 $U_p = 1.2 \text{ kV}$。折算到变压器低压侧最大运行方式下系统电抗值:

$$X_{s.max} = \frac{U_p^2}{S_{s.max}} = \frac{1.2^2}{40.0} = 0.036 \ \Omega$$

　　折算到低压侧的变压器短路电阻:

$$\Delta P = 3 I_{2N}^2 R_T$$

$$R_T = \frac{8000}{3 \times 769.8 \times 769.8} = 0.0045 \ \Omega$$

折算到低压侧的变压器短路阻抗：

$$Z_\mathrm{T} = Z_\mathrm{T}^* \, Z_{2N} = 4\% \times \frac{1200}{\sqrt{3} \times 769.8} = 0.036 \ \Omega$$

折算到低压侧的变压器短路电抗：

$$X_\mathrm{T} = \sqrt{Z_\mathrm{T}^2 - R_\mathrm{T}^2} = \sqrt{0.036^2 - 0.0045^2} = 0.0357 \ \Omega$$

C1 高压电缆长度为 70 m，选择 MYPTJ-3.6/6.3×50+3×25/3 型电缆，其每千米电阻值为 0.412 Ω，每千米电抗值为 0.075 Ω；电缆 C1 的电阻为 0.02884 Ω，电抗为 0.00525 Ω；折算到低压侧的电阻为 0.00115 Ω，电抗为 0.00021 Ω。

d3 点（C2 首端）短路回路总电阻：

$$\sum R_{\mathrm{d3}} = R_1 / K_\mathrm{T}^2 + R_\mathrm{T} = 0.00115 + 0.0045 = 0.00565 \ \Omega$$

最大运行方式下，d3 点（C2 首端）短路回路总电抗：

$$\sum X_{\mathrm{d3.max}} = X_\mathrm{S} + X_1 / K_\mathrm{T}^2 + X_\mathrm{T} = 0.036 + 0.00021 + 0.0357 = 0.072 \ \Omega$$

最大运行方式下，d3 点（C2 首端）三相稳态短路电流：

$$I_{\mathrm{d3}}^{(3)} = \frac{U_\mathrm{p}}{\sqrt{3} \times \sqrt{\left(\sum R_{\mathrm{d3}}\right)^2 + \left(\sum X_{\mathrm{d3.max}}\right)^2}} = \frac{1200}{\sqrt{3} \times \sqrt{0.00565^2 + 0.072^2}} = 9602 \ \mathrm{A}$$

低压电缆 C2 的长度为 1 m，每千米电阻值为 0.0585 Ω，每千米电抗值为 0.014 Ω；电缆 C2 的电阻为 0.0000585 Ω，电抗为 0.000014 Ω。

d4 点（C2 末端）短路回路总电阻：

$$\sum R_{\mathrm{d4}} = \sum R_{\mathrm{d3}} + R_2 = 0.00565 + 0.0000585 = 0.00571 \ \Omega$$

最大运行方式下，d4 点（C2 末端）短路回路总电抗：

$$\sum X_{\mathrm{d4.max}} = \sum X_{\mathrm{d3.max}} + X_2 = 0.072 + 0.000014 = 0.072 \ \Omega$$

最大运行方式下，d4 点（C2 末端，即 C31~C40 首端）三相稳态短路电流：

$$I_{\mathrm{d4}}^{(3)} = \frac{U_\mathrm{p}}{\sqrt{3} \times \sqrt{\left(\sum R_{\mathrm{d4}}\right)^2 + \left(\sum X_{\mathrm{d4.max}}\right)^2}} = \frac{1200}{\sqrt{3} \times \sqrt{0.00571^2 + 0.072^2}} = 9600 \ \mathrm{A}$$

低压电缆 C2 首端最大三相短路电流为 9602 A。热稳定系数 C 取 93.4。假想时间 t_f 取 0.25 s。满足热稳定要求的最小截面：

$$S_{\min} = I_{\mathrm{d3}}^{(3)} \frac{\sqrt{t_\mathrm{f}}}{C} \geqslant 9602 \times \frac{\sqrt{0.25}}{93.4} = 34.05 \ \mathrm{mm}^2$$

$S_{\min} < 185 \times 2 = 370 \ \mathrm{mm}^2$，故 C2 选择 2 根 MYP-0.66/1.14 3×185 型电缆并列敷设满足热稳定性要求。

最大运行方式下，支路 C31~C40 首端最大三相稳态短路电流为 9600 A。热稳定系数 C 取 93.4。假想时间 t_f 取 0.25 s。满足热稳定要求的最小截面：

$$S_{\min} = I_{\mathrm{d4}}^{(3)} \frac{\sqrt{t_\mathrm{f}}}{C} \geqslant 9600 \times \frac{\sqrt{0.25}}{93.4} = 34.04 \ \mathrm{mm}^2$$

$S_{\min} < 95 \ \mathrm{mm}^2$，故 C31 选择 MYP-0.66/1.14 3×95 型电缆满足热稳定性要求。

$S_{\min} < 95 \ \mathrm{mm}^2$，故 C32 选择 MYP-0.66/1.14 3×95 型电缆满足热稳定性要求。

$S_{\min} < 70 \ \text{mm}^2$，故 C33 选择 MCPT-0.66/1.14 3×70 型电缆满足热稳定性要求。

$S_{\min} > 35 \ \text{mm}^2$，故 C34 选择 MCPT-0.66/1.14 3×35 型电缆不满足热稳定性要求，应选择 MCPT-0.66/1.14 3×70 型电缆。

$S_{\min} > 50 \ \text{mm}^2$，故 C35 选择 MYP-0.66/1.14 3×50 型电缆不满足热稳定性要求，应选择 MYP-0.66/1.14 3×70 型电缆。

$S_{\min} > 50 \ \text{mm}^2$，故 C36 选择 MYP-0.66/1.14 3×50 型电缆不满足热稳定性要求，应选择 MYP-0.66/1.14 3×70 型电缆。

$S_{\min} > 35 \ \text{mm}^2$，故 C37 选择 MYP-0.66/1.14 3×35 型电缆不满足热稳定性要求，应选择 MYP-0.66/1.14 3×70 型电缆。

$S_{\min} > 16 \ \text{mm}^2$，故 C38 选择 MYP-0.66/1.14 3×16 型电缆不满足热稳定性要求，应选择 MYP-0.66/1.14 3×70 型电缆。

$S_{\min} > 16 \ \text{mm}^2$，故 C39 选择 MYP-0.66/1.14 3×16 型电缆不满足热稳定性要求，应选择 MYP-0.66/1.14 3×70 型电缆。

$S_{\min} > 16 \ \text{mm}^2$，故 C40 选择 MYP-0.66/1.14 3×16 型电缆不满足热稳定性要求，应选择 MYP-0.66/1.14 3×70 型电缆。

低压电缆 C31 的长度为 15 m，每千米电阻值为 0.23 Ω，每千米电抗值为 0.075 Ω；电缆 C31 的电阻为 0.00345 Ω，电抗为 0.001125 Ω。

d5 点（C31 末端）短路回路总电阻：

$$\sum R_{d5} = \sum R_{d2} + 31 = 0.00571 + 0.00345 = 0.00916 \ \Omega$$

最大运行方式下，d5 点（C31 末端）短路回路总电抗：

$$\sum X_{d5} = \sum X_{d2} + 31 = 0.072 + 0.00113 = 0.073 \ \Omega$$

最大运行方式下，d5 点（C31 末端，即 C41 ~ C44 首端）三相稳态短路电流：

$$I_{d5}^{(3)} = \frac{U_p}{\sqrt{3} \times \sqrt{\left(\sum R_{d5}\right)^2 + \left(\sum X_{d5.\max}\right)^2}} = \frac{1200}{\sqrt{3} \times \sqrt{0.00916^2 + 0.073^2}} = 9416 \ \text{A}$$

最大运行方式下，支路 C41 ~ C44 首端最大三相稳态短路电流为 9416 A。热稳定系数 C 取 93.4。假想时间 t_f 取 0.25 s。满足热稳定要求的最小截面：

$$S_{\min} = I_{d5}^{(3)} \frac{\sqrt{t_f}}{C} \geq 9416 \times \frac{\sqrt{0.25}}{93.4} = 50.41 \ \text{mm}^2$$

$S_{\min} > 35 \ \text{mm}^2$，故 C41 选择 MYP-0.66/1.14 3×35 型电缆不满足热稳定性要求，应选择 MYP-0.66/1.14 3×70 型电缆。

$S_{\min} > 35 \ \text{mm}^2$，故 C42 选择 MYP-0.66/1.14 3×35 型电缆不满足热稳定性要求，应选择 MYP-0.66/1.14 3×70 型电缆。

$S_{\min} > 35 \ \text{mm}^2$，故 C43 选择 MYP-0.66/1.14 3×35 型电缆不满足热稳定性要求，应选择 MYP-0.66/1.14 3×70 型电缆。

$S_{\min} > 35 \ \text{mm}^2$，故 C44 选择 MYP-0.66/1.14 3×35 型电缆不满足热稳定性要求，应选择 MYP-0.66/1.14 3×70 型电缆。

（3）按机械长度要求校验电缆截面

采煤机允许最小截面为 35 ~ 50 mm^2；刮板输送机允许最小截面为 16 ~ 35 mm^2。故

C31 ~ C34 电缆都满足机械长度要求。

上述按长时允许电流初选截面,按电缆短路时热稳定性和机械长度要求校验电缆截面,低压电缆初步计算选择结果如表3-4所示。

表3-4 低压电缆初步计算选择结果

编号	负荷	电缆型号	额定电压/V	长度/m	根数	空气中允许载流量/A	长时工作电流/A
C2	所有负荷	MYP-0.66/1.14 3×185	1140	1	2	413	704.6
C31	刮板输送机	MYP -0.66/1.14 3×95	1140	15	1	260	247
C32	刮板输送机	MYP -0.66/1.14 3×95	1140	15	1	260	247
C33	采煤机1路	MCPT-0.66/1.14 3×70	1140	待定	1	215	178.8
C34	采煤机2路	MCPT-0.66/1.14 3×70	1140	待定	1	215	119.2
C35	乳化液泵	MYP-0.66/1.14 3×70	1140	待定	1	215	149
C36	乳化液泵	MYP-0.66/1.14 3×70	1140	待定	1	215	149
C37	转载机	MYP-0.66/1.14 3×70	1140	待定	1	215	125
C38	破碎机	MYP-0.66/1.14 3×70	1140	待定	1	215	64.8
C39	喷雾泵	MYP-0.66/1.14 3×70	1140	待定	1	215	23.4
C40	喷雾泵	MYP-0.66/1.14 3×70	1140	待定	1	215	23.4
C41	刮板输送机机尾电动机	MYP-0.66/1.14 3×70	1140	待定	1	215	123.5
C42	刮板输送机机头电动机	MYP-0.66/1.14 3×70	1140	待定	1	215	123.5
C43	刮板输送机机尾电动机	MYP-0.66/1.14 3×70	1140	待定	1	215	123.5
C44	刮板输送机机头电动机	MYP-0.66/1.14 3×70	1140	待定	1	215	123.5

(4)按正常运行时允许电压损失确定线路极限供电距离

终端负荷的电压损失包括变压器电压损失、干线电缆电压损失和支线电缆电压损失。各支路的变压器电压损失和干线电缆电压损失相同,故先计算这两部分电压损失。

1)变压器电压损失计算

变压器二次侧的负荷电流:

$$I_{T2} = \frac{K_r \sum P_N \times 1000}{\sqrt{3} \, U_N \cos\varphi} = \frac{0.51 \times 2182.5 \times 1000}{\sqrt{3} \times 1140 \times 0.8} = 704.6 \text{ A}$$

由表 2-3 查得变压器的参数：$S_N = 1600$ kVA, $U_{2N} = 1200$ V, $I_{2N} = 769.8$ A, $\Delta P = 8000$ W, $U_k\% = 4\%$, $\cos\varphi = 0.8$, $\sin\varphi = 0.6$, 利用式(1-11)计算变压器的电压损失：

$$\Delta U_T = \frac{I_{T2}}{I_{2N}}\left[\frac{\Delta P}{10 \cdot S_N}\% \cdot \cos\varphi + \sqrt{U_k^2 - \left(\frac{\Delta P}{10 \cdot S_N}\%\right)^2} \cdot \sin\varphi\right] \cdot \frac{U_{2N}}{100}$$

$$= \frac{704.6}{769.8} \times \left[\frac{8000}{10 \times 1600}\% \times 0.8 + \sqrt{4^2 - \left(\frac{8000}{10 \times 1600}\%\right)^2} \times 0.6\right] \times \frac{1200}{100}$$

$$= 30.34 \text{ V}$$

2）干线电缆电压损失计算

C2 电缆需用系数为 0.51, 所带负荷总功率为 2182.5 kW, 平均功率因数为 0.8, 平均功率因数角对应的正切值为 0.75, 长度为 1 m。C2 选择 MYP-0.66/1.14 3×185 型电缆, 2 根并列敷设, 故每千米电阻值为 0.117/2 = 0.0585 Ω, 每千米电抗值为 0.028/2 = 0.014 Ω, 由式(1-12)计算 C2 电缆电压损失：

$$\Delta U_{C2} = \frac{K_r \cdot \sum P_N \cdot 1000 \cdot L}{U_N}(R_0 + X_0\tan\varphi)$$

$$= \frac{0.51 \times 2182.5 \times 1000 \times 0.001}{1140} \times (0.0585 + 0.014 \times 0.75) = 0.067 \text{ V}$$

3）按刮板输送机机尾电动机允许电压损失确定支线电缆 C41 极限供电距离

刮板输送机机尾电动机低压侧供电线路由电缆 C2, C31, C41 组成。该支路低压侧电压损失包括变压器电压损失, C2 电压损失, C31 电压损失, C41 电压损失。根据 C41 允许电压损失确定其极限供电距离。

①支线电缆 C31 电压损失计算

C31 电缆需用系数为 1, 所带负荷功率为 400 kW, 平均功率因数为 0.82, 平均功率因数角对应的正切值为 0.698, 长度为 15 m。C31 选择 MYP-0.66/1.14 3×95 型电缆, 每千米电阻值为 0.23 Ω, 每千米电抗值为 0.075 Ω, 由式(1-12)计算 C31 电缆电压损失：

$$\Delta U_{C31} = \frac{K_r \cdot \sum P_N \cdot 1000 \cdot L}{U_N}(R_0 + X_0\tan\varphi)$$

$$= \frac{1 \times 400 \times 1000 \times 0.015}{1140} \times (0.23 + 0.075 \times 0.698) = 1.49 \text{ V}$$

②C41 支线电缆允许电压损失

为了保证综采工作面电动机的正常运行, 1140 V 系统末端的电压损失不得超过 7%, 允许电压损失：$\Delta U = 1200 - 1140 \times (1-7\%) = 140$ V。根据 1140 V 系统末端允许电压损失确定 C41 电缆允许电压损失, 进而确定该支路的极限供电距离。

C41 电缆允许电压损失：

$$\Delta U_{C41} = \sum \Delta U - \Delta U_T - \Delta U_{C2} - \Delta U_{C31} = 140 - 26.4 - 0.067 - 1.49 = 112.043 \text{ V}$$

C41 电缆需用系数为 1, 所带负荷功率为 200 kW, 平均功率因数为 0.82, 平均功率因数角对应的正切值为 0.698。C41 选择 MYP-0.66/1.14 3×70 型电缆, 每千米电阻值为 0.315 Ω, 每千米电抗值为 0.078 Ω, 根据 C41 电缆允许电压损失, 由式(1-12)反算其极限供电距离。

$$\Delta U_{C41} = \frac{K_r \cdot \sum P_N \cdot 1000 \cdot L}{U_N}(R_0 + X_0 \tan\varphi)$$

$$= \frac{1 \times 200 \times 1000 \times L_{41}}{1140} \times (0.315 + 0.078 \times 0.698)$$

$$= 112.043 \text{ V}$$

$$L_{41} = 1725 \text{ m}$$

4）按采煤机 1 路截割电动机支路允许电压损失确定支线电缆 C33 极限供电距离

采煤机 1 路低压侧供电线路由电缆 C2，C33 组成。采煤机 1 路低压侧电压损失包括变压器电压损失，C2 电压损失，C33 电压损失。根据 C33 允许电压损失确定其极限供电距离。

C33 支线电缆允许电压损失：

$$\Delta U_{C33} = \sum \Delta U - \Delta U_T - \Delta U_{C2} = 140 - 26.4 - 0.067 = 113.533 \text{ V}$$

采煤机 1 路 C33 所带负荷总功率为 298.5 kW，平均功率因数为 0.85，功率因数角对应的正切值为 0.62。C33 选择 MCPT-0.66/1.14 3×70 型电缆，每千米电阻值为 0.346 Ω，每千米电抗值为 0.078 Ω，由式（1-12）计算采煤机 1 路 C33 的极限供电距离：

$$\Delta U_{C33} = \frac{K_r \cdot \sum P_N \cdot 1000 \cdot L}{U_N}(R_0 + X_0 \tan\varphi)$$

$$= \frac{1 \times 298.5 \times 1000 \times L_{33}}{1140} \times (0.346 + 0.078 \times 0.62)$$

$$= 113.533 \text{ V}$$

$$L_{33} = 1097 \text{ m}$$

5）按转载机支路允许电压损失确定支线电缆 C37 极限供电距离

转载机支路低压侧供电线路由电缆 C2，C37 组成。该支路低压侧电压损失包括变压器电压损失，C2 电压损失，C37 电压损失。根据 C37 允许电压损失确定其极限供电距离。

C37 支线电缆允许电压损失：

$$\Delta U_{C37} = \sum \Delta U - \Delta U_T - \Delta U_{C2} = 140 - 26.4 - 0.067 = 113.533 \text{ V}$$

C37 电缆需用系数为 1，所带负荷功率为 200 kW，平均功率因数为 0.81，平均功率因数角对应的正切值为 0.724。C37 选择 MYP-0.66/1.14 3×70 型电缆，每千米电阻值为 0.315 Ω，每千米电抗值为 0.078 Ω，根据 C37 电缆允许电压损失，由式（1-12）反算其极限供电距离。

$$\Delta U_{C37} = \frac{K_r \cdot \sum P_N \cdot 1000 \cdot L}{U_N}(R_0 + X_0 \tan\varphi)$$

$$= \frac{1 \times 200 \times 1000 \times L_{37}}{1140} \times (0.315 + 0.078 \times 0.724)$$

$$= 113.533 \text{ V}$$

$$L_{37} = 1738 \text{ m}$$

6）按破碎机支路允许电压损失确定支线电缆 C38 极限供电距离

破碎机支路低压侧供电线路由电缆 C2，C38 组成。该支路电压损失包括变压器电压损失,C2 电压损失,C38 电压损失。根据 C38 电缆允许电压损失确定极限供电距离。

支线电缆 C38 允许电压损失:

$$\Delta U_{C38} = \sum \Delta U - \Delta U_T - \Delta U_{C2} = 140 - 26.4 - 0.067 = 113.533 \text{ V}$$

C38 电缆的需用系数为 1,所带负荷功率为 110 kW,平均功率因数为 0.85,平均功率因数角对应的正切值为 0.62。C38 选择 MYP-0.66/1.14 3×70 型电缆,每千米电阻值为 0.315 Ω,每千米电抗值为 0.078 Ω,根据 C38 电缆允许电压损失,由式(1-12)反算其极限供电距离。

$$\Delta U_{C38} = \frac{K_r \cdot \sum P_N \cdot 1000 \cdot L}{U_N}(R_0 + X_0 \tan\varphi)$$

$$= \frac{1 \times 110 \times 1000 \times L_{38}}{1140} \times (0.315 + 0.078 \times 0.62) = 113.533 \text{ V}$$

$$L_{38} = 3232 \text{ m}$$

说明:①由于刮板输送机机尾电动机供电线路长度为机头电动机供电线路长度加工作面切眼长度,故对于刮板输送机支路来说,机尾电动机为最远负荷。因此,在机尾电动机和机头电动机所选电缆截面相同的情况下,只要机尾电动机允许电压损失满足要求,机头电动机一定满足要求。因此,不需要进行机头电动机允许电压损失校验。②采煤机 1 路负荷比采煤机 2 路负荷大,且上述两条支路的最大负荷为截割电动机。因此,在采煤机 1 路切割电动机和采煤机 2 路切割电动机所选电缆截面相同的情况下,只要采煤机 1 路允许电压损失满足要求,采煤机 2 路一定满足要求,故不需要进行采煤机 2 路允许电压损失校验。③由于乳化液泵和喷雾泵距离配电点距离非常近,其允许电压损失很容易满足要求,故电缆很短,因此不需要进行允许电压损失校验。

(5)按电动机起动时允许电压损失确定线路极限供电距离

1)按刮板输送机机尾电动机起动时允许电压损失确定支线电缆 C41 极限供电距离

刮板输送机机尾电动机低压侧供电线路由电缆 C2,C31,C41 组成。刮板输送机机尾电动机起动时线路电压损失包括变压器电压损失,C2 电压损失,C31 电压损失,C41 电压损失。根据起动时 C41 允许电压损失确定其极限供电距离。

①起动时变压器电压损失

变压器的短路损耗为 8000 W,额定容量为 1600 kVA,可得电阻压降百分数:

$$U_r\% = \frac{8000}{10 \times 1600}\% = 0.50\%$$

变压器的阻抗电压百分数为 4%。U_r 为 0.50。可得电抗压降百分数:

$$U_X\% = \sqrt{4^2 - 0.50^2}\% = 3.97\%$$

刮板输送机机尾电动机额定电流为 123.5 A。额定起动电流取额定电流的 6 倍,则额定起动电流:

$$I_{QN} = 6 \times 123.5 = 741 \text{ A}$$

刮板输送机机尾电动机实际起动电流,一般取额定起动电流的 0.75 倍,则实际起动电流:

$$I_Q = 0.75 \times 741 = 555.75 \text{ A}$$

刮板输送机机尾电动机起动时剩余负荷总功率为 1982.5 kW,其需用系数:

$$K_r = 0.4 + 0.6 \times \frac{P_{max}}{\sum P_N} = 0.4 + 0.6 \times \frac{298.5}{1982.5} = 0.49$$

刮板输送机机尾电动机起动时剩余负荷总电流:

$$I_{SQ} = 1326.6 - 123.5 = 1203.1 \text{ A}$$

刮板输送机机尾电动机起动时变压器实际流过的电流:

$$I_{TQ} = I_Q + K_r \times I_{SQ} = 555.75 + 0.49 \times 1203.1 = 1145.27 \text{ A}$$

刮板输送机机尾电动机起动时,变压器二次侧实际流过的电流为 1145.27 A,电动机起动时功率因数为 0.8,电动机起动时的功率因数角的正弦值为 0.6,其余负荷的加权平均功率因数角对应的正切值为 0.698。由式(1-17)计算起动时变压器电压损失:

$$\Delta U_{TQ} = \frac{U_{2P}}{I_{2N}}[I_{TQ}U_r\%\cos\varphi_Q + U_x\%(I_Q\sin\varphi_Q + K_rI_{SQ}\tan\varphi_{TS})]$$
$$= \frac{1200}{769.8} \times [1145.27 \times 0.5\% \times 0.8 + 3.97\% \times (555.75 \times 0.6 + 0.49 \times 1203.1 \times 0.698)]$$
$$= 53.24 \text{ V}$$

②起动时 C2 干线电缆电压损失

刮板输送机机尾电动机起动时,C2 干线电缆实际流过的电流为 1145.7A,C2 长度为 1 m,C2 的功率因数为 0.79。由式(1-14)计算刮板输送机机尾电动机起动 C2 电缆电压损失:

$$\Delta U_{C2Q} = \frac{\sqrt{3}I_{GQ}L_G\cos\varphi \cdot 10^3}{\gamma A_G} = \frac{\sqrt{3} \times 1145.7 \times 0.001 \times 0.79 \times 1000}{53 \times 185 \times 2} = 0.08 \text{ V}$$

③起动时 C31 支线电缆电压损失

刮板输送机机尾电动机起动时,C31 支线电缆实际流过的电流为 679.25 A,C31 长度为 15 m,C31 的功率因数为 0.8。由式(1-14)计算刮板输送机机尾电动机起动时 C31 电缆电压损失:

$$\Delta U_{C31Q} = \frac{\sqrt{3}I_{GQ}L_G\cos\varphi \cdot 10^3}{\gamma A_G} = \frac{\sqrt{3} \times 679.25 \times 0.015 \times 0.8 \times 1000}{53 \times 95} = 2.8 \text{ V}$$

④按起动时 C41 支线电缆允许电压损失确定其极限供电距离

根据《煤矿井下供配电设计规范》,最远端最大容量电动机起动时其端电压不得低于电网电压的 75%,1140 V 系统最大电动机起动时允许电压损失:

$$\sum \Delta U_Q = 1200 - 1140 \times 75\% = 345 \text{ V}$$

刮板输送机机尾电动机起动时,C41 支线电缆允许电压损失:

$$\Delta U_{C41Q} = \sum \Delta U - \Delta U_{TQ} - \Delta U_{C2Q} - \Delta U_{C31Q} = 345 - 53.24 - 0.08 - 2.8 = 288.9 \text{ V}$$

刮板输送机机尾电动机起动时,C41 电缆实际流过的电流为 555.75 A,功率因数为 0.8,截面积为 70 mm²。根据起动时 C41 电缆允许电压损失,由式(1-14)反算其极限供电距离。

$$\Delta U_{C41Q} = \frac{\sqrt{3}I_{GQ}L_G\cos\varphi \cdot 10^3}{\gamma A_G} = \frac{\sqrt{3} \times 555.75 \times L_{41} \times 0.8 \times 1000}{53 \times 70} = 288.9 \text{ V}$$

$$L_{41} = 1391 \text{ m}$$

2）按采煤机截割电动机起动时允许电压损失确定支线电缆 C33 极限供电距离

采煤机 1 路截割电动机支路低压侧供电线路由电缆 C2，C33 组成。采煤机 1 路截割电动机起动时线路电压损失包括变压器电压损失，C2 电压损失，C33 电压损失。根据起动时 C33 允许电压损失确定其极限供电距离。

①起动时变压器电压损失

截割电动机额定电流为 119.2A。额定起动电流取额定电流的 6 倍，则额定起动电流：

$$I_{QN} = 6 \times 119.2 = 715.2 \text{ A}$$

截割电动机实际起动电流，一般取额定起动电流的 0.75 倍，则实际起动电流：

$$I_Q = 0.75 \times 715.2 = 536.4 \text{ A}$$

截割电动机起动时剩余负荷的总功率为 1982.5 kW，其需用系数：

$$K_r = 0.4 + 0.6 \times \frac{P_{max}}{\sum P_N} = 0.4 + 0.6 \times \frac{250}{1982.5} = 0.48$$

截割电动机起动时剩余负荷总电流：

$$I_{SQ} = 1326.6 - 119.2 = 1207.4 \text{ A}$$

截割电动机起动时变压器实际流过的电流：

$$I_{TQ} = I_Q + K_r \times I_{SQ} = 536.4 + 0.48 \times 1207.4 = 1115.952 \text{ A}$$

采煤机 1 路截割电动机起动时，变压器二次侧实际流过的电流为 1115.952 A，电动机起动时功率因数为 0.8，电动机起动时的功率因数角的正弦值为 0.6，其余负荷的加权平均功率因数角对应的正切值为 0.698。由式（1-17）计算起动时变压器电压损失：

$$\Delta U_{TQ} = \frac{U_{2P}}{I_{2N}} \left[I_{TQ} U_r\% \cos\varphi_Q + U_X\% (I_Q \sin\varphi_Q + K_r I_{SQ} \tan\varphi_{TS}) \right]$$

$$= \frac{1200}{769.8} \times \left[1110.7 \times 0.5\% \times 0.8 + 3.97\% \times (536.4 \times 0.6 + 0.48 \times 1207.4 \times 0.698) \right]$$

$$= 51.88 \text{ V}$$

②起动时 C2 干线电缆电压损失

截割电动机起动时，C2 干线电缆实际流过的电流为 1110.7 A，C2 长度为 1 m，C2 的功率因数为 0.79。由式（1-14）计算截割电动机起动时 C2 干线电缆电压损失：

$$\Delta U_{C2Q} = \frac{\sqrt{3} I_{GQ} L_G \cos\varphi \cdot 10^3}{\gamma A_G} = \frac{\sqrt{3} \times 1110.7 \times 0.001 \times 0.79 \times 1000}{53 \times 185 \times 2} = 0.077 \text{ V}$$

③按起动时 C33 支线电缆允许电压损失确定其极限供电距离

截割电动机起动时，C33 支线电缆允许电压损失：

$$\Delta U_{C33Q} = \sum \Delta U - \Delta U_{TQ} - \Delta U_{C2Q} = 345 - 51.63 - 0.077 = 293.93 \text{ V}$$

截割电动机起动时，C33 电缆实际流过的电流为 596 A，功率因数为 0.8，截面积为 70 mm²。根据起动时 C33 电缆允许电压损失，由式（1-14）反算极限供电距离。

$$\Delta U_{C33Q} = \frac{\sqrt{3} I_{GQ} L_G \cos\varphi \cdot 10^3}{\gamma A_G} = \frac{\sqrt{3} \times 596 \times L_{33} \times 0.8 \times 1000}{53 \times 70} = 293.93 \text{ V}$$

$$L_{33} = 1317 \text{ m}$$

3）按转载机起动时允许电压损失确定支线电缆 C37 极限供电距离

转载机支路低压侧供电线路由电缆 C2，C37 组成。转载机起动时，该支路低压侧电压损失包括变压器电压损失，C2 电压损失，C37 电压损失。根据转载机起动时 C37 允许电压损失确定其极限供电距离。

①起动时变压器电压损失

转载机额定电流为 125 A。额定起动电流取额定电流的 6 倍，则额定起动电流：
$$I_{QN} = 6 \times 125 = 750 \text{ A}$$

转载机实际起动电流，一般取额定起动电流的 0.75 倍，则实际起动电流：
$$I_Q = 0.75 \times 750 = 562.5 \text{ A}$$

转载机起动时剩余负荷的总功率为 1982.5 kW，其需用系数：
$$K_r = 0.4 + 0.6 \times \frac{P_{max}}{\sum P_N} = 0.4 + 0.6 \times \frac{298.5}{1982.5} = 0.49$$

转载机起动时剩余负荷总电流：
$$I_{SQ} = 1326.6 - 125 = 1201.6 \text{ A}$$

转载机起动时变压器实际流过的电流：
$$I_{TQ} = I_Q + K_r \times I_{SQ} = 562.5 + 0.49 \times 1201.6 = 1151.284 \text{ A}$$

转载机起动时，变压器二次侧实际流过的电流为 1151.284 A，电动机起动时功率因数为 0.8，电动机起动时的功率因数角的正弦值为 0.6，其余负荷的加权平均功率因数角对应的正切值为 0.698。由式（1-17）计算转载机起动时变压器电压损失：

$$\Delta U_{TQ} = \frac{U_{2P}}{I_{2N}} [I_{TQ} U_r\% \cos\varphi_Q + U_x\% (I_Q \sin\varphi_Q + K_r I_{SQ} \tan\varphi_{TS})]$$
$$= \frac{1200}{769.8} \times [1151.7 \times 0.5\% \times 0.8 + 3.97\% \times (562.5 \times 0.6 + 0.49 \times 1201.6 \times 0.698)]$$
$$= 53.5 \text{ V}$$

②起动时干线电缆 C2 的电压损失

转载机起动时，干线电缆 C2 实际流过的电流为 1151.7 A，C2 长度为 1 m，C2 的功率因数为 0.79。由式（1-14）计算转载机起动时 C2 电缆电压损失：

$$\Delta U_{C2Q} = \frac{\sqrt{3} I_{GQ} L_G \cos\varphi \cdot 10^3}{\gamma A_G} = \frac{\sqrt{3} \times 1151.7 \times 0.001 \times 0.79 \times 1000}{53 \times 185 \times 2} = 0.08 \text{ V}$$

③按起动时支线电缆 C37 允许电压损失确定其极限供电距离

转载机起动时，支线电缆 C37 允许电压损失：

$$\Delta U_{C37Q} = \sum \Delta U - \Delta U_{TQ} - \Delta U_{C2Q} = 345 - 53.5 - 0.08 = 291.4 \text{ V}$$

转载机起动时，电缆 C37 实际流过的电流为 562.5 A，功率因数为 0.8，截面积为 70 mm²。根据起动时 C37 电缆允许电压损失，由式（1-14）反算极限供电距离。

$$\Delta U_{C37Q} = \frac{\sqrt{3} I_{GQ} L_G \cos\varphi \cdot 10^3}{\gamma A_G} = \frac{\sqrt{3} \times 562.5 \times L_{37} \times 0.8 \times 1000}{53 \times 70} = 291.4 \text{ V}$$

$$L_{37} = 1387 \text{ m}$$

4)按破碎机起动时允许电压损失确定支线电缆 C38 极限供电距离

破碎机支路低压侧供电线路由电缆 C2,C38 组成。破碎机起动时,该支路电压损失包括变压器电压损失,C2 电压损失,C38 电压损失。根据转载机起动时 C38 允许电压损失确定其极限供电距离。

①起动时变压器电压损失

破碎机额定电流为 64.8A。额定起动电流取额定电流的 6 倍,即

$$I_{QN} = 6 \times 64.8 = 388.8 \text{ A}$$

破碎机实际起动电流,一般取额定起动电流的 3/4,则实际起动电流:

$$I_Q = 0.75 \times 388.8 = 291.6 \text{ A}$$

破碎机起动时剩余负荷的总功率为 2072.5 kW,其需用系数:

$$K_r = 0.4 + 0.6 \times \frac{P_{max}}{\sum P_N} = 0.4 + 0.6 \times \frac{298.5}{2072.5} = 0.49$$

破碎机起动时剩余负荷总电流:

$$I_{SQ} = 1326.6 - 64.8 = 1261.8 \text{ A}$$

破碎机起动时变压器实际流过的电流:

$$I_{TQ} = I_Q + K_r \times I_{SQ} = 291.6 + 0.49 \times 1261.8 = 909.882 \text{ A}$$

破碎机起动时,变压器二次侧实际流过的电流为 909.882 A,电动机起动时功率因数为 0.8,电动机起动时的功率因数角的正弦值为 0.6,其余负荷的加权平均功率因数角对应的正切值为 0.698。破碎机起动时变压器电压损失由式(1-17)计算。

$$\Delta U_{TQ} = \frac{U_{2P}}{I_{2N}} [I_{TQ} U_r\% \cos\varphi_Q + U_X\% (I_Q \sin\varphi_Q + K_r I_{SQ} \tan\varphi_{TS})]$$

$$= \frac{1200}{769.8} \times [909.882 \times 0.5\% \times 0.8 + 3.97\% \times (291.6 \times 0.6 + 0.49 \times 1261.8 \times$$

$$0.698)]$$

$$= 43 \text{ V}$$

②起动时 C2 干线电缆电压损失

破碎机起动时,C2 干线电缆实际流过的电流为 905.4 A,C2 长度为 1 m,C2 的功率因数为 0.79。由式(1-14)计算转载机起动电缆 C2 电压损失:

$$\Delta U_{C2Q} = \frac{\sqrt{3} I_{GQ} L_G \cos\varphi \cdot 10^3}{\gamma A_G} = \frac{\sqrt{3} \times 905.4 \times 0.001 \times 0.79 \times 1000}{53 \times 185 \times 2} = 0.06 \text{ V}$$

③按起动时支线电缆 C38 允许电压损失确定其极限供电距离

破碎机起动时,支线电缆 C38 允许电压损失:

$$\Delta U_{C38Q} = \sum \Delta U - \Delta U_{TQ} - \Delta U_{C2Q} = 345 - 43 - 0.06 = 302 \text{ V}$$

破碎机起动时,电缆 C38 实际流过的电流为 291.6A,功率因数为 0.8,截面积为 70 mm²。根据起动时 C38 电缆允许电压损失,由式(1-14)反算极限供电距离。

$$\Delta U_{C38Q} = \frac{\sqrt{3} I_{GQ} L_G \cos\varphi \cdot 10^3}{\gamma A_G} = \frac{\sqrt{3} \times 291.6 \times L_{38} \times 0.8 \times 1000}{53 \times 70} = 302 \text{ V}$$

$$L_{38} = 2772 \text{ m}$$

说明:①由于刮板输送机机尾电动机供电线路长度比机头电动机长,故对于刮板输送机支路来说,机尾电动机为最远端、最大负荷。因此,在机尾电动机和机头电动机所选电缆截面相同的情况下,只要机尾电动机起动时允许电压损失满足要求,机头电动机一定满足要求。因此,不需要进行机头电动机起动时允许电压损失校验。②对于采煤机1路和采煤机2路这两条支路,采煤机1路截割电动机为最远端、最大负荷。因此,在采煤机1路截割电动机和采煤机2路截割电动机所选电缆截面相同的情况下,只需校验采煤机1路截割电动机起动时允许电压损失。③由于乳化液泵和喷雾泵距离配电点距离非常近,故电缆很短,其起动时允许电压损失很容易满足要求,因此不需要进行起动时允许电压损失校验。

3.5　高、低压开关选择与整定计算

3.5.1　隔爆型高压开关的选择

(1)根据长时工作电流初选型号

隔爆型高压开关长时工作电流:

$$I_{ca} = \frac{S_{ca}}{\sqrt{3}\ U_N} = \frac{1391.25}{\sqrt{3} \times 6} = 133.9 \text{ A}$$

隔爆型高压开关额定电流必须大于它的长时工作电流,故选择 PJG–150/6Y 型配电箱。

(2)按分段能力校验

PJG–150/6Y 隔爆型高压开关额定开断电流为 12.5 kA。最大运行方式下三相短路电流 3665.8 A<12.5 kA,分断能力校验合格。

(3)按动稳定性校验

$$i_{sh} = 2.55 \times I_{d1}^{(3)} = 2.55 \times 3665.8 = 9347.79 \text{ A}$$

流过隔爆型高压开关的电流峰值为 9347.9 A。9347.9 A 小于设备极限峰值电流 31500 A。动稳定校验合格。

(4)按热稳定性校验

假想作用时间取 1.5 s。在 2 s 内流过开关的热稳定电流:

$$I_{ss} = I_{d1}^{(3)} \sqrt{\frac{t_i}{t}} = 3665.8 \times \sqrt{\frac{1.5}{2.0}} = 3174.7 \text{ A}$$

流过隔爆型高压开关的热稳定电流为 3174.7 A。3174.7 A 小于设备热稳定电流 12.5 kA。热稳定性校验合格。

3.5.2　隔爆型高压开关的整定计算

负荷侧的额定电流为 154 A,电流互感器变比为 30,过载整定值:

$$I_{gz} = \frac{I_{2N}}{K_i} = 154 \div 30 = 5.13 \text{ A}$$

隔爆型高压开关过载整定值取 5。

隔爆型高压开关过流整定值按过载值的 5 倍整定。

$$I_{gl} = 5 \times 5 = 25 \text{ A}$$

隔爆型高压开关过流整定值取 25。

短路整定值按躲过最大容量电动机起动时的最大负荷电流整定。

剩余电动机的额定电流：

$$I_S = 12 + 23.8 \times 2 + 119.2 \times 2 + 125 + 149 + 23.4 \times 2 + 64.8 + 123.5 \times 4 = 1177.6 \text{ A}$$

最大容量电动机起动时剩余负荷的需用系数：

$$K_r = 0.4 + 0.6 \times \frac{P_{max}}{\sum P} = 0.4 + 0.6 \times \frac{298.5}{1932.5} = 0.49$$

最大容量电动机为乳化液泵,其额定电流为 149 A,额定起动电流取额定电流的 6 倍,即 894 A;剩余电动机的额定电流为 1177.6 A;最大容量电动机起动时剩余负荷的需用系数为 0.49,变压器变比为 5;电流互感器变比为 30。电流互感器检测到的最大电流：

$$I_z = \frac{1.2}{5 \times 30} \times (894 + 0.49 \times 1177.6) = 11.8 \text{ A}$$

短路整定值按躲过变压器励磁涌流整定：

$$I_{op} = \frac{4 \times 154.0}{30} = 20.53 \text{ A}$$

隔爆型高压开关的短路整定值取 21。

隔爆型高压开关短路保护保护至变压器电压侧,故需要校验变压器低压侧母线上发生最小两相短路的灵敏度是否满足要求。

本次设计,最小运行方式下系统短路容量取 $S_{s.min} = 30.0 \text{ MVA}$,低压侧平均电压为 $U_p = 1.2 \text{ kV}$ 。折算到变压器低压侧系统电抗值：

$$X_{s.min} = \frac{U_p^2}{S_{s.min}} = \frac{1.2^2}{30.0} = 0.048 \text{ } \Omega$$

最小运行方式下,d3 点(C2 首端)短路回路总电抗：

$$\sum X_{d3.min} = X_S + X_1/K_T^2 + X_T = 0.048 + 0.00021 + 0.0357 = 0.084 \text{ } \Omega$$

最小运行方式下,d3 点三相稳态短路电流[变压器低压侧(C2 首端)]：

$$I_d^{(2)} = \frac{U_p}{2 \times \sqrt{\left(\sum R_{d3}\right)^2 + \left(\sum X_{d3.min}\right)^2}} = \frac{1200}{2 \times \sqrt{0.00565^2 + 0.084^2}} = 7127 \text{ A}$$

变压器低压侧母线上的最小两相短路电流为 7127 A,变压器变比为 5,短路整定值为 21,电流互感器变比为 30。灵敏度为

$$\frac{7127}{5 \times 30 \times 21} = 2.26 > 1.5$$

隔爆型高压开关的灵敏度校验合格。隔爆型高压开关选择与整定计算结果见表 3-5。

表 3-5　隔爆型高压开关整定计算明细表

型号	短路整定值/A	过流整定值/A	过载整定值/A	两相短路电流/A	灵敏度
PJG-150/6Y	21	25	5	7127	2.26

3.5.3　移动变电站高压真空开关的整定计算

负荷侧的额定电流为 154 A,需用系数为 0.51,计算过程参见负荷统计计算。电流互感器变比为 40。利用式(1-47)计算高压真空开关的过载整定值:

$$I_{gz} = 154 \div 40 = 3.85 \text{ A}$$

移动变电站高压真空开关过载整定值取 3.8。

移动变电站高压真空开关过流整定值按过载值的 5 倍整定。

$$I_{gl} = 5 \times 3.8 = 19 \text{ A}$$

移动变电站高压真空开关过流整定值取 19。

移动变电站高压真空开关短路整定值按躲过最大容量电动机起动时的最大负荷电流整定。

最大容量电动机为乳化液泵,其额定电流为 149 A,额定起动电流取额定电流的 6 倍,即 894 A;剩余电动机的额定电流为 1177.6 A;最大容量电动机起动时剩余负荷的需用系数为 0.49,变压器变比为 5;电流互感器变比为 40。电流互感器检测到的最大电流:

$$I_z = \frac{1.2}{5 \times 40} \times (894 + 0.49 \times 1177.6) = 8.8 \text{ A}$$

短路整定值按躲过变压器励磁涌流条件整定:

$$I_{op} = \frac{4 \times 154.0}{40} = 15.4 \text{ A}$$

移动变电站高压真空开关短路整定值取 15.5。

变压器低压侧母线的最小两相短路电流为 7127 A,变压器变比为 5,短路整定值为 15.5,电流互感器变比为 40。灵敏度为

$$\frac{7127}{5 \times 40 \times 15.5} = 2.3 > 1.5$$

移动变电站高压真空开关的灵敏度校验合格。移动变电站高压开关选择与整定计算结果见表 3-6。

表 3-6　移动变电站高压开关选择与整定计算结果

型号	短路整定值/A	过流整定值/A	过载整定值/A	两相短路电流/A	灵敏度
KBSGZY-1600/6 KBG-200/6Y 或 KJG-200/6Y	15.5	19	3.8	7127	2.3

3.5.4　移动变电站低压保护箱的整定计算

利用式(1-52)计算低压保护箱的过载整定值

$I_{gz} = 0.51 \times (12.0 + 23.8 + 23.8 + 119.2 + 119.2 + 125.0 + 149.0 + 149.0 + 23.4 + 23.4 + 64.8 + 123.5 + 123.5 + 123.5 + 123.5) = 676.5$ A

低压保护箱的过载整定值取 680。

最大容量的电动机为乳化液泵,其额定电流为 149 A,额定起动电流取额定电流的 6 倍,即 894 A;剩余电动机的额定电流为 1177.6 A。最大容量电动机起动时剩余负荷的需用系数为 0.49,变压器变比为 5。

移动变电站低压保护箱短路整定值按躲过最大容量电动机起动时的最大负荷电流整定。

$$I_z = 894 + 0.51 \times 1177.6 = 1494.6 \text{ A}$$

移动变电站低压保护箱短路整定值取 1360 A。按变压器低压侧开关所保护线路最远点发生最小两相短路灵敏系数不低于 1.5 进行逆向整定,则保护线路末端最小两相短路电流:

$$I_d^{(2)} = 1.5 \times 1360 = 2040 \text{ A}$$

(1)计算 d6 点(C41 电缆末端)最小两相短路电流

1)计算 d6 点短路回路总电阻和最小运行方式下电抗

C41 支路选择 MYP-0.66/1.14 3×70 型电缆,每千米电阻值为 0.315 Ω,每千米电抗值为 0.078 Ω。C41 电缆线路的电阻为 $0.315L_{41}$,电抗为 $0.078L_{41}$。

则 d6 点短路回路总电阻:

$$\sum R_{d6} = \sum R_{d5} + R_{41} = 0.00916 + 0.315L_{41}$$

最小运行方式下,d6 点短路回路总电抗:

$$\sum X_{d6.\,min} = \sum X_{d5.\,min} + X_{41} = 0.085 + 0.078L_{41}$$

2)d6 点短路最小两相稳态短路电流:

$$I_{d6}^{(2)} = \frac{U_p}{2 \times \sqrt{\left(\sum R_{d6}\right)^2 + \left(\sum X_{d6.\,min}\right)^2}}$$

$$= \frac{1200}{2 \times \sqrt{(0.00916 + 0.315L_{41})^2 + (0.085 + 0.078L_{41})^2}} = 2040 \text{ A}$$

$$L_{41} = 0.781 \text{ km}$$

(2)计算 d7 点(C33 电缆末端)最小两相短路电流

1)计算 d7 点短路回路总电阻和最小运行方式下电抗

C33 电缆的长度为 L_{33},每千米电阻值为 0.346 Ω,每千米电抗值为 0.078 Ω;电缆 C33 的电阻为 $0.346L_{33}$,电抗为 $0.078L_{33}$。

则 d7 点短路回路总电阻:

$$\sum R_{d7} = \sum R_{d4} + R_{33} = 0.00571 + 0.346L_{33}$$

最小运行方式下,d7 点短路回路总电抗:

$$\sum X_{d7.\,min} = \sum X_{d4.\,min} + X_{33} = 0.084 + 0.078L_{33}$$

2）d7 点短路最小两相稳态短路电流：

$$I_{d7}^{(2)} = \frac{U_p}{2 \times \sqrt{\left(\sum R_{d7}\right)^2 + \left(\sum X_{d7.\,min}\right)^2}}$$

$$= \frac{1200}{2 \times \sqrt{(0.00571 + 0.346L_{33})^2 + (0.084 + 0.078L_{33})^2}}$$

$$= 2040 \text{ A}$$

$$L_{33} = 0.729 \text{ km}$$

（3）计算 d8 点（C37 电缆末端）最小两相短路电流

1）计算 d8 点短路回路总电阻和最小运行方式下电抗

C37 电缆的长度为 L_{37}，每千米电阻值为 0.315 Ω，每千米电抗值为 0.078 Ω；电缆 C33 的电阻为 $0.315L_{37}$，电抗为 $0.078L_{37}$。

则 d8 点短路回路总电阻：

$$\sum R_{d8} = \sum R_{d4} + R_{37} = 0.00571 + 0.315L_{37}$$

最小运行方式下，d8 点短路回路总电抗：

$$\sum X_{d8.\,min} = \sum X_{d4.\,min} + X_{37} = 0.084 + 0.078L_{37}$$

2）d8 点短路最小两相稳态短路电流：

$$I_{d8}^{(2)} = \frac{U_p}{2 \times \sqrt{\left(\sum R_{d8}\right)^2 + \left(\sum X_{d8.\,min}\right)^2}}$$

$$= \frac{1200}{2 \times \sqrt{(0.00571 + 0.315L_{37})^2 + (0.084 + 0.078L_{37})^2}}$$

$$= 2040 \text{ A}$$

$$L_{37} = 0.792 \text{ km}$$

（4）计算 d9 点（C38 电缆末端）最小两相短路电流

1）计算 d9 点短路回路总电阻和最小运行方式下电抗

C38 电缆的长度为 L_{38}，每千米电阻值为 0.315 Ω，每千米电抗值为 0.078 Ω；电缆 C33 的电阻为 $0.315L_{38}$，电抗为 $0.078L_{38}$。

则 d9 点短路回路总电阻：

$$\sum R_{d9} = \sum R_{d4} + R_{38} = 0.00571 + 0.315L_{38}$$

最小运行方式下，d9 点短路回路总电抗：

$$\sum X_{d9.\,min} = \sum X_{d4.\,min} + X_{38} = 0.084 + 0.078L_{38}$$

2）d9 点短路最小两相稳态短路电流：

$$I_{d9}^{(2)} = \frac{U_p}{2 \times \sqrt{\left(\sum R_{d9}\right)^2 + \left(\sum X_{d9.\,min}\right)^2}}$$

$$= \frac{1200}{2 \times \sqrt{(0.00571 + 0.315L_{38})^2 + (0.084 + 0.078L_{38})^2}}$$

$$= 2040 \text{ A}$$

$$L_{38} = 0.792 \text{ km}$$

（5）各支路极限供电距离计算

刮板输送机机尾电动机支路的供电线路由电缆 C1，C2，C31，C41 组成，其极限供电距离：

$$L_{1-41} = 70 + 1 + 15 + 781 = 867 \text{ m}$$

刮板输送机机头电动机支路的供电线路由电缆 C1，C2，C31，C43 组成，其极限供电距离：

$$L_{1-43} = 70 + 1 + 15 + 781 = 867 \text{ m}$$

采煤机 1 路截割电动机支路的供电线路由电缆 C1，C2，C33 组成，其极限供电距离：

$$L_{1-33} = 70 + 1 + 729 = 800 \text{ m}$$

转载机支路的供电线路由电缆 C1，C2，C37 组成，其极限供电距离：

$$L_{1-37} = 70 + 1 + 792 = 863 \text{ m}$$

破碎机支路的供电线路由电缆 C1，C2，C38 组成，其极限供电距离：

$$L_{1-38} = 70 + 1 + 792 = 863 \text{ m}$$

刮板输送机机头电动机实际供电线路比机尾电动机短，故在相同电缆截面下，只要机尾电动机的各项校验满足要求，机头电动机一定满足要求。因此，不需要在运行时允许电压损失，起动时允许电压损失和灵敏度校验下进行机头电动机极限供电距离计算。采煤机 2 路的总功率比采煤机 1 路小，最大功率电动机与采煤机 1 路相同，故在相同电缆截面下，只要采煤机 1 的各项校验满足要求，采煤机 2 一定满足要求。因此，不需要进行采煤机 2 极限供电距离计算。乳化液泵和喷雾泵布置在配电点附近，不需要进行运行时允许电压损失，起动时允许电压损失和灵敏度校验。

根据上述计算结果，将按运行时允许电压损失，起动时允许电压损失和灵敏度分别计算的各支路供电距离列于表 3-7，并计算出各支路在所选的移动变电站（KBSGZY-1600/6）系统最小运行方式短路容量（30 MVA）及电缆型号下的极限供电距离。

表 3-7　低压电缆各支路供电距离

编号	负荷	电缆型号	按运行时允许电压损失计算供电距离/m	按起动时允许电压损失计算供电距离/m	按灵敏度计算供电距离/m	所在支路计算极限供电距离/m
C33	采煤机 1 路	MCPT-0.66/1.14 3×70	1097	1308	729	800
C37	转载机	MYP-0.66/1.14 3×70	1738	1387	792	863
C38	破碎机	MYP-0.66/1.14 3×70	3232	2772	792	863
C41	刮板输送机机尾电动机	MYP-0.66/1.14 3×70	1725	1391	781	867
C43	刮板输送机机尾电动机	MYP-0.66/1.14 3×70	1725	1391	781	867

由表 3-7 可以看出,按运行时允许电压损失,起动时允许电压损失和灵敏度分别计算的各支路极限供电距离中,按灵敏度计算的极限供电距离是最小的。因此,该工作面的极限供电距离取决于灵敏度。为了使最小运行方式下任意支路末端发生两相短路有不低于 1.5 的灵敏系数,该工作面的供电距离为所有支路中计算供电距离最小的支路的电缆长度。由表 3-7 可知,该工作面在所选的移动变电站及系统最小运行方式短路容量下,线路电缆长度应小于 800 m。该情况下的低压电缆统计表如表 3-8 所示。

表 3-8　低压电缆统计表

编号	负荷	电缆型号	额定电压 /V	最远距离 /m	根数	空气中允许载流量 /A	长时工作电流/A
C2	所有负荷	MYP-0.66/1.14 3×185	1140	1	2	413	704.6
C31	刮板输送机	MYP -0.66/1.14 3×95	1140	15	1	260	247
C32	刮板输送机	MYP -0.66/1.14 3×95	1140	15	1	260	247
C33	采煤机 1 路	MCPT-0.66/1.14 3×70	1140	800	1	215	178.8
C34	采煤机 2 路	MCPT-0.66/1.14 3×70	1140	800	1	215	119.2
C35	乳化液泵	MYP-0.66/1.14 3×70	1140	—	1	215	149
C36	乳化液泵	MYP-0.66/1.14 3×70	1140	—	1	215	149
C37	转载机	MYP-0.66/1.14 3×70	1140	863	1	215	125
C38	破碎机	MYP-0.66/1.14 3×70	1140	863	1	215	64.8
C39	喷雾泵	MYP-0.66/1.14 3×70	1140	—	1	215	23.4
C40	喷雾泵	MYP-0.66/1.14 3×70	1140	—	1	215	23.4
C41	刮板输送机机尾电动机	MYP-0.66/1.14 3×70	1140	867	1	215	123.5
C42	刮板输送机机头电动机	MYP-0.66/1.14 3×70	1140	867	1	215	123.5
C43	刮板输送机机尾电动机	MYP-0.66/1.14 3×70	1140	867	1	215	123.5
C44	刮板输送机机头电动机	MYP-0.66/1.14 3×70	1140	867	1	215	123.5

3.6　第一类工作面供电系统设计数据库

3.6.1　通过增大电缆截面增加极限供电距离

由 3.5.4 节可知,该工作面的极限供电距离取决于灵敏度校验,其中采煤机 1 路的灵敏系数最低。因此在讨论增加供电距离方案时,首先保证采煤机 1 路的灵敏系数满足要求,即根据采煤机 1 路在最小运行方式下末端发生两相短路有不低于 1.5 的灵敏系数计算极限供电距离。式(1-27)得到的是电缆极限长度,利用式(1-3)反算该工作面实际的极限供电距离。最后依次对比其他各支路在工作面最新的供电距离下的实际供电距离与表 3-8 中的计算极限供电距离。如果前者大于后者,对应支路电缆应增大一级标准截面并计算该截面下的极限供电距离,直到前者小于等于后者为止。

(1)采煤机 1 路 C33 选择 MCPT-0.66/1.14 3×95 型电缆

1)采煤机 1 路 C33 选择 MCPT-0.66/1.14 3×95 型电缆的极限供电距离

①计算 d7 点短路回路总电阻和最小运行方式下电抗

采煤机 1 路 C33 选择 MCPT-0.66/1.14 3×95 型电缆,每千米电阻值为 0.247 Ω,每千米电抗值为 0.075 Ω。C33 电缆的长度为 L_{33},其电阻为 $0.247L_{33}$,电抗为 $0.075L_{33}$。

则 d7 点短路回路总电阻:

$$\sum R_{d7} = \sum R_{d4} + R_{33} = 0.00571 + 0.247L_{33}$$

最小运行方式下,d7 点短路回路总电抗:

$$\sum X_{d7.\min} = \sum X_{d4.\min} + X_{33} = 0.084 + 0.075L_{33}$$

②d7 点短路最小两相稳态短路电流:

$$
\begin{aligned}
I_{d7}^{(2)} &= \frac{U_p}{2 \times \sqrt{\left(\sum R_{d7}\right)^2 + \left(\sum X_{d7.\min}\right)^2}} \\
&= \frac{1200}{2 \times \sqrt{(0.00571 + 0.247L_{33})^2 + (0.084 + 0.075L_{33})^2}} \\
&= 2040 \text{ A}
\end{aligned}
$$

$$L_{33} = 0.982 \text{ km}$$

采煤机 1 路截割电动机支路的供电线路由电缆 C1,C2,C33 组成,其极限供电距离为

$$L_{1-45} = 70 + 1 + 982 = 1053 \text{ m}$$

2)刮板输送机机尾电动机选择 MYP-0.66/1.14 3×95 型电缆的极限供电距离

综采工作面的刮板输送机一般布置在采煤机附近,故刮板输送机支路的实际供电距离与采煤机的相近。由表 3-8 可知,当 C41 选择 MYP-0.66/1.14 3×70 型号电缆时,其计算供电距离为 867 m,远小于该工作面最新的计算极限供电距离 1053 m,因此 C41 应增大一级标准截面电缆,即 MYP-0.66/1.14 3×95,下面通过计算确定 C41 支路选择 MYP-0.66/1.14 3×95 型电缆的极限供电距离。

①d6 点短路回路总电阻和最小运行方式下电抗

C41 的长度为 L_{41},其电阻为 $0.23L_{41}$,电抗为 $0.075L_{41}$。则 d6 点短路回路总电阻:

$$\sum R_{d6} = \sum R_{d5} + R_{41} = 0.00916 + 0.23L_{41}$$

最小运行方式下,d6 点短路回路总电抗:

$$\sum X_{d6.\min} = \sum X_{d5.\min} + X_{41} = 0.085 + 0.075L_{41}$$

②d6 点短路最小两相稳态短路电流:

$$I_{d6}^{(2)} = \frac{U_p}{2 \times \sqrt{\left(\sum R_{d6}\right)^2 + \left(\sum X_{d6.min}\right)^2}}$$

$$= \frac{1200}{2 \times \sqrt{(0.00916 + 0.23L_{41})^2 + (0.085 + 0.075L_{41})^2}}$$

$$= 2040 \text{ A}$$

$$L_{41} = 1.027 \text{ km}$$

刮板输送机机尾电动机支路的供电线路由电缆 C1,C2,C31,C41 组成。其中,C1 长度为 70 m,C2 长度为 1 m,C31 长度为 15 m,C41 长度为 1027 m。故刮板输送机机头电动机支路的极限供电距离为

$$L_{1-41} = 70 + 1 + 15 + 1027 = 1113 \text{ m}$$

由上述计算结果可知 C41 支路选择 MYP-0.66/1.14 3×95 型电缆的极限供电距离为 1113 m,大于综采工作面的极限供电距离 1053 m,故 C41 支路选择 MYP-0.66/1.14 3×95 型电缆能满足供电要求。上述计算结果和理论分析一致。

在进行综采工作面远距离供电设计时,需要根据采煤机 1 路截割电动机支路的实际供电距离校验其他支路电缆截面是否满足要求。如果有支路实际供电距离大于表 3-7 中对应支路的极限供电距离,则对应支路电缆应增大一级标准截面并计算其极限供电距离,直到实际供电距离小于等于对应支路的计算极限供电距离为止。

3)计算 C37 支路选择 MYP-0.66/1.14 3×95 型电缆的极限供电距离

①d8 点短路回路总电阻和最小运行方式下电抗

C37 电缆的长度为 L_{37},电阻为 $0.23L_{37}$,电抗为 $0.075L_{37}$。

则 d8 点短路回路总电阻:

$$\sum R_{d8} = \sum R_{d4} + R_{37} = 0.00571 + 0.23L_{37}$$

最小运行方式下,d8 点短路回路总电抗:

$$\sum X_{d8.min} = \sum X_{d4.min} + X_{37} = 0.084 + 0.075L_{37}$$

②d8 点短路最小两相稳态短路电流:

$$I_{d8}^{(2)} = \frac{U_p}{2 \times \sqrt{\left(\sum R_{d8}\right)^2 + \left(\sum X_{d8.min}\right)^2}}$$

$$= \frac{1200}{2 \times \sqrt{(0.00571 + 0.23L_{37})^2 + (0.084 + 0.075L_{37})^2}}$$

$$= 2040 \text{ A}$$

$$L_{37} = 1.042 \text{ km}$$

转载机支路的供电线路由电缆 C1,C2,C37 组成,其极限供电距离:

$$L_{1-37} = 70 + 1 + 1042 = 1113 \text{ m}$$

破碎机支路选择 MYP-0.66/1.14 3×95 型电缆时短路回路阻抗与转载机支路选择 MYP-0.66/1.14 3×95 型电缆时相同,故其极限供电距离也是 1113 m。

(2)采煤机 1 路 C33 选择 MCPT-0.66/1.14 3×120 型电缆

1)采煤机 1 路 C33 选择 MCPT-0.66/1.14 3×120 型电缆的极限供电距离

①d7 点短路回路总电阻和最小运行方式下电抗

采煤机 1 路 C33 选择 MCPT-0.66/1.14 3×120 型电缆,每千米电阻值为0.174 Ω,每千米电抗值为 0.072 Ω。C33 的长度为 L_{33},电阻为 0.174L_{33},电抗为0.072 L_{33}。

则 d7 点短路回路总电阻:

$$\sum R_{d7} = \sum R_{d4} + R_{33} = 0.00571 + 0.174L_{33}$$

最小运行方式下,d7 点短路回路总电抗:

$$\sum X_{d7.min} = \sum X_{d4.min} + X_{33} = 0.084 + 0.072L_{33}$$

②d7 点短路最小两相稳态短路电流:

$$I_{d7}^{(2)} = \frac{U_p}{2 \times \sqrt{\left(\sum R_{d7}\right)^2 + \left(\sum X_{d7.min}\right)^2}}$$

$$= \frac{1200}{2 \times \sqrt{(0.00571 + 0.174L_{33})^2 + (0.084 + 0.072L_{33})^2}}$$

$$= 2040 \text{ A}$$

$$L_{33} = 1.311 \text{ km}$$

采煤机 1 路截割电动机支路的供电线路由电缆 C1,C2,C33 组成,其极限供电距离:

$$L_{1-45} = 70 + 1 + 1311 = 1382 \text{ m}$$

2)刮板输送机机尾电动机选择 MYP-0.66/1.14 3×120 型电缆极限供电距离

①计算 d6 点短路回路总电阻和最小运行方式下电抗

C41 支路选择 MYP-0.66/1.14 3×120 型电缆,每千米电阻值为 0.164 Ω,每千米电抗值为 0.056 Ω。C41 的长度为 L_{41},其电阻为 0.164L_{41},电抗为 0.056L_{41}。

则 d6 点短路回路总电阻:

$$\sum R_{d6} = \sum R_{d5} + R_{41} = 0.00916 + 0.164L_{41}$$

最小运行方式下,d6 点短路回路总电抗:

$$\sum X_{d6.min} = \sum X_{d5.min} + X_{41} = 0.085 + 0.056L_{41}$$

②d6 点短路最小两相稳态短路电流:

$$I_{d6}^{(2)} = \frac{U_p}{2 \times \sqrt{\left(\sum R_{d6}\right)^2 + \left(\sum X_{d6.min}\right)^2}}$$

$$= \frac{1200}{2 \times \sqrt{(0.00916 + 0.164L_{41})^2 + (0.085 + 0.056L_{41})^2}}$$

$$= 2040 \text{ A}$$

$$L_{41} = 1.428 \text{ km}$$

刮板输送机机尾电动机支路的供电线路由电缆 C1,C2,C31,C41 组成,其极限供电距离:

$$L_{1-41} = 70 + 1 + 15 + 1428 = 1514 \text{ m}$$

3)C38 支路选择 MYP-0.66/1.14 3×120 型电缆的极限供电距离

①d8 点短路回路总电阻和最小运行方式下电抗

C37 电缆的长度为 L_{37},每千米电阻值为 0.164 Ω,每千米电抗值为 0.056 Ω;电缆

C37 的电阻为 $0.164L_{37}$，电抗为 $0.056L_{37}$。

则 d8 点短路回路总电阻：

$$\sum R_{d8} = \sum R_{d4} + R_{37} = 0.00571 + 0.164L_{37}$$

最小运行方式下，d8 点短路回路总电抗：

$$\sum X_{d8.min} = \sum X_{d4.min} + X_{37} = 0.084 + 0.056L_{37}$$

②d8 点短路最小两相稳态短路电流：

$$
\begin{aligned}
I_{d8}^{(2)} &= \frac{U_p}{2 \times \sqrt{\left(\sum R_{d8}\right)^2 + \left(\sum X_{d8.min}\right)^2}} \\
&= \frac{1200}{2 \times \sqrt{(0.00571 + 0.164L_{37})^2 + (0.084 + 0.056L_{37})^2}} \\
&= 2040 \text{ A}
\end{aligned}
$$

$$L_{37} = 1.449 \text{ km}$$

转载机支路的供电线路由电缆 C1，C2，C37 组成，其极限供电距离：

$$L_{1-37} = 70 + 1 + 1449 = 1520 \text{ m}$$

（3）采煤机 1 路 C33 选择 MCPT-0.66/1.14 3×150 型电缆

1）采煤机 1 路 C33 选择 MCPT-0.66/1.14 3×150 型电缆的极限供电距离

①d7 点短路回路总电阻和最小运行方式下电抗

采煤机 1 路 C33 选择 MCPT-0.66/1.14 3×150 型电缆，其每千米电阻值为 $0.152 \ \Omega$，每千米电抗值为 $0.07 \ \Omega$。C33 的长度为 L_{33}，其电阻为 $0.152L_{33}$，电抗为 $0.07L_{33}$。

则 d7 点短路回路总电阻：

$$\sum R_{d7} = \sum R_{d4} + R_{33} = 0.00571 + 0.152L_{33}$$

最小运行方式下，d7 点短路回路总电抗：

$$\sum X_{d7.min} = \sum X_{d4.min} + X_{33} = 0.084 + 0.07L_{33}$$

②d7 点短路最小两相稳态短路电流：

$$
\begin{aligned}
I_{d7}^{(2)} &= \frac{U_p}{2 \times \sqrt{\left(\sum R_{d7}\right)^2 + \left(\sum X_{d7.min}\right)^2}} \\
&= \frac{1200}{2 \times \sqrt{(0.00571 + 0.152L_{33})^2 + (0.084 + 0.07L_{33})^2}} \\
&= 2040 \text{ A}
\end{aligned}
$$

$$L_{33} = 1.46 \text{ km}$$

采煤机 1 路截割电动机支路的供电线路由电缆 C1，C2，C33 组成，其极限供电距离：

$$L_{1-45} = 70 + 1 + 1460 = 1531 \text{ m}$$

2）刮板输送机机尾电动机选择 MYP-0.66/1.14 3×150 型电缆极限供电距离

①计算 d6 点短路回路总电阻和最小运行方式下电抗

C41 支路选择 MYP-0.66/1.14 3×150 型电缆，每千米电阻值为 $0.132 \ \Omega$，每千米电抗值为 $0.066 \ \Omega$。C41 的长度为 L_{41}，其电阻为 $0.132L_{41}$，电抗为 $0.066L_{41}$。

d6 点短路回路总电阻:

$$\sum R_{d6} = \sum R_{d5} + R_{41} = 0.00916 + 0.132L_{41}$$

最小运行方式下, d6 点短路回路总电抗:

$$\sum X_{d6.\,min} = \sum X_{d6.\,min} + X_2 = 0.085 + 0.066L_{41}$$

②d6 点短路最小两相稳态短路电流:

$$I_{d6}^{(2)} = \frac{U_p}{2 \times \sqrt{\left(\sum R_{d6}\right)^2 + \left(\sum X_{d6.\,min}\right)^2}}$$

$$= \frac{1200}{2 \times \sqrt{(0.00916 + 0.132L_{41})^2 + (0.085 + 0.066L_{41})^2}}$$

$$= 2040 \text{ A}$$

$$L_{41} = 1.619 \text{ km}$$

刮板输送机机尾电动机支路的供电线路由电缆 C1, C2, C31, C41 组成。其极限供电距离:

$$L_{1-41} = 70 + 1 + 15 + 1619 = 1705 \text{ m}$$

3) C38 支路选择 MYP-0.66/1.14 3×150 型电缆的极限供电距离

①d8 点短路回路总电阻和最小运行方式下电抗

C37 电缆的长度为 L_{37}, 每千米电阻值为 0.132 Ω, 每千米电抗值为 0.066 Ω; 电缆 C37 的电阻为 $0.132L_{37}$, 电抗为 $0.066L_{37}$。

则 d8 点短路回路总电阻:

$$\sum R_{d8} = \sum R_{d4} + R_{37} = 0.00571 + 0.132L_{37}$$

最小运行方式下, d8 点短路回路总电抗:

$$\sum X_{d8.\,min} = \sum X_{d4.\,min} + X_{37} = 0.084 + 0.066L_{37}$$

②d8 点短路最小两相稳态短路电流:

$$I_{d8}^{(2)} = \frac{U_p}{2 \times \sqrt{\left(\sum R_{d8}\right)^2 + \left(\sum X_{d8.\,min}\right)^2}}$$

$$= \frac{1200}{2 \times \sqrt{(0.00571 + 0.132L_{37})^2 + (0.084 + 0.066L_{37})^2}}$$

$$= 2040 \text{ A}$$

$$L_{37} = 1.642 \text{ km}$$

转载机支路的供电线路由电缆 C1, C2, C37 组成, 其极限供电距离:

$$L_{1-37} = 70 + 1 + 1642 = 1713 \text{ m}$$

(4) 采煤机 1 路 C33 选择 MCPT-0.66/1.14 3×185 型电缆

1) 采煤机 1 路 C33 选择 MCPT-0.66/1.14 3×185 型电缆的极限供电距离

①d7 点短路回路总电阻和最小运行方式下电抗

采煤机 1 路 C33 选择 MCPT-0.66/1.14 3×185 型电缆, 其每千米电阻值为 0.117 Ω, 每千米电抗值为 0.028 Ω。C33 的长度为 L_{33}, 其电阻为 $0.117L_{33}$, 电抗为 $0.028L_{33}$。

则 d7 点短路回路总电阻：

$$\sum R_{d7} = \sum R_{d4} + R_{33} = 0.00571 + 0.117L_{33}$$

最小运行方式下，d7 点短路回路总电抗：

$$\sum X_{d7.min} = \sum X_{d4.min} + X_{33} = 0.084 + 0.028L_{33}$$

②d7 点短路最小两相稳态短路电流：

$$
\begin{aligned}
I_{d7}^{(2)} &= \frac{U_p}{2 \times \sqrt{\left(\sum R_{d7}\right)^2 + \left(\sum X_{d7.min}\right)^2}} \\
&= \frac{1200}{2 \times \sqrt{(0.00571 + 0.117L_{33})^2 + (0.084 + 0.028L_{33})^2}} \\
&= 2040 \text{ A}
\end{aligned}
$$

$$L_{33} = 2.143 \text{ km}$$

采煤机 1 路截割电动机支路的供电线路由电缆 C1，C2，C33 组成，其极限供电距离：

$$L_{1-33} = 70 + 1 + 2143 = 2214 \text{ m}$$

2）刮板输送机机尾电动机选择 MYP-0.66/1.14 3×185 型电缆极限供电距离

①计算 d6 点短路回路总电阻和最小运行方式下电抗

C41 支路选择 MYP-0.66/1.14 3×185 型电缆，每千米电阻值为 0.079 Ω，每千米电抗值为 0.108 Ω。C41 的长度为 L_{41}，其电阻为 $0.079L_{41}$，电抗为 $0.108L_{41}$。

d6 点短路回路总电阻：

$$\sum R_{d6} = \sum R_{d5} + R_{41} = 0.00916 + 0.079L_{41}$$

最小运行方式下，d6 点短路回路总电抗：

$$\sum X_{d6.min} = \sum X_{d5.min} + X_{41} = 0.085 + 0.108L_{41}$$

②d6 点短路最小两相稳态短路电流：

$$
\begin{aligned}
I_{d6}^{(2)} &= \frac{U_p}{2 \times \sqrt{\left(\sum R_{d6}\right)^2 + \left(\sum X_{d6.min}\right)^2}} \\
&= \frac{1200}{2 \times \sqrt{(0.00916 + 0.079L_{41})^2 + (0.085 + 0.108L_{41})^2}} \\
&= 2040 \text{ A}
\end{aligned}
$$

$$L_{41} = 1.621 \text{ km}$$

刮板输送机机尾电动机支路的供电线路由电缆 C1，C2，C31，C41 组成。故刮板输送机机头电动机支路的极限供电距离：

$$L_{1-41} = 70 + 1 + 15 + 1621 = 1707 \text{ m}$$

3）C38 支路选择 MYP-0.66/1.14 3×185 型电缆的极限供电距离

①d8 点短路回路总电阻和最小运行方式下电抗

C37 电缆的长度为 L_{37}，每千米电阻值为 0.079 Ω，每千米电抗值为 0.108 Ω；电缆 C37 的电阻为 $0.079L_{37}$，电抗为 $0.108L_{37}$。

则 d8 点短路回路总电阻：

$$\sum R_{d8} = \sum R_{d4} + R_{37} = 0.00571 + 0.079L_{37}$$

最小运行方式下,d8 点短路回路总电抗:

$$\sum X_{d8.min} = \sum X_{d4.min} + X_{37} = 0.084 + 0.108L_{37}$$

②d8 点短路最小两相稳态短路电流:

$$I_{d8}^{(2)} = \frac{U_p}{2 \times \sqrt{\left(\sum R_{d8}\right)^2 + \left(\sum X_{d8.min}\right)^2}}$$

$$= \frac{1200}{2 \times \sqrt{(0.00571 + 0.079L_{37})^2 + (0.084 + 0.108L_{37})^2}}$$

$$= 2040 \text{ A}$$

$$L_{37} = 1.64 \text{ km}$$

转载机支路的供电线路由电缆 C1,C2,C37 组成,其极限供电距离:

$$L_{1-37} = 70 + 1 + 1640 = 1711 \text{ m}$$

现将移动变电站型号为 KBSGZY-1600/6、最小运行方式短路容量为 30 MVA 下各支路在不同电缆截面下的极限供电距离列于表 3-9 中。

表 3-9　不同电缆截面下供电距离统计表(KBSGZY-1600/6,$S_{d.min}$=30 MVA)

编号	负荷	电缆型号	额定电压/V	最远距离/m	根数	长时工作电流/A
C2	所有负荷	MYP-0.66/1.14 3×185	1140	1	2	704.6
C31	刮板输送机	MYP -0.66/1.14 3×95	1140	15	1	247
C32	刮板输送机	MYP -0.66/1.14 3×95	1140	15	1	247
C33	采煤机 1 路	MCPT-0.66/1.14 3×70	1140	800	1	178.8
C33	采煤机 1 路	MCPT-0.66/1.14 3×95	1140	1053	1	178.8
C33	采煤机 1 路	MCPT-0.66/1.14 3×120	1140	1382	1	178.8
C33	采煤机 1 路	MCPT-0.66/1.14 3×150	1140	1531	1	178.8
C33	采煤机 1 路	MCPT-0.66/1.14 3×185	1140	2214	1	178.8
C34	采煤机 2 路	MCPT-0.66/1.14 3×70	1140	800	1	119.2
C34	采煤机 2 路	MCPT-0.66/1.14 3×95	1140	1053	1	119.2
C34	采煤机 2 路	MCPT-0.66/1.14 3×120	1140	1382	1	119.2
C34	采煤机 2 路	MCPT-0.66/1.14 3×150	1140	1531	1	119.2
C34	采煤机 2 路	MCPT-0.66/1.14 3×185	1140	2214	1	119.2
C35	乳化液泵	MYP-0.66/1.14 3×70	1140	—	1	149
C37	转载机	MYP-0.66/1.14 3×70	1140	863	1	125
C37	转载机	MYP-0.66/1.14 3×95	1140	1113	1	125
C37	转载机	MYP-0.66/1.14 3×120	1140	1520	1	125

续表 3-9

编号	负荷	电缆型号	额定电压 /V	最远距离 /m	根数	长时工作电流/A
C37	转载机	MYP−0.66/1.14 3×150	1140	1713	1	125
C37	转载机	MYP−0.66/1.14 3×185	1140	1711	1	125
C38	破碎机	MYP−0.66/1.14 3×70	1140	863	1	64.8
C38	破碎机	MYP−0.66/1.14 3×95	1140	1113	1	64.8
C38	破碎机	MYP−0.66/1.14 3×120	1140	1520	1	64.8
C38	破碎机	MYP−0.66/1.14 3×150	1140	1713	1	64.8
C38	破碎机	MYP−0.66/1.14 3×185	1140	1711	1	64.8
C39	喷雾泵	MYP−0.66/1.14 3×70	1140	—	1	23.4
C41	刮板输送机机尾电动机	MYP−0.66/1.14 3×70	1140	867	1	123.5
C41	刮板输送机机尾电动机	MYP−0.66/1.14 3×95	1140	1113	1	123.5
C41	刮板输送机机尾电动机	MYP−0.66/1.14 3×120	1140	1514	1	123.5
C41	刮板输送机机尾电动机	MYP−0.66/1.14 3×150	1140	1705	1	123.5
C41	刮板输送机机尾电动机	MYP−0.66/1.14 3×185	1140	1707	1	123.5
C42	刮板输送机机头电动机	MYP−0.66/1.14 3×70	1140	867	1	123.5
C42	刮板输送机机头电动机	MYP−0.66/1.14 3×95	1140	1113	1	123.5
C42	刮板输送机机头电动机	MYP−0.66/1.14 3×120	1140	1514	1	123.5
C42	刮板输送机机头电动机	MYP−0.66/1.14 3×150	1140	1705	1	123.5
C42	刮板输送机机头电动机	MYP−0.66/1.14 3×185	1140	1707	1	123.5
C43	刮板输送机机尾电动机	MYP−0.66/1.14 3×70	1140	867	1	123.5
C43	刮板输送机机尾电动机	MYP−0.66/1.14 3×95	1140	1113	1	123.5
C43	刮板输送机机尾电动机	MYP−0.66/1.14 3×120	1140	1514	1	123.5
C43	刮板输送机机尾电动机	MYP−0.66/1.14 3×150	1140	1705	1	123.5
C43	刮板输送机机尾电动机	MYP−0.66/1.14 3×185	1140	1707	1	123.5
C44	刮板输送机机头电动机	MYP−0.66/1.14 3×70	1140	867	1	123.5
C44	刮板输送机机头电动机	MYP−0.66/1.14 3×95	1140	1113	1	123.5
C44	刮板输送机机头电动机	MYP−0.66/1.14 3×120	1140	1514	1	123.5
C44	刮板输送机机头电动机	MYP−0.66/1.14 3×150	1140	1705	1	123.5
C44	刮板输送机机头电动机	MYP−0.66/1.14 3×185	1140	1707	1	123.5

3.6.2 通过增大变压器容量增加极限供电距离

选择 KBSGZY-2000/6 移动变电站,其主要参数如表 3-10 所示。

表 3-10　KBSGZY-2000/6 变压器参数

变压器型号	额定容量/kVA	空载损耗/W	短路损耗/W	空载电流/%	短路电压百分数/%	一次/二次额定电流/A	一次/二次额定电压/kV
KBSGZY-2000/6	2000	3800	9500	0.6	4.5	192.5/962.3	6/1.2

利用 3.6.1 节相同的方法及步骤可以计算移动变电站为 KBSGZY-2000/6 时,各支路在不同电缆截面下的极限供电距离,结果列于表 3-11 中。

表 3-11　不同电缆截面下供电距离统计表(KBSGZY-2000/6,$S_{d.min}$=30 MVA)

编号	负荷	电缆型号	额定电压/V	最远距离/m	根数	长时工作电流/A
C2	所有负荷	MYP-0.66/1.14 3×185	1140	1	2	704.6
C31	刮板输送机	MYP-0.66/1.14 3×95	1140	15	1	247
C32	刮板输送机	MYP-0.66/1.14 3×95	1140	15	1	247
C33	采煤机 1 路	MCPT-0.66/1.14 3×70	1140	808	1	178.8
C33	采煤机 1 路	MCPT-0.66/1.14 3×95	1140	1064	1	178.8
C33	采煤机 1 路	MCPT-0.66/1.14 3×120	1140	1398	1	178.8
C33	采煤机 1 路	MCPT-0.66/1.14 3×150	1140	1550	1	178.8
C33	采煤机 1 路	MCPT-0.66/1.14 3×185	1140	2237	1	178.8
C34	采煤机 2 路	MCPT-0.66/1.14 3×70	1140	808	1	119.2
C34	采煤机 2 路	MCPT-0.66/1.14 3×95	1140	1064	1	119.2
C34	采煤机 2 路	MCPT-0.66/1.14 3×120	1140	1398	1	119.2
C34	采煤机 2 路	MCPT-0.66/1.14 3×150	1140	1550	1	119.2
C34	采煤机 2 路	MCPT-0.66/1.14 3×185	1140	2237	1	119.2
C35	乳化液泵	MYP-0.66/1.14 3×70	1140	—		149
C37	转载机	MYP-0.66/1.14 3×70	1140	872	1	125
C37	转载机	MYP-0.66/1.14 3×95	1140	1125	1	125
C37	转载机	MYP-0.66/1.14 3×120	1140	1537	1	125
C37	转载机	MYP-0.66/1.14 3×150	1140	1735	1	125
C37	转载机	MYP-0.66/1.14 3×185	1140	1738	1	125
C38	破碎机	MYP-0.66/1.14 3×70	1140	872	1	64.8
C38	破碎机	MYP-0.66/1.14 3×95	1140	1125	1	64.8
C38	破碎机	MYP-0.66/1.14 3×120	1140	1537	1	64.8
C38	破碎机	MYP-0.66/1.14 3×150	1140	1735	1	64.8

续表 3-11

编号	负荷	电缆型号	额定电压/V	最远距离/m	根数	长时工作电流/A
C38	破碎机	MYP-0.66/1.14 3×185	1140	1738	1	64.8
C39	喷雾泵	MYP-0.66/1.14 3×70	1140	—	1	23.4
C41	刮板输送机机尾电动机	MYP-0.66/1.14 3×70	1140	875	1	123.5
C41	刮板输送机机尾电动机	MYP-0.66/1.14 3×95	1140	1125	1	123.5
C41	刮板输送机机尾电动机	MYP-0.66/1.14 3×120	1140	1531	1	123.5
C41	刮板输送机机尾电动机	MYP-0.66/1.14 3×150	1140	1726	1	123.5
C41	刮板输送机机尾电动机	MYP-0.66/1.14 3×185	1140	1734	1	123.5
C42	刮板输送机机头电动机	MYP-0.66/1.14 3×70	1140	875	1	123.5
C42	刮板输送机机头电动机	MYP-0.66/1.14 3×95	1140	1125	1	123.5
C42	刮板输送机机头电动机	MYP-0.66/1.14 3×120	1140	1531	1	123.5
C42	刮板输送机机头电动机	MYP-0.66/1.14 3×150	1140	1726	1	123.5
C42	刮板输送机机头电动机	MYP-0.66/1.14 3×185	1140	1734	1	123.5
C43	刮板输送机机尾电动机	MYP-0.66/1.14 3×70	1140	875	1	123.5
C43	刮板输送机机尾电动机	MYP-0.66/1.14 3×95	1140	1125	1	123.5
C43	刮板输送机机尾电动机	MYP-0.66/1.14 3×120	1140	1531	1	123.5
C43	刮板输送机机尾电动机	MYP-0.66/1.14 3×150	1140	1726	1	123.5
C43	刮板输送机机尾电动机	MYP-0.66/1.14 3×185	1140	1734	1	123.5
C44	刮板输送机机头电动机	MYP-0.66/1.14 3×70	1140	875	1	123.5
C44	刮板输送机机头电动机	MYP-0.66/1.14 3×95	1140	1125	1	123.5
C44	刮板输送机机头电动机	MYP-0.66/1.14 3×120	1140	1531	1	123.5
C44	刮板输送机机头电动机	MYP-0.66/1.14 3×150	1140	1726	1	123.5
C44	刮板输送机机头电动机	MYP-0.66/1.14 3×185	1140	1734	1	123.5

3.6.3 增加极限供电距离方案对比分析

不同电缆截面下采煤机支路和转载机支路极限供电距离分别如图 3-2、图 3-3 所示。

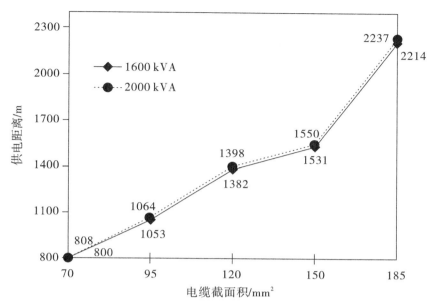

图 3-2　不同电缆截面下采煤机支路极限供电距离

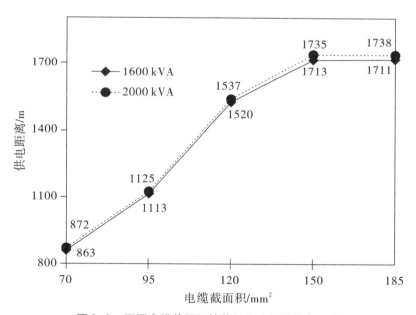

图 3-3　不同电缆截面下转载机支路极限供电距离

（1）由表 3-9 和图 3-2 可以看出，当变压器容量为 1600 kVA 时，采煤机支路 C31 电缆截面积由 70 mm² 增大到 95 mm²，供电距离由 800 m 增加到 1053 m，增加了 253 m。可以看出，增大电缆截面积，可以增加采煤机支路的输电距离。当变压器容量为 1600 kVA 时，C31 电缆截面积由 95 mm² 增大到 185 mm²，供电距离由 1053 m 增加到 2214 m，增加了 1161 m。电缆截面积由 95 mm² 增大到 185 mm²，输电距离大大增加。然而，目前 1140 V 采煤机电缆喇叭嘴规格是 120 mm² 及以下，如果未来采煤机喇叭嘴出现 150 mm²

及以上的规格,可采用进一步增大电缆截面积的方法增加输电距离。

（2）由表3-9和图3-3可以看出,当变压器容量为1600 kVA时,转载机支路C37电缆截面积由70 mm²增大到95 mm²,供电距离由863 m增加了到1113 m,增加了250 m。C41电缆截面积由95 mm²增大到120 mm²,供电距离由1113 m增加到1520 m,增加407 m。C41电缆截面积由120 mm²增大到150 mm²,供电距离由1520 m增加到1713 m,增加了193 m。C41电缆截面积由150 mm²增大到185 mm²,供电距离由1713 m减小到1711 m,减小了2 m。可以看出,随着电缆截面积增大,转载机支路的输电距离先增加后减小。输电距离随着电缆截面增大前期增加得快,后期增加得慢;当增加到150 mm²后,继续增加电缆截面输电距离反而减小。综上,转载机支路电缆截面增加到一定程度后,输电距离增加的有限,甚至输电距离反而减小,因此在进行供电设计时应合理选取电缆截面。

（3）由表3-11和图3-3可以看出,当电缆截面积为70 mm²时,变压器容量由1600 kVA增加到2000 kVA,采煤机1路供电距离由800 m增加到808 m,增加了8 m。当电缆截面积为95 mm²时,变压器容量由1600 kVA增加到2000 kVA,供电距离由1053 m增加到1064 m,增加了11 m。当电缆截面积为120 mm²时,变压器容量由1600 kVA增加到2000 kVA,供电距离由1382 m增加到1398 m,增加了16 m。当电缆截面积为185 mm²时,变压器容量由1600 kVA增加到2000 kVA,供电距离由2214 m增加到2237 m,增加了23 m。可以看出,当电缆截面积一定时,随着变压器容量增加,供电距离增加,但是增加的长度很小;随着电缆截面积的增大,变压器容量增加带来的供电距离增加的量变大。

（4）由表3-11和图3-3可以看出,当电缆截面积为70 mm²时,变压器容量由1600 kVA增加到2000 kVA,转载机支路供电距离由863 m增加到872 m,增加了9 m。当电缆截面积为95 mm²时,变压器容量由1600 kVA增加到2000 kVA,供电距离由1113 m增加到1125 m,增加了12 m。当电缆截面积为120 mm²时,变压器容量由1600 kVA增加到2000 kVA,供电距离由1520 m增加到1537 m,增加了17 m。当电缆截面积为150 mm²时,变压器容量由1600 kVA增加到2000 kVA,供电距离由1713 m增加到1735 m,增加了22 m。可以看出,当电缆截面积一定时,随着变压器容量增加,供电距离增加,但是增加的长度很小。

（5）电缆截面积增大比变压器容量增加更能有效增加供电距离。

综合考虑供电安全性、可靠性和经济性,第一类工作面的变压器应选择 KBSGZY-1600/6 型移动变电站。为此,本书计算了变压器选择 KBSGZY-1600/6 型移动变电站时,不同最小运行方式系统短路容量下各支路在不同电缆截面下的极限供电距离,结果列于表3-9中。

3.7 焦作煤业（集团）有限责任公司东二综采工作面设计示例

东二综采工作面概况见表2-1。

综合考虑煤层的厚度,倾角及煤的物理机械性质、地质条件等煤层情况、开采规模以及采煤工艺,巷道布置情况,九里山矿东二工作面选择的综采设备及布置情况如表3-12所示。

表 3-12　东二综采工作面主要设备配置及布置情况

设备名称	供电距离/m	电缆长度/m	设备数量/台	额定功率/kW	额定电压/V
采煤机 1 路	809	890	1	298.5	1140
采煤机 2 路	809	890	1	200	1140
刮板输送机	855	941	2	400	1140
刮板输送机	746	821	2	400	1140
刮板输送机	851	936	2	400	1140
刮板输送机	742	816	2	400	1140
乳化液泵	106	116	2	250	1140
转载机	656	721	1	200	1140
破碎机	701	771	1	110	1140
喷雾泵	83	91	2	37	1140

采煤机实际供电距离为 809 m,所需电缆长度为供电距离的 1.1 倍,故 C33 电缆长度为 890 m。在变压器选择 KBSGZY-1600/6 移动变电站,C1 选择 MYPTJ-3.6/10 3×50,C2 选择 2 根 MYP-0.66/1.14 3×185 并列敷设时,查表 3-9 可知,C33 选择 MCPT-0.66/1.14 3×95 对应的极限供电距离为 1053 m>890 m。

刮板输送机机尾电动机实际供电距离为 855 m,所需电缆长度为供电距离的 1.1 倍,故 C41 电缆长度为 941 m。在变压器选择 KBSGZY-1600/6 移动变电站,C1 选择 MYPTJ-3.6/10 3×50,C2 选择 2 根 MYP-0.66/1.14 3×185 并列敷设,C31 选择 MYP-0.66/1.14 3×95 时,查表 3-9 可知,C41 选择 MCPT-0.66/1.14 3×95 对应的极限供电距离为 1125 m>941 m。

刮板输送机机头电动机实际供电距离为 746 m,所需电缆长度为供电距离的 1.1 倍,故 C42 电缆长度为 821 m。在变压器选择 KBSGZY-1600/6 移动变电站,C1 选择 MYPTJ-3.6/10 3×50,C2 选择 2 根 MYP-0.66/1.14 3×185 并列敷设,C31 选择 MYP-0.66/1.14 3×95 时,查表 3-9 可知,C42 选择 MCPT-0.66/1.14 3×70 对应的极限供电距离为 875 m>821 m。

刮板输送机机尾电动机实际供电距离为 851 m,所需电缆长度为供电距离的 1.1 倍,故 C43 电缆长度为 936 m。在变压器选择 KBSGZY-1600/6 移动变电站,C1 选择 MYPTJ-3.6/10 3×50,C2 选择 2 根 MYP-0.66/1.14 3×185 并列敷设,C31 选择 MYP-0.66/1.14 3×95 时,查表 3-9 可知,C43 选择 MCPT-0.66/1.14 3×95 对应的极限供电距离为 1125 m>936 m。

刮板输送机机头电动机实际供电距离为 742 m,所需电缆长度为供电距离的 1.1 倍,故 C44 电缆长度为 816 m。在变压器选择 KBSGZY-1600/6 移动变电站,C1 选择 MYPTJ-3.6/10 3×50,C2 选择 2 根 MYP-0.66/1.14 3×185 并列敷设,C31 选择 MYP-0.66/1.14 3×95 时,查表 3-9 可知,C44 选择 MCPT-0.66/1.14 3×70 对应的极限供电距

离为 875 m>816 m。

根据表 3-9 可以快速确定该工作面其他支路低压电缆选型,结果列于表 3-13 中。

表 3-13 低压电缆统计表

编号	负荷	电缆型号	额定电压/V	实际距离/m	最远距离/m	根数	长时工作电流/A
C2	所有负荷	MYP-0.66/1.14 3×185	1140	1	1	2	704.6
C31	刮板输送机	MYP -0.66/1.14 3×95	1140	15	15	1	247
C32	刮板输送机	MYP -0.66/1.14 3×95	1140	15	15	1	247
C33	采煤机 1 路	MCPT-0.66/1.14 3×95	1140	890	1053	1	178.8
C34	采煤机 2 路	MCPT-0.66/1.14 3×95	1140	890	1053	1	119.2
C35	乳化液泵	MYP-0.66/1.14 3×70	1140	116	863	1	149
C36	乳化液泵	MYP-0.66/1.14 3×70	1140	116	863	1	149
C37	转载机	MYP-0.66/1.14 3×70	1140	721	863	1	125
C38	破碎机	MYP-0.66/1.14 3×70	1140	771	863	1	64.8
C39	喷雾泵	MYP-0.66/1.14 3×70	1140	91	863	1	23.4
C41	刮板输送机机头电动机	MYP-0.66/1.14 3×95	1140	941	1125	1	123.5
C42	刮板输送机机尾电动机	MYP-0.66/1.14 3×70	1140	821	867	1	123.5
C43	刮板输送机机头电动机	MYP-0.66/1.14 3×95	1140	936	1125	1	123.5
C44	刮板输送机机尾电动机	MYP-0.66/1.14 3×70	1140	816	867	1	123.5

第4章 第二类典型工作面供电系统设计与分析

4.1 负荷统计及供电系统拟定

第二类综采工作面的负荷资料如表4-1所示。

表4-1 第二类典型工作面负荷统计表

设备名称	安装数量	额定功率/kW	额定电压/V	所带负荷需用系数
采煤机1路	1	425	1140	
采煤机2路	1	300	1140	
刮板输送机机尾电动机	1	315	1140	
刮板输送机机头电动机	1	315	1140	0.52
乳化液泵	2	250	1140	
转载机	1	200	1140	
破碎机	1	110	1140	

根据表4-1的负荷资料初步拟定的第二类工作面供电系统如图4-1所示。供电电压高压为10 kV,低压为1140 V,高压供电线路选用MYPT-8.7/10 kV型电缆,低压供电线路选用MYP-0.66/1.14 kV及MCP-0.66/1.14 kV型电缆。

4.2 负荷计算及变压器的选择

由表4-1可知,第二类综采工作面主要负荷的总功率为2165 kW,最大负荷为一套425 kW的采煤机1路。利用式(1-2)计算该工作面的需用系数:

$$K_r = 0.4 + 0.6 \times \frac{P_{max}}{\sum P_N} = 0.4 + 0.6 \times \frac{425}{2165} = 0.52$$

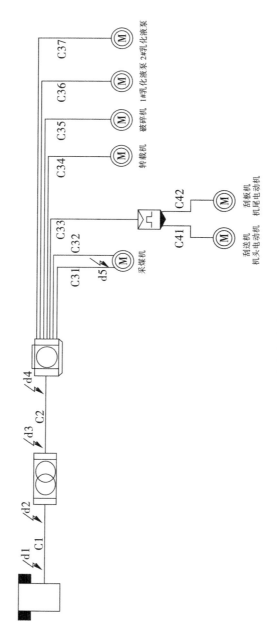

（a）长支线供电方式

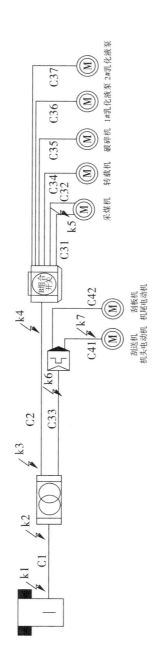

（b）长干线供电方式

图 4-1　第二类工作面供电系统

根据《煤矿井下供配电设计规范》,综采工作面的平均功率因数取 0.7~0.9。本设计功率因数取 0.8,利用式(1-1)计算该工作面的负荷:

$$S = \frac{K_r \sum P_N}{\cos\varphi} = \frac{0.52 \times 2165 \times 1}{0.8} = 1407.3 \text{ kVA}$$

依据上述计算结果选择 KBSGZY-1600/10 移动变电站,主要参数如表 4-2 所示。

表 4-2　KBSGZY-1600/10 变压器参数

变压器型号	额定容量/kVA	空载损耗/W	短路损耗/W	空载电流/%	短路电压百分数/%	一次/二次额定电流/A	一次/二次额定电压/kV
KBSGZY-1600/10	1600	3800	8500	1	5	92.4/769.8	10/1.2

4.3　高压电缆选择与计算

高压电缆截面按经济电流密度选择,按长时允许负荷电流、正常运行时允许电压损失和短路热稳定性要求进行校验,所选高压电缆必须满足上述所有条件。

(1)根据经济电流密度初选电缆截面

根据 1.4 节电缆选择的一般原则,采区变电所隔爆型高压开关至工作面移动变电站高压线路应选用 MYPT 型电缆。MYPT 型电缆为煤矿用移动金属屏蔽型铜芯橡套软电缆,由表 1-2 查得其经济电流密度 J 为 2.25 A/mm²。

C1 电缆为采区变电所隔爆型高压开关至移动变电站段高压线路。根据负荷计算结果,C1 所带负荷的视在功率为 1401.3 kVA,通过 C1 持续工作电流:

$$I_{ca} = \frac{S_{ca}}{\sqrt{3}\,U_N} = \frac{1401.3}{\sqrt{3} \times 10} = 80.9 \text{ A}$$

按经济电流密度计算出的经济截面:

$$S_{ec} = \frac{I_{ca}}{n \cdot J} = \frac{80.9}{1 \times 2.25} = 36 \text{ mm}^2$$

式中,n 为并列敷设的电缆根数。

按经济电流密度计算出的经济截面为 36 mm²,故初选 MYPT-8.7/10 3×35 型金属屏蔽型橡套软电缆。

(2)根据长时允许电流校验电缆截面

查电缆参数表得知,MYPT-8.7/10 3×35 型电缆长时载流量为 135A>80.9A,满足要求。

(3)按电缆短路时热稳定性校验电缆截面

1)d1 点短路电流计算

本次设计,最大运行方式下的系统短路容量取 121 MVA,最小运行方式下的系统短路容量取 116 MVA;高压侧平均电压 U_p = 10.5 kV。

最大运行方式下,d1 点(C11 电缆首端)电抗值:

$$X_{s.\,max} = \frac{U_p^2}{S_{s.\,max}} = \frac{10.5^2}{121} = 0.911 \ \Omega$$

最大运行方式下,d1 点(C1 电缆首端)三相稳态短路电流:

$$I_{d1}^{(3)} = \frac{U_p}{\sqrt{3} \times \sqrt{(X_{s.\,max} + 0)^2 + 0^2}} = \frac{10500}{\sqrt{3} \times \sqrt{(0.911 + 0)^2 + 0^2}} = 6653.5 \ \text{A}$$

2)热稳定性校验

d1 点最大三相短路电流为 6653.5 A,热稳定系数 C 取 141,假想时间 t_f 取 0.25 s。满足热稳定要求的最小截面:

$$S_{min} = I_{d1}^{(3)} \frac{\sqrt{t_f}}{C} \geqslant 6653.5 \times \frac{\sqrt{0.25}}{141} = 23.6 \ \text{mm}^2$$

$S_{min} < 35 \ \text{mm}^2$,故选用的 MYPT-8.7/10 3×35 型电缆满足热稳定性要求。

(4)按允许电压损失校验电缆截面

根据《煤矿电工手册》的规定,正常运行时,10 kV 电网的电压损失不允许超过额定电压的 7%,其允许电压损失:

$$\Delta U = 10500 - 10000 \times (1 - 7\%) = 1200 \ \text{V}$$

查电缆参数表得知,MYPT-8.7/10 3×35 型电缆的每千米电阻值为 0.597 Ω,每千米电抗值为 0.099 Ω;C1 电缆长度为 70 m,其电阻值为 0.0418 Ω,电抗值为 0.00693 Ω。高压电缆所输送的总有功功率为 2165 kW,$\cos\varphi$ 为 0.8,$\tan\varphi$ 为 0.75,额定电压为 10 kV,利用式(1-7)可计算出高压电缆的实际电压损失:

$$\Delta U = \frac{P \times (R + X\tan\varphi)}{U_N} = \frac{2165 \times (0.0418 + 0.00693 \times 0.75)}{10} = 10.17 \ \text{V} < 1200 \ \text{V}$$

由于实际电压损失小于允许电压损失,故电压损失校验合格。

上述 C1 高压电缆的选择及校验结果表明,所选的 MYPT-8.7/10 3×35 型电缆满足要求,其计算结果如表4-3所示。

表4-3 高压电缆选择计算结果

编号	电缆型号	额定电压/V	长度/m	根数	空气中允许载流量/A	长时工作电流/A
C1	MYPT-8.7/10 3×35	10000	70	1	135	80.9

4.4 基于极限供电距离的长支线供电方式低压电缆选择与计算

低压电缆选择按长时允许电流初选截面,再按正常运行时允许电压损失、起动时允许电压损失和短路热稳定性进行校验,所选低压电缆必须满足上述所有条件。为了确定极限供电距离,首先按长时允许电流初选截面;然后按电缆短路时热稳定性校验电缆截面,按机械强度要求校验电缆截面;接着按正常运行时允许电压损失、起动时允许电压损失、按保证线路末端最小运行方式下发生两相短路有不小于 1.5 的灵敏系数分别计算极限供电距离。此外,低压供电线路选用 MYP-0.66/1.14 kV 及 MCP-0.66/1.14 kV 或 MCPT-0.66/1.14 kV 型电缆。

（1）根据长时允许电流选择电缆截面

C2 干线电缆为变压器低压侧至组合开关段的供电线路,向所有负荷供电,其需用系数为 0.52,负荷总功率为 2165 kW,本设计二次侧平均功率因数为 0.8。C2 电缆长时载流:

$$I_2 = \frac{K_r \sum P_N \times 1000}{\sqrt{3}\ U_N \cos\varphi} = \frac{0.52 \times 2165 \times 1000}{\sqrt{3} \times 1140 \times 0.8} = 712.7\ \text{A}$$

C2 干线电缆选择型号为 MYP-0.66/1.14 3×185 的电缆,2 根并列敷设。查电缆参数表得知,MYP-0.66/1.14 3×185 型电缆的额定载流量为 413 A,故 2 根并列敷设电缆的额定载流为 826 A> 712.7 A,满足要求。

C31 支线电缆所带负荷为采煤机 1 路,负载为一台截割电动机,两台牵引电动机和两台泵电动机。查 MG300/720-AWD3 型号采煤机产品说明书得知,截割电动机额定电流为 182 A,牵引电动机额定电流为 35.67 A,泵电动机额定电流为 4.97 A。C31 电缆长时载流:

$$I_{31} = 182 + 35.67 \times 2 + 4.97 \times 2 = 263.3\ \text{A}$$

C31 支线电缆选择型号为 MCPT-0.66/1.14 3×120 的电缆。查电缆参数表得知,MCPT-0.66/1.14 3×120 型电缆的额定载流为 300 A>263.3 A,满足要求。

C32 支线电缆所带负荷为采煤机 2 路,负载为一台截割电动机,其额定电流为182 A。选择型号为 MCPT-0.66/1.14 3×70 的电缆。查电缆参数表得知,MCPT-0.66/1.14 3×70 型电缆的额定载流为 215 A>182 A,满足要求。

C33 支线电缆所带负荷为刮板输送机。查 SGZ764/630 型号刮板输送机产品说明书可知,其额定电流为 2×195 = 390 A。选择型号为 MYP-0.66/1.14 3×185 的电缆。查电缆参数表得知,MYP-0.66/1.14 3×185 型电缆的额定载流为 413 A>390 A,满足要求。

C34 支线电缆所带负荷为转载机。查 SZZ764/200 型号转载机产品说明书可知,其额定电流为 121 A。选择型号为 MYP-0.66/1.14 3×35 的电缆。查电缆参数表得知,MYP-0.66/1.14 3×35 型电缆的额定载流为 138 A>121 A,满足要求。

C35 支线电缆所带负荷为破碎机。查 PCM110 型号破碎机产品说明书可知,其额定电流为 69 A。选择型号为 MYP-0.66/1.14 3×16 的电缆。查电缆参数表得知,MYP-0.66/1.14 3×16 型电缆的额定载流为 85 A>69 A,满足要求。

C36 支线电缆所带负荷为 1#乳化液泵。查 BRW400/31.5 型号乳化液泵产品说明书可知,其额定电流为 147.1 A。选择型号为 MYP-0.66/1.14 3×50 的电缆。查电缆参数表得知,MYP-0.66/1.14 3×50 型电缆的额定载流为 173 A>147.1 A,满足要求。

C37 支线电缆所带负荷为 2#乳化液泵,其额定电流为 147.1 A,选择型号为 MYP-0.66/1.14 3×50 的电缆。查电缆参数表得知,MYP-0.66/1.14 3×50 型电缆的额定载流为 173 A>147.1 A,满足要求。

C41 支线电缆所带负荷为刮板输送机机尾电动机。查 SGZ764/630 型号刮板输送机产品说明书可知,其额定电流为 195 A。选择型号为 MYP-0.66/1.14 3×70 的电缆。查电缆参数表得知,MYP-0.66/1.14 3×70 型电缆的额定载流为 215 A>195 A,满足要求。

C42 支线电缆所带负荷为刮板输送机机头电动机,其额定电流为 195 A。选择型号为 MYP-0.66/1.14 3×70 的电缆。查电缆参数表得知,MYP-0.66/1.14 3×70 型电缆的额定载流为 215 A>195 A,满足要求。

(2)按电缆短路时热稳定性校验电缆截面

最大运行方式下系统短路容量 $S_{s.max} = 121.0 \text{ MVA}$,低压侧平均电压 $U_p = 1.2 \text{ kV}$ 。折算到变压器低压侧系统电抗值:

$$X_{s.max} = \frac{U_p^2}{S_{s.max}} = \frac{1.2^2}{121.0} = 0.0119 \ \Omega$$

折算到低压侧的变压器短路电阻:

$$\Delta P = 3 \times I_{2N}^2 R_T$$

$$R_T = \frac{8500}{3 \times 769.8 \times 769.8} = 0.00478 \ \Omega$$

折算到低压侧的变压器短路阻抗:

$$Z_T = Z_T^* Z_{2N} = 5\% \times \frac{1200}{\sqrt{3} \times 769.8} = 0.045 \ \Omega$$

折算到低压侧的变压器短路电抗:

$$X_T = \sqrt{Z_T^2 - R_T^2} = \sqrt{0.045^2 - 0.00478^2} = 0.0447 \ \Omega$$

高压电缆选择型号为 MYPT-8.7/10 3×35 的电缆,其每千米电阻值为 0.597 Ω,每千米电抗值为 0.099 Ω;长度为 70 m 的高压电缆的电阻值为 0.0418 Ω,电抗值为 0.0069 Ω。

d3 点(C2 首端)短路回路总电阻:

$$\sum R_{d3} = R_1/K_T^2 + R_T = 0.0418/8.3^2 + 0.00478 = 0.0054 \ \Omega$$

最大运行方式下,d3 点短路回路总电抗:

$$\sum X_{d3.max} = X_S + X_1/K_T^2 + X_T = 0.0119 + 0.0069/8.3^2 + 0.0447 = 0.0567 \ \Omega$$

最大运行方式下,d3 点三相稳态短路电流:

$$I_{d3}^{(3)} = \frac{U_p}{\sqrt{3} \times \sqrt{(\sum R_{d3})^2 + (\sum X_{d3.max})^2}} = \frac{1200}{\sqrt{3} \times \sqrt{0.0054^2 + 0.0567^2}} = 12164 \text{ A}$$

低压电缆 C2 首端最大三相短路电流为 12164 A。热稳定系数 C 取 141。假想时间 t_f 取 0.25 s。满足热稳定要求的最小截面:

$$S_{min} = I_{d3}^{(3)} \frac{\sqrt{t_f}}{C} \geqslant 12164 \times \frac{\sqrt{0.25}}{141} = 43.10 \text{ mm}^2$$

$S_{min} < 185 \times 2 = 370 \text{ mm}^2$,故 C2 选择 2 根 MYP-0.66/1.14 3×185 型电缆并列敷设满足热稳定性要求。

低压电缆 C2 的长度为 10 m,每千米电阻值为 0.117/2 = 0.0585 Ω,每千米电抗值为 0.028/2 = 0.014 Ω;电缆 C2 的电阻为 0.000585 Ω,电抗为 0.00014 Ω。

d4 点(C2 末端)短路回路总电阻:

$$\sum R_{d4} = \sum R_{d3} + R_2 = 0.0054 + 0.000585 = 0.006 \ \Omega$$

最大运行方式下,d4 点短路回路总电抗:

$$\sum X_{d4.max} = \sum X_{d3.max} + X_2 = 0.0567 + 0.00014 = 0.0569\ \Omega$$

最大运行方式下,d4 点(C2 末端,即 C31 ~ C37 首端)三相稳态短路电流:

$$I_{d4}^{(3)} = \frac{U_p}{\sqrt{3} \times \sqrt{(\sum R_{d4})^2 + (\sum X_{d4.max})^2}} = \frac{1200}{\sqrt{3} \times \sqrt{0.006^2 + 0.0569^2}} = 12109\text{A}$$

最大运行方式下,支路 C31 ~ C37 首端最大三相稳态短路电流为 12109 A。热稳定系数 C 取 141。假想时间 t_f 取 0.25 s。满足热稳定要求的最小截面:

$$S_{min} = I_{d4}^{(3)} \frac{\sqrt{t_f}}{C} \geqslant 12109 \times \frac{\sqrt{0.25}}{141} = 42.95\ \text{mm}^2$$

$S_{min} < 120\ \text{mm}^2$,故 C31 选择 MCPT-0.66/1.14 3×120 型电缆满足热稳定性要求。

$S_{min} < 70\ \text{mm}^2$,故 C32 选择 MCPT-0.66/1.14 3×70 型电缆满足热稳定性要求。

$S_{min} < 185\ \text{mm}^2$,故 C33 选择 MYP-0.66/1.14 3×185 型电缆满足热稳定性要求。

$S_{min} > 35\ \text{mm}^2$,故 C34 选择 MYP-0.66/1.14 3×35 型电缆不满足热稳定性要求,应选择 MYP-0.66/1.14 3×50 型电缆。

$S_{min} > 16\ \text{mm}^2$,故 C35 选择 MYP-0.66/1.14 3×16 型电缆不满足热稳定性要求,应选择 MYP-0.66/1.14 3×50 型电缆。

$S_{min} < 50\ \text{mm}^2$,故 C36 选择 MYP-0.66/1.14 3×50 型电缆满足热稳定性要求。

$S_{min} < 50\ \text{mm}^2$,故 C37 选择 MYP-0.66/1.14 3×50 型电缆满足热稳定性要求。

低压电缆 C33 的长度为 30 m,每千米电阻值为 0.117 Ω,每千米电抗值为 0.0281 Ω;电缆 C33 的电阻为 0.00351 Ω,电抗为 0.000843 Ω。

d5 点(C33 末端)短路回路总电阻:

$$\sum R_{d5} = \sum R_{d4} + R_2 = 0.006 + 0.00351 = 0.0095\ \Omega$$

最大运行方式下,d5 点短路回路总电抗:

$$\sum X_{d5.max} = \sum X_{d4.max} + X_2 = 0.0569 + 0.000843 = 0.0577\ \Omega$$

最大运行方式下,d5 点(C33 末端,即 C41 ~ C42 首端)三相稳态短路电流:

$$I_{d5}^{(3)} = \frac{U_p}{\sqrt{3} \times \sqrt{(\sum R_{d5})^2 + (\sum X_{d5.max})^2}} = \frac{1200}{\sqrt{3} \times \sqrt{0.0095^2 + 0.0577^2}} = 11848\ \text{A}$$

最大运行方式下,支路 C41 ~ C42 首端最大三相稳态短路电流为 11848 A。热稳定系数 C 取 141。假想时间 t_f 取 0.25 s。满足热稳定要求的最小截面:

$$S_{min} = I_{d5}^{(3)} \frac{\sqrt{t_f}}{C} \geqslant 11848 \times \frac{\sqrt{0.25}}{141} = 42\ \text{mm}^2$$

$S_{min} < 70\ \text{mm}^2$,故 C41 选择 MYP-0.66/1.14 3×70 型电缆满足热稳定性要求。

$S_{min} < 70\ \text{mm}^2$,故 C42 选择 MYP-0.66/1.14 3×70 型电缆满足热稳定性要求。

(3)按机械长度要求校验电缆截面

采煤机允许最小截面为 35 ~ 50 mm²;刮板输送机允许最小截面为 16 ~ 35 mm²。故 C31 ~ C34 电缆都满足机械长度要求。

上述按长时允许电流初选截面,按电缆短路时热稳定性和机械长度要求校验电缆截面,低压电缆初步计算选择结果如表 4-4 所示。

表 4-4　低压电缆初步计算选择结果

编号	负荷	电缆型号	额定电压/V	长度/m	根数	空气中允许载流量/A	长时工作电流/A
C2	所有负荷	MYP-0.66/1.14 3×185	1140	1	2	413	709.7
C31	采煤机 1 路	MCPT-0.66/1.14 3×120	1140	待定	1	300	263.3
C32	采煤机 2 路	MCPT-0.66/1.14 3×70	1140	待定	1	215	182
C33	刮板输送机	MYP-0.66/1.14 3×185	1140	30	1	413	390
C34	转载机	MYP-0.66/1.14 3×50	1140	待定	1	173	121
C35	破碎机	MYP-0.66/1.14 3×50	1140	待定	1	173	69
C36	乳化液泵	MYP-0.66/1.14 3×50	1140	待定	1	173	147.1
C37	乳化液泵	MYP-0.66/1.14 3×50	1140	待定	1	173	147.1
C41	刮板输送机机尾电动机	MYP-0.66/1.14 3×70	1140	待定	1	215	195
C42	刮板输送机机头电动机	MYP-0.66/1.14 3×70	1140	待定	1	215	195

（4）按正常运行时允许电压损失确定线路极限供电距离

终端负荷的电压损失包括变压器电压损失、干线电缆电压损失和支线电缆电压损失。各支路的变压器电压损失和干线电缆电压损失相同,故先计算这两部分电压损失。

1）变压器电压损失计算

变压器二次侧的负荷电流:

$$I_{T2} = \frac{K_r \sum P_N \times 1000}{\sqrt{3} \ U_N \cos\varphi} = \frac{0.52 \times 2165 \times 1000}{\sqrt{3} \ \times 1140 \times 0.8} = 712.7A$$

由表 2-3 查得变压器的参数: $S_N = 1600$ kVA, $U_{2N} = 1200$ V, $I_{2N} = 769.8$ A, $\Delta P = 8500$ W, $U_K\% = 5\%$, $\cos\varphi = 0.8$, $\sin\varphi = 0.6$,利用式（1-11）计算变压器的电压损失:

$$\Delta U_T = \frac{I_{T2}}{I_{2N}} \left[\frac{\Delta P}{10 \cdot S_N}\% \cdot \cos\varphi + \sqrt{U_k^2 - \left(\frac{\Delta P}{10 \cdot S_N}\%\right)^2} \cdot \sin\varphi \right] \cdot \frac{U_{2N}}{100}$$

$$= \frac{712.7}{769.8} \times \left[\frac{8500}{10 \times 1600}\% \times 0.8 + \sqrt{5^2 - \left(\frac{8500}{10 \cdot 1600}\%\right)^2} \times 0.6 \right] \times \frac{1200}{100}$$

$$= 33.2 \ V$$

2）干线电缆电压损失计算

C2 电缆需用系数为 0.52,所带负荷总功率为 2165 kW,平均功率因数为 0.8,平均功率因数角对应的正切值为 0.75,长度为 10 m。C2 选择 MYP-0.66/1.14 3×185 型电缆,2 根并列敷设,故每千米电阻值为 0.117/2 = 0.0585 Ω,每千米电抗值为 0.028/2 = 0.014 Ω,由式（1-12）计算 C2 电缆电压损失:

$$\Delta U_{C2} = \frac{K_r \cdot \sum P_N \cdot 1000 \cdot L}{U_N}(R_0 + X_0 \tan\varphi)$$

$$= \frac{0.52 \times 2165 \times 1000 \times 0.01}{1140} \times (0.0585 + 0.014 \times 0.75) = 0.68 \text{ V}$$

3）按采煤机 1 路允许电压损失确定支线电缆 C31 极限供电距离

采煤机 1 路低压侧供电线路由电缆 C2，C31 组成。采煤机 1 路低压侧电压损失包括变压器电压损失，C2 电压损失，C31 电压损失。根据 C31 允许电压损失确定其极限供电距离。

C31 支线电缆允许电压损失：

$$\Delta U_{C31} = \sum \Delta U - \Delta U_T - \Delta U_{C2} = 140 - 33.2 - 0.68 = 106.12 \text{ V}$$

采煤机 1 路 C31 所带负荷总功率为 425 kW，平均功率因数为 0.81，功率因数角对应的正切值为 0.724。C31 选择 MCPT－0.66/1.14 3×120 型电缆，每千米电阻值为 0.174 Ω，每千米电抗值为 0.072 Ω，由式(1-12)计算采煤机 1 路 C31 的极限供电距离。

$$\Delta U_{C31} = \frac{K_r \cdot \sum P_N \cdot 1000 \cdot L}{U_N}(R_0 + X_0 \tan\varphi)$$

$$= \frac{1 \times 425 \times 1000 \times L_{31}}{1140} \times (0.174 + 0.072 \times 0.724) = 106.12 \text{ V}$$

$$L_{31} = 1256 \text{ m}$$

4）按采煤机 2 路允许电压损失确定支线电缆 C32 极限供电距离

刮板输送机机尾电动机低压侧供电线路由电缆 C2，C32 组成。该支路低压侧电压损失包括变压器电压损失，C2 电压损失，C32 电压损失。根据 C32 允许电压损失确定其极限供电距离。

C32 支线电缆允许电压损失：

$$\Delta U_{C32} = \sum \Delta U - \Delta U_T - \Delta U_{C2} = 140 - 33.2 - 0.68 = 106.12 \text{ V}$$

C32 电缆需用系数为 1，所带负荷功率为 300 kW，平均功率因数为 0.8，平均功率因数角对应的正切值为 0.75。C32 选择 MYP－0.66/1.14 3×70 型电缆，每千米电阻值为 0.315 Ω，每千米电抗值为 0.078 Ω，根据 C32 电缆允许电压损失，由式(1-12)反算其极限供电距离。

$$\Delta U_{C32} = \frac{K_r \cdot \sum P_N \cdot 1000 \cdot L}{U_N}(R_0 + X_0 \tan\varphi)$$

$$= \frac{1 \times 300 \times 1000 \times L_{32}}{1140} \times (0.315 + 0.078 \times 0.75) = 106.12 \text{ V}$$

$$L_{32} = 1077 \text{ m}$$

5）按刮板输送机机尾电动机允许电压损失确定支线电缆 C41 极限供电距离

刮板输送机机尾电动机低压侧供电线路由电缆 C2，C33，C41 组成。该支路低压侧电压损失包括变压器电压损失，C2 电压损失，C33 电压损失，C41 电压损失。根据 C41 允许电压损失确定其极限供电距离。

C33 支线电缆所带负荷总功率为 630 kW，需用系数为 1，平均功率因数为 0.84，功率因数角对应的正切值为 0.646。C33 长度为 30 m,选择 MCPT-0.66/1.14 3×185 型电缆,每千米电阻值为 0.117 Ω,每千米电抗值为 0.0281 Ω,由式(1-12)计算 C33 支线电缆的电压损失:

$$\Delta U_{C33} = \frac{K_r \cdot \sum P_N \cdot 1000 \cdot L}{U_N}(R_0 + X_0 \tan\varphi)$$

$$= \frac{1 \times 630 \times 1000 \times 0.03}{1140} \times (0.117 + 0.0281 \times 0.646) = 0.774 \text{ V}$$

C41 支线电缆允许电压损失:

$$\Delta U_{C41} = \sum \Delta U - \Delta U_T - \Delta U_{C2} - \Delta U_{C33} = 140 - 33.2 - 0.68 - 0.774 = 105.1 \text{ V}$$

C41 电缆所带负荷功率为 315 kW,需用系数为 1,平均功率因数为 0.84,平均功率因数角对应的正切值为 0.646。C41 选择 MYP-0.66/1.14 3×70 型电缆,每千米电阻值为 0.315 Ω,每千米电抗值为 0.078 Ω,根据 C41 电缆允许电压损失,由式(1-12)反算其极限供电距离。

$$\Delta U_{C41} = \frac{K_r \cdot \sum P_N \cdot 1000 \cdot L}{U_N}(R_0 + X_0 \tan\varphi)$$

$$= \frac{1 \times 315 \times 1000 \times L_{41}}{1140} \times (0.315 + 0.078 \times 0.646) = 105.1 \text{ V}$$

$$L_{41} = 1041 \text{ m}$$

6)按转载机支路允许电压损失确定支线电缆 C35 极限供电距离

转载机支路低压侧供电线路由电缆 C2,C35 组成。该支路低压侧电压损失包括变压器电压损失,C2 电压损失,C35 电压损失。根据 C35 允许电压损失确定其极限供电距离。

C35 支线电缆允许电压损失:

$$\Delta U_{C35} = \sum \Delta U - \Delta U_T - \Delta U_{C2} = 140 - 33.2 - 0.68 = 106.12 \text{ V}$$

C35 电缆需用系数为 1,所带负荷功率为 200 kW,平均功率因数为 0.89,平均功率因数角对应的正切值为 0.512。C35 选择 MYP-0.66/1.14 3×50 型电缆,每千米电阻值为 0.448 Ω,每千米电抗值为 0.081 Ω,根据 C35 电缆允许电压损失,由式(1-12)反算其极限供电距离。

$$\Delta U_{C35} = \frac{K_r \cdot \sum P_N \cdot 1000 \cdot L}{U_N}(R_0 + X_0 \tan\varphi)$$

$$= \frac{1 \times 200 \times 1000 \times L_{35}}{1140} \times (0.448 + 0.081 \times 0.512) = 106.12 \text{ V}$$

$$L_{35} = 1233 \text{ m}$$

7)按破碎机支路允许电压损失确定支线电缆 C36 极限供电距离

破碎机支路低压侧供电线路由电缆 C2,C36 组成。该支路电压损失包括变压器电压损失,C2 电压损失,C36 电压损失。根据 C36 电缆允许电压损失确定极限供电距离。

支线电缆 C36 允许电压损失:

$$\Delta U_{C36} = \sum \Delta U - \Delta U_T - \Delta U_{C2} = 140 - 33.2 - 0.68 = 106.12 \text{ V}$$

C36 电缆的需用系数为 1,所带负荷功率为 110 kW,平均功率因数为 0.86,平均功率因数角对应的正切值为 0.593。C36 选择 MYP-0.66/1.14 3×50 型电缆,每千米电阻值为 0.448 Ω,每千米电抗值为 0.081 Ω,根据 C36 电缆允许电压损失,由式(1-12)反算其极限供电距离。

$$\Delta U_{C36} = \frac{K_r \cdot \sum P_N \cdot 1000 \cdot L}{U_N}(R_0 + X_0 \tan\varphi)$$

$$= \frac{1 \times 110 \times 1000 \times L_{36}}{1140} \times (0.448 + 0.081 \times 0.593) = 106.12 \text{ V}$$

$$L_{36} = 2212 \text{ m}$$

(5)按电动机起动时允许电压损失确定线路极限供电距离

电动机起动时,终端负荷的电压损失包括变压器电压损失、干线电缆电压损失和支线电缆电压损失三部分,计算公式如式(1-13)所示。

1)按采煤机截割电动机起动时允许电压损失确定支线电缆 C31 极限供电距离

采煤机 1 路截割电动机支路低压侧供电线路由电缆 C2,C31 组成。采煤机 1 路截割电动机起动时线路电压损失包括变压器电压损失、C2 电压损失、C31 电压损失。根据起动时 C31 允许电压损失确定其极限供电距离。

①起动时变压器电压损失

变压器的短路损耗为 8500 W,额定容量为 1600 kVA,可得电阻压降百分数:

$$U_r\% = \frac{8500}{10 \times 1600}\% = 0.53\%$$

变压器的阻抗电压百分数为 5%,U_r 为 0.53。可得电抗压降百分数:

$$U_x = \sqrt{5^2 - 0.53^2}\% = 4.97\%$$

截割电动机额定电流为 182 A。额定起动电流取额定电流的 5.5 倍,则额定起动电流:

$$I_{QN} = 5.5 \times 182 = 1001 \text{ A}$$

截割电动机实际起动电流,一般取额定起动电流的 75%,则实际起动电流:

$$I_Q = 0.75 \times 1001 = 750.8 \text{ A}$$

截割电动机起动时剩余负荷的总功率为 1865 kW,其需用系数:

$$K_r = 0.4 + 0.6 \times \frac{P_{max}}{\sum P_N} = 0.4 + 0.6 \times \frac{315}{1865} = 0.50$$

截割电动机起动时剩余负荷总电流:

$$I_{SQ} = 1319.5 - 182 = 1137.5 \text{ A}$$

截割电动机起动时变压器实际流过的电流:

$$I_{TQ} = I_Q + K_r \times I_{SQ} = 750.8 + 0.5 \times 1137.5 = 1321 \text{ A}$$

采煤机 1 路截割电动机起动时,变压器二次侧实际流过的电流为 1321A,电动机起动时功率因数为 0.8,电动机起动时的功率因数角的正弦值为 0.6,其余负荷的加权平均功率因数角对应的正切值为 0.698。由式(1-17)计算起动时变压器电压损失:

$$\Delta U_{TQ} = \frac{U_{2P}}{I_{2N}}[I_{TQ}U_r\%\cos\varphi_Q + U_x\%(I_Q\sin\varphi_Q + K_r I_{SQ}\tan\varphi_{TS})]$$

$$= \frac{1200}{769.8} \times [1321 \times 0.53\% \times 0.8 + 4.97\% \times (750.8 \times 0.6 + 0.5 \times$$

$$1321 \times 0.698)] = 74.5 \text{ V}$$

②起动时 C2 干线电缆电压损失

截割电动机起动时,C2 干线电缆实际流过的电流为 1321 A,C2 长度为 10 m,C2 的功率因数为 0.79。由式(1-14)计算截割电动机起动时 C2 干线电缆电压损失:

$$\Delta U_{C2Q} = \frac{\sqrt{3} I_{GQ} L_G \cos\varphi \cdot 10^3}{\gamma A_G} = \frac{\sqrt{3} \times 1321 \times 0.01 \times 0.8 \times 1000}{53 \times 185 \times 2} = 0.93 \text{ V}$$

③按起动时 C31 支线电缆允许电压损失确定其极限供电距离

根据《煤矿井下供配电设计规范》,最远端最大容量电动机起动时其端电压不得低于电网电压的 75%,1140 V 系统最大电动机起动时允许电压损失:

$$\sum \Delta U_Q = 1200 - 1140 \times 75\% = 345 \text{ V}$$

截割电动机起动时,C31 支线电缆允许电压损失:

$$\Delta U_{C31Q} = \sum \Delta U - \Delta U_{TQ} - \Delta U_{C2Q} = 345 - 74.5 - 0.93 = 269.6 \text{ V}$$

截割电动机起动时,C31 电缆实际流过的电流为 832 A,功率因数为 0.78,截面积为 120 mm²。根据起动时 C31 电缆允许电压损失,由式(1-14)反算极限供电距离。

$$\Delta U_{C31Q} = \frac{\sqrt{3} I_{GQ} L_G \cos\varphi \cdot 10^3}{\gamma A_G} = \frac{\sqrt{3} \times 832 \times L_{31} \times 0.78 \times 1000}{53 \times 120} = 269.6 \text{ V}$$

$$L_{31} = 1525 \text{ m}$$

2)按刮板输送机机尾电动机起动时允许电压损失确定支线电缆 C41 极限供电距离

刮板输送机机尾电动机低压侧供电线路由电缆 C2,C33,C41 组成。刮板输送机机尾电动机起动时线路电压损失包括变压器电压损失,C2 电压损失,C33 电压损失,C41 电压损失。根据起动时 C41 允许电压损失确定其极限供电距离。

①起动时变压器电压损失

刮板输送机机尾电动机额定电流为 195 A。额定起动电流取额定电流的 6 倍,则额定起动电流:

$$I_{QN} = 6 \times 195 = 1170 \text{ A}$$

刮板输送机机尾电动机实际起动电流,一般取额定起动电流的 75%,则实际起动电流:

$$I_Q = 0.75 \times 1170 = 877.5 \text{ A}$$

刮板输送机机尾电动机起动时剩余负荷总功率为 1850 kW,其需用系数:

$$K_r = 0.4 + 0.6 \times \frac{P_{max}}{\sum P_N} = 0.4 + 0.6 \times \frac{425}{1850} = 0.54$$

刮板输送机机尾电动机起动时剩余负荷总电流:

$$I_{SQ} = 1319.5 - 195 = 1124.5 \text{ A}$$

刮板输送机机尾电动机起动时变压器实际流过的电流:

$$I_{TQ} = I_Q + K_r \times I_{SQ} = 877.5 + 0.54 \times 1124.5 = 1484.73 \text{ A}$$

刮板输送机机尾电动机起动时,变压器二次侧实际流过的电流为 1484.73 A,电动机起动时功率因数为 0.8,电动机起动时的功率因数角的正弦值为 0.6,其余负荷的加权平均功率因数角对应的正切值为 0.698。由式(1-17)计算起动时变压器电压损失:

$$\Delta U_{TQ} = \frac{U_{2P}}{I_{2N}}[I_{TQ}U_r\%\cos\varphi_Q + U_X\%(I_Q\sin\varphi_Q + K_rI_{SQ}\tan\varphi_{TS})]$$

$$= \frac{1200}{769.8} \times [1484.73 \times 0.53\% \times 0.8 + 4.97\% \times (877.5 \times 0.6 + 0.54 \times 1124.5 \times 0.698)] = 83.3 \text{ V}$$

②起动时 C2 干线电缆电压损失

刮板输送机机尾电动机起动时,C2 干线电缆实际流过的电流为 1482.3 A,C2 长度为 10 m,C2 的功率因数为 0.8。由式(1-14)计算刮板输送机机尾电动机起动 C2 电缆电压损失:

$$\Delta U_{C2Q} = \frac{\sqrt{3}I_{GQ}L_G\cos\varphi \cdot 10^3}{\gamma A_G} = \frac{\sqrt{3} \times 1482.3 \times 0.01 \times 0.8 \times 1000}{53 \times 185 \times 2} = 1.04 \text{ V}$$

③起动时 C33 支线电缆电压损失

刮板输送机机尾电动机起动时,C33 电缆实际流过的电流为 1072.5A,功率因数为 0.8,截面积为 185 mm²。由式(1-14)计算起动时 C33 电缆允许电压损失。

$$\Delta U_{C33Q} = \frac{\sqrt{3}I_{GQ}L_G\cos\varphi \cdot 10^3}{\gamma A_G} = \frac{\sqrt{3} \times 1072.5 \times 0.03 \times 0.8 \times 1000}{53 \times 185} = 4.55 \text{ V}$$

④起动时 C41 支线电缆电压损失

刮板输送机机尾电动机起动时,C41 支线电缆允许电压损失:

$$\Delta U_{C41Q} = \sum\Delta U - \Delta U_{TQ} - \Delta U_{C2Q} - \Delta U_{C33Q} = 345 - 83.3 - 1.04 - 4.55 = 256.1 \text{ V}$$

刮板输送机机尾电动机起动时,C41 电缆实际流过的电流为 877.5A,功率因数为 0.8,截面积为 70 mm²。根据起动时 C41 电缆允许电压损失,由式(1-14)反算其极限供电距离。

$$\Delta U_{C41Q} = \frac{\sqrt{3}I_{GQ}L_G\cos\varphi \cdot 10^3}{\gamma A_G} = \frac{\sqrt{3} \times 877.5 \times L_{41} \times 0.8 \times 1000}{53 \times 70} = 256.1 \text{ V}$$

$$L_{41} = 781 \text{ m}$$

3)按转载机起动时允许电压损失确定支线电缆 C35 极限供电距离

转载机支路低压侧供电线路由电缆 C2,C35 组成。转载机起动时,该支路低压侧电压损失包括变压器电压损失,C2 电压损失,C35 电压损失。根据转载机起动时 C35 允许电压损失确定其极限供电距离。

①起动时变压器电压损失

转载机额定电流为 121A。额定起动电流取额定电流的 6.5 倍,则额定起动电流:

$$I_{QN} = 6.5 \times 121 = 786.5 \text{ A}$$

转载机实际起动电流,一般取额定起动电流的 75%,则实际起动电流:

$$I_Q = 0.75 \times 786.5 = 589.9 \text{ A}$$

转载机起动时剩余负荷的总功率为 1982.5 kW,其需用系数:

$$K_r = 0.4 + 0.6 \times \frac{P_{max}}{\sum P_N} = 0.4 + 0.6 \times \frac{425}{1965} = 0.53$$

转载机起动时剩余负荷总电流：

$$I_{SQ} = 1319.5 - 121 = 1198.5 \text{ A}$$

转载机起动时变压器实际流过的电流：

$$I_{TQ} = I_Q + K_r \times I_{SQ} = 589.9 + 0.53 \times 1198.5 = 1225.1 \text{ A}$$

转载机起动时，变压器二次侧实际流过的电流为 1225.1 A，电动机起动时功率因数为 0.8，电动机起动时的功率因数角的正弦值为 0.6，其余负荷的加权平均功率因数角对应的正切值为 0.698。由式（1-17）计算转载机起动时变压器电压损失：

$$\Delta U_{TQ} = \frac{U_{2P}}{I_{2N}}[I_{TQ}U_r\%\cos\varphi_Q + U_X\%(I_Q\sin\varphi_Q + K_rI_{SQ}\tan\varphi_{TS})]$$

$$= \frac{1200}{769.8} \times [1225.1 \times 0.53\% \times 0.8 + 4.97\% \times (589.9 \times 0.6 + 0.53 \times$$

$$1198.5 \times 0.698)] = 69.9 \text{ V}$$

②起动时干线电缆 C2 的电压损失

转载机起动时，干线电缆 C2 实际流过的电流为 1225.1 A，C2 长度为 10 m，C2 的功率因数为 0.8。由式（1-14）计算转载机起动时 C2 电缆电压损失：

$$\Delta U_{C2Q} = \frac{\sqrt{3}I_{GQ}L_G\cos\varphi \cdot 10^3}{\gamma A_G} = \frac{\sqrt{3} \times 1225.1 \times 0.01 \times 0.8 \times 1000}{53 \times 185 \times 2} = 0.87 \text{ V}$$

③按起动时支线电缆 C35 允许电压损失确定其极限供电距离

转载机起动时，支线电缆 C35 允许电压损失：

$$\Delta U_{C35Q} = \sum \Delta U - \Delta U_{TQ} - \Delta U_{C2Q} = 345 - 69.9 - 0.87 = 274.2 \text{ V}$$

转载机起动时，电缆 C35 实际流过的电流为 589.9 A，功率因数为 0.8，截面积为 50 mm²。根据起动时 C35 电缆允许电压损失，由式（1-14）反算极限供电距离。

$$\Delta U_{C35Q} = \frac{\sqrt{3}I_{GQ}L_G\cos\varphi \cdot 10^3}{\gamma A_G} = \frac{\sqrt{3} \times 589.9 \times L_{35} \times 0.8 \times 1000}{53 \times 50} = 274.2 \text{ V}$$

$$L_{35} = 889 \text{ m}$$

4）按破碎机起动时允许电压损失确定支线电缆 C36 极限供电距离

破碎机支路低压侧供电线路由电缆 C2，C36 组成。破碎机起动时，该支路电压损失包括变压器电压损失，C2 电压损失，C36 电压损失。根据转载机起动时 C36 允许电压损失确定其极限供电距离。

①起动时变压器电压损失

破碎机额定电流为 69 A。额定起动电流取额定电流的 6 倍，则额定起动电流：

$$I_{QN} = 6 \times 69 = 414 \text{ A}$$

破碎机实际起动电流，一般取额定起动电流的 75%，则实际起动电流：

$$I_Q = 0.75 \times 414 = 310.5 \text{ A}$$

破碎机起动时剩余负荷的总功率为 2072.5 kW，其需用系数：

$$K_r = 0.4 + 0.6 \times \frac{P_{max}}{\sum P_N} = 0.4 + 0.6 \times \frac{425}{2055} = 0.52$$

破碎机起动时剩余负荷总电流：

$$I_{SQ} = 1319.5 - 69 = 1250.5 \text{ A}$$

破碎机起动时变压器实际流过的电流：

$$I_{TQ} = I_Q + K_r \times I_{SQ} = 310.5 + 0.52 \times 1250.5 = 960.76 \text{ A}$$

破碎机起动时，变压器二次侧实际流过的电流为960.76 A，电动机起动时功率因数为0.8，电动机起动时的功率因数角的正弦值为0.6，其余负荷的加权平均功率因数角对应的正切值为0.698。破碎机起动时变压器电压损失由式（1-17）计算。

$$
\begin{aligned}
\Delta U_{TQ} &= \frac{U_{2P}}{I_{2N}} \left[I_{TQ} U_r\% \cos\varphi_Q + U_X\% \left(I_Q \sin\varphi_Q + K_r I_{SQ} \tan\varphi_{TS} \right) \right] \\
&= \frac{1200}{769.8} \times \left[960.76 \times 0.53\% \times 0.8 + 4.97\% \times (310.5 \times 0.6 + 0.53 \times \right. \\
&\quad \left. 1250.5 \times 0.698) \right] = 56.3 \text{ V}
\end{aligned}
$$

②起动时 C2 干线电缆电压损失

破碎机起动时，C2 干线电缆实际流过的电流为960.76 A，C2 长度为10 m，C2 的功率因数为0.8。由式（1-14）计算转载机起动电缆 C2 电压损失：

$$\Delta U_{C2Q} = \frac{\sqrt{3} I_{GQ} L_G \cos\varphi \cdot 10^3}{\gamma A_G} = \frac{\sqrt{3} \times 960.76 \times 0.01 \times 0.8 \times 1000}{53 \times 185 \times 2} = 0.68 \text{ V}$$

③按起动时支线电缆 C36 允许电压损失确定其极限供电距离

破碎机起动时，支线电缆 C36 允许电压损失：

$$\Delta U_{C36Q} = \sum \Delta U - \Delta U_{TQ} - \Delta U_{C2Q} = 345 - 56.3 - 0.68 = 288 \text{ V}$$

破碎机起动时，电缆 C36 实际流过的电流为310.5 A，功率因数为0.8，截面积为50 mm²。根据起动时 C36 电缆允许电压损失，由式（1-14）反算极限供电距离。

$$\Delta U_{C36Q} = \frac{\sqrt{3} I_{GQ} L_G \cos\varphi \cdot 10^3}{\gamma A_G} = \frac{\sqrt{3} \times 310.5 \times L_{36} \times 0.8 \times 1000}{53 \times 50} = 288 \text{ V}$$

$$L_{36} = 1774 \text{ m}$$

说明：

①刮板输送机机尾电动机供电线路、刮板输送机机头电动机供电线路和采煤机2路供电线路选择的电缆截面相同，其中刮板输送机机尾电动机为最远端、最大负荷。因此，在上述三条线路所选电缆截面相同的情况下，只要机尾电动机供电线路起动时允许电压损失满足要求，机头电动机和采煤机2路的一定满足要求。因此，不需要进行机头电动机和采煤机2路起动时允许电压损失校验。②由于乳化液泵和喷雾泵距离配点电距离非常近，故电缆很短，其起动时允许电压损失很容易满足要求，因此不需要进行起动时允许电压损失校验。

（6）按灵敏度校验确定线路极限供电距离

按变压器低压侧开关所保护线路最远点发生最小两相短路有不低于1.5灵敏系数进行逆向整定，则保护线路末端最小两相短路电流：

$$I_d^{(2)} = 1.5 \times 2055 = 3082.5 \text{ A}$$

1）计算 d6 点（C31 电缆末端）最小两相短路电流

①计算 d6 点短路回路总电阻和最小运行方式下电抗

C31 电缆的长度为 L_{31}，每千米电阻值为 0.174 Ω，每千米电抗值为 0.072 Ω；电缆

C31 的电阻为 $0.174L_{31}$，电抗为 $0.072L_{31}$。

则 d6 点短路回路总电阻：

$$\sum R_{d6} = \sum R_{d4} + R_{31} = 0.006 + 0.174L_{31}$$

最小运行方式下，d6 点短路回路总电抗：

$$\sum X_{d6.min} = \sum X_{d4.min} + X_{31} = 0.0574 + 0.072L_{31}$$

②d6 点短路最小两相稳态短路电流：

$$
I_{d6}^{(2)} = \frac{U_p}{2 \times \sqrt{\left(\sum R_{d6}\right)^2 + \left(\sum X_{d6.min}\right)^2}}
$$

$$
= \frac{1200}{2 \times \sqrt{(0.006 + 0.174L_{31})^2 + (0.0574 + 0.072L_{31})^2}}
$$

$$
= 3082.5 \text{ A}
$$

$$L_{31} = 0.852 \text{ km}$$

2）计算 d7 点（C41 电缆末端）最小两相短路电流

①d7 点短路回路总电阻和最小运行方式下电抗

C41 支路选择 MYP-0.66/1.14 3×70 型电缆，每千米电阻值为 0.315 Ω，每千米电抗值为 0.078 Ω。C41 电缆线路的电阻为 $0.315L_{41}$，电抗为 $0.078L_{41}$。

d7 点短路回路总电阻：

$$\sum R_{d7} = \sum R_{d5} + R_{41} = 0.0095 + 0.315L_{41}$$

最小运行方式下，d7 点短路回路总电抗：

$$\sum X_{d7.min} = \sum X_{d5.min} + X_{41} = 0.0582 + 0.078L_{41}$$

②d7 点短路最小两相稳态短路电流

$$
I_{d7}^{(2)} = \frac{U_p}{2 \times \sqrt{\left(\sum R_{d7}\right)^2 + \left(\sum X_{d7.min}\right)^2}}
$$

$$
= \frac{1200}{2 \times \sqrt{(0.0095 + 0.315L_{41})^2 + (0.0582 + 0.078L_{41})^2}}
$$

$$
= 3082.5 \text{ A}
$$

$$L_{41} = 0.504 \text{ km}$$

3）计算 d8 点（C35 电缆末端）最小两相短路电流

①计算 d8 点短路回路总电阻和最小运行方式下电抗

C35 电缆的长度为 L_{35}，每千米电阻值为 0.448 Ω，每千米电抗值为 0.081 Ω；电缆 C35 的电阻为 $0.448L_{35}$，电抗为 $0.081L_{35}$。

d8 点短路回路总电阻：

$$\sum R_{d8} = \sum R_{d4} + R_{35} = 0.006 + 0.448L_{35}$$

最小运行方式下，d8 点短路回路总电抗：

$$\sum X_{d8.min} = \sum X_{d4.min} + X_{35} = 0.0574 + 0.081L_{35}$$

②d8 点短路最小两相稳态短路电流：

$$I_{d8}^{(2)} = \frac{U_p}{2 \times \sqrt{\left(\sum R_{d8} \right)^2 + \left(\sum X_{d8.\,min} \right)^2}}$$

$$= \frac{1200}{2 \times \sqrt{(0.006 + 0.448 L_{35})^2 + (0.0574 + 0.081 L_{35})^2}}$$

$$= 3082.5 \text{ A}$$

$$L_{35} = 0.374 \text{ km}$$

由于破碎机支路的电缆截面与转载机支路的相同,导致其短路阻抗和转载机支路的相同,因此其极限供电距离也为 374 m。根据上述计算结果可以看出,当破碎机支路和转载机支路选择 MYP-0.66/1.14 3×50 型电缆,为使他们线路末端在最小运行方式下发生两相短路有不低于 1.5 的灵敏系数,这两条支路极限供电距离为 374 m,远小于刮板输送机支路的供电距离 504 m。然而,破碎机支路和转载机支路一般布置在刮板输送机的附近,他们的供电距离与刮板输送机的接近,因此破碎机支路和转载机支路应该增大一级电缆截面,选择 MYP-0.66/1.14 3×70 型电缆,其极限供电距离为 515 m。

(7)各支路极限供电距离计算

采煤机 1 路的供电线路由电缆 C1,C2,C31 组成。其中,C1 长度为 70 m,C2 长度为 10 m,C31 长度为 852 m。采煤机 1 路的极限供电距离:

$$L_{1-31} = 70 + 10 + 852 = 932 \text{ m}$$

采煤机 2 路的供电线路由电缆 C1,C2,C32 组成。其中,C1 长度为 70 m,C2 长度为 10 m,C32 长度为 515 m。采煤机 1 路的极限供电距离:

$$L_{1-32} = 70 + 10 + 515 = 595 \text{ m}$$

刮板输送机机尾电动机支路的供电线路由电缆 C1,C2,C33,C41 组成。其中,C1 长度为 70 m,C2 长度为 10 m,C33 长度为 30 m,C41 长度为 504 m。刮板输送机机尾电动机支路的极限供电距离:

$$L_{1-41} = 70 + 10 + 30 + 504 = 614 \text{ m}$$

转载机支路的供电线路由电缆 C1,C2,C34 组成。其中,C1 长度为 70 m,C2 长度为 10 m,C34 选择 MYP-0.66/1.14 3×50 型电缆时极限供电距离为 374 m。转载机支路的极限供电距离:

$$L_{1-34} = 70 + 10 + 374 = 454 \text{ m}$$

破碎机支路选择 MYP-0.66/1.14 3×50 型电缆时极限供电距离与转载机支路相同,为 454 m。具体计算过程不再详述。

刮板输送机机头电动机实际供电线路比机尾电动机短,故在相同电缆截面下,只要机尾电动机支路的各项校验满足要求,机头电动机支路一定满足要求。因此,不需要在运行时允许电压损失,起动时允许电压损失和灵敏度校验下进行机头电动机极限供电距离计算。

根据上述计算结果,将按运行时允许电压损失,起动时允许电压损失和灵敏度分别计算的各支路供电距离列于表 4-5,并计算出各支路在所选的移动变电站,系统最小运行方式短路容量及电缆型号下的极限供电距离。

表 4-5　低压电缆各支路供电距离（KBSGZY-1600/10，$S_{d.min}=116$ MVA）

编号	负荷	电缆型号	按运行时允许电压损失计算供电距离/m	按起动时允许电压损失计算供电距离/m	按灵敏度计算供电距离/m	所在支路计算极限供电距离/m
C31	采煤机 1 路	MCPT-0.66/1.14 3×120	1256	1525	852	852
C32	采煤机 2 路	MCPT-0.66/1.14 3×70	1077	1299	515	515
C33	刮板输送机	MYP-0.66/1.14 3×185	—	—	—	30
C34	转载机	MYP-0.66/1.14 3×50	1233	889	374	374
C35	破碎机	MYP-0.66/1.14 3×50	2212	1774	374	374
C34	转载机	MYP-0.66/1.14 3×120	>1233	>889	942	942
C35	破碎机	MYP-0.66/1.14 3×120	>2212	>1774	942	942
C34	转载机	MYP-0.66/1.14 3×150	>1233	>889	1066	1066
C35	破碎机	MYP-0.66/1.14 3×150	>2212	>1774	1066	1066
C34	转载机	MYP-0.66/1.14 3×185	>1233	>889	1065	1065
C35	破碎机	MYP-0.66/1.14 3×185	>2212	>1774	1065	1065
C34	转载机	2 根 MYP-0.66/1.14 3×95	>1233	>889	1355	1355
C35	破碎机	2 根 MYP-0.66/1.14 3×95	>2212	>1774	1355	1355
C34	转载机	2 根 MYP-0.66/1.14 3×120	>1233	>889	1884	1884
C35	破碎机	2 根 MYP-0.66/1.14 3×120	>2212	>1774	1884	1884
C34	转载机	2 根 MYP-0.66/1.14 3×150	>1233	>889	2133	2133
C35	破碎机	2 根 MYP-0.66/1.14 3×150	>2212	>1774	2133	2133
C41	刮板输送机机尾电动机	MYP-0.66/1.14 3×70	1041	781	504	504
C42	刮板输送机机头电动机	MYP-0.66/1.14 3×70	1041	781	504	504

由表 4-5 可以看出，按运行时允许电压损失，起动时允许电压损失和灵敏度分别计算的各支路极限供电距离中，按灵敏度计算的极限供电距离是最小的。因此，该工作面的极限供电距离取决于灵敏度。为了使最小运行方式下任意支路末端发生两相短路有不低于 1.5 的灵敏系数，该工作面的极限供电距离取决于刮板输送机支路的极限供电距离，且转载机支路和破碎机支路应选择 MYP-0.66/1.14 3×70 型电缆。由表 4-5 可知，该工作面在所选的移动变电站（KBSGZY-1600/10）及系统最小运行方式短路容量（116 MVA）下，线路电缆长度应小于 504 m。该情况下的低压电缆统计表如表 4-6 所示。

表4-6 低压电缆统计表（KBSGZY-1600/10，$S_{d.min}=116\,MVA$）

编号	负荷	电缆型号	额定电压/V	长度/m	根数	空气中允许载流量/A	长时工作电流/A
C2	所有负荷	MYP-0.66/1.14 3×185	1140	10	2	413	709.7
C31	采煤机1路	MCPT-0.66/1.14 3×120	1140	852	1	300	263.3
C32	采煤机2路	MCPT-0.66/1.14 3×70	1140	515	1	215	182
C33	刮板输送机	MYP-0.66/1.14 3×185	1140	30	1	413	390
C35	转载机	MYP-0.66/1.14 3×50	1140	515	1	173	121
C36	破碎机	MYP-0.66/1.14 3×50	1140	515	1	173	69
C37	乳化液泵	MYP-0.66/1.14 3×70	1140	—	1	173	147.1
C38	乳化液泵	MYP-0.66/1.14 3×70	1140	—	1	173	147.1
C41	刮板输送机机尾电动机	MYP-0.66/1.14 3×70	1140	504	1	215	190
C42	刮板输送机机头电动机	MYP-0.66/1.14 3×70	1140	504	1	215	190

4.5　高、低压开关选择与整定计算

4.5.1　隔爆型高压开关的选择与整定计算

（1）根据长时工作电流初选型号

隔爆型高压开关长时工作电流：

$$I_{ca} = \frac{S_{ca}}{\sqrt{3}\ U_N} = \frac{1401.3}{\sqrt{3}\times 10} = 80.9\ A$$

隔爆型高压开关额定电流必须大于它的长时工作电流，故选择 PJG-100/10Y 型配电箱。

（2）按分段能力校验

PJG-100/10Y 隔爆型高压开关额定开断电流为 12.5 kA。最大运行方式下三相短路电流 6653 A 小于 12.5 kA。分段能力校验合格。

（3）按动稳定性校验

$$i_{sh} = 2.55 \times I_{d1}^{(3)} = 2.55 \times 6653 = 16965\ A$$

流过隔爆型高压开关的电流峰值为 16965 A。16965 A 小于设备极限峰值电流 31500 A。动稳定性校验合格。

（4）按热稳定性校验

假想作用时间取 0.25 s。在 2 s 内流过开关的热稳定电流：

$$I_{ss} = I_{d1}^{(3)} \sqrt{\frac{t_i}{t}} = 6653 \times \sqrt{\frac{0.25}{2.0}} = 2352 \text{ A}$$

流过隔爆型高压开关的热稳定电流为 2352 A。2352 A 小于设备热稳定电流 12.5 kA。热稳定性校验合格。

4.5.2　隔爆型高压开关的整定计算

负荷侧的额定电流为 92.4 A,电流互感器变比为 20。过载整定值:

$$I_{gz} = \frac{I_{1N}}{K_i} = 92.4 \div 20 = 4.62 \text{ A}$$

隔爆型高压开关过载整定值取 4.5。

隔爆型高压开关过流整定值按过载值的 5 倍整定。

$$I_{gl} = 5 \times 4.5 = 22.5 \text{ A}$$

隔爆型高压开关过流整定值取 22.5。

短路整定值按躲过最大容量电动机起动时的最大负荷电流整定。

剩余电动机的额定电流:

$$I_S = 1319.5 - 195 = 1124.5 \text{ A}$$

最大容量电动机起动时剩余负荷的需用系数:

$$K_r = 0.4 + 0.6 \times \frac{P_{max}}{\sum P} = 0.4 + 0.6 \times \frac{425}{1850} = 0.54$$

最大容量单台电动机为刮板输送机,其额定电流为 195 A,额定起动电流取额定电流的 6 倍,即 1170 A;剩余电动机的额定电流为 1124.5 A;最大容量电动机起动时剩余负荷的需用系数为 0.54,变压器变比为 8.3;电流互感器变比为 20。电流互感器检测到的最大电流:

$$I_z = \frac{1.2}{8.3 \times 20} \times (1170 + 0.54 \times 1124.5) = 12.75 \text{ A}$$

短路整定值按躲过变压器励磁涌流整定:

$$I_{op} = \frac{4 \times 92.4}{20} = 18.48 \text{ A}$$

隔爆型高压开关的短路整定值取 18。

隔爆型高压开关短路保护保护至变压器低压侧,故需要校验变压器低压侧母线上发生最小两相短路的灵敏度是否满足要求。

本次设计,最小运行方式下系统短路容量取 $S_{s.min} = 116$ MVA ,低压侧平均电压为 $U_p = 1.2$ kV 。折算到变压器低压侧系统电抗值:

$$X_{s.min} = \frac{U_p^2}{S_{s.min}} = \frac{1.2^2}{116} = 0.012 \ \Omega$$

最小运行方式下,d3 点(C2 首端)短路回路总电抗:

$$\sum X_{d3.min} = X_S + X_1/K_T^2 + X_T = 0.012 + 0.0069/8.3^2 + 0.0447 = 0.0573 \ \Omega$$

最小运行方式,d3 点三相稳态短路电流[变压器低压侧(C2 首端)]:

$$I_{d3}^{(2)} = \frac{U_p}{2 \times \sqrt{\left(\sum R_{d3}\right)^2 + \left(\sum X_{d3.\,min}\right)^2}} = \frac{1200}{2 \times \sqrt{0.0054^2 + 0.0573^2}}$$
$$= 10433 \text{ A}$$

变压器低压侧母线上的最小两相短路电流为 10433 A，变压器变比为 8.3，短路整定值为 18，电流互感器变比为 20。灵敏度为

$$\frac{10433}{8.3 \times 20 \times 18} = 3.49 > 1.5$$

隔爆型高压开关的灵敏度校验合格。隔爆型高压开关选择与整定计算结果见表 4-7。

表 4-7　隔爆型高压开关整定计算结果

型号	短路整定值	过流整定值	过载整定值	两相短路电流/A	灵敏度
PJG-100/10Y	18	22.5	4.5	10433	3.49

4.5.3　移动变电站高压真空开关的整定计算

负荷侧的额定电流为 92.4 A，需用系数为 0.52，计算过程参见负荷统计计算。电流互感器变比为 40。利用式(1-47)计算高压真空开关的过载整定值：

$$I_{gz} = 92.4 \div 40 = 2.31 \text{ A}$$

移动变电站高压真空开关过载整定值取 2.3。

移动变电站高压真空开关过流整定值按过载值的 5 倍整定。

$$I_{gl} = 5 \times 2.3 = 11.5 \text{ A}$$

移动变电站高压真空开关过流整定值取 11.5。

移动变电站高压真空开关短路整定值按躲过最大容量电动机起动时的最大负荷电流整定。

最大容量单台电动机为刮板输送机，其额定电流为 195 A，额定起动电流取额定电流的 6 倍，即 1170 A；剩余电动机的额定电流为 1124.5 A；最大容量电动机起动时剩余负荷的需用系数为 0.54，变压器变比为 8.3；电流互感器变比为 40。电流互感器检测到的最大电流：

$$I_z = \frac{1.2}{8.3 \times 40} \times (1170 + 0.54 \times 1124.5) = 6.42 \text{ A}$$

短路整定值按躲过变压器励磁涌流整定：

$$I_{op} = \frac{4 \times 92.4}{40} = 9.24 \text{ A}$$

移动变电站高压真空开关短路整定值取 9.2。

变压器低压侧母线的最小两相短路电流为 10433 A，变压器变比为 8.3，短路整定值为 9.2，电流互感器变比为 40。灵敏度：

$$\frac{10433}{8.3 \times 40 \times 9.2} = 3.4 > 1.5$$

移动变电站高压真空开关的灵敏度校验合格。移动变电站高压开关选择与整定计算结果见表 4-8。

表 4-8　移动变电站高压开关选择与整定计算结果

型号	短路整定值	过流整定值	过载整定值	两相短路电流/A	灵敏度
KBSGZY-1600/10 KBG-200/10Y 或 KJG-200/10Y	9.2	11.5	2.3	10433	3.4

4.5.4　移动变电站低压保护箱的整定计算

利用式(1-52)计算低压保护箱的过载整定值

$$I_{gz} = 0.52 \times 1319.5 = 686.14 \ A$$

低压保护箱的过载整定值取 685。

移动变电站低压保护箱短路整定值按躲过最大容量电动机起动时的最大负荷电流整定。

$$I_z = 1170 + 0.54 \times 1124.5 = 1777.23 \ A$$

移动变电站低压保护箱短路整定值取过载整定值的 3 倍,即 2055 A。

4.6　第二类工作面供电系统设计数据库

4.6.1　通过增大电缆截面增加极限供电距离

由 3.5.4 节分析可知,该工作面的极限供电距离取决于刮板输送机机尾电动机支路灵敏度校验。因此在讨论增加供电距离方案时,首先保证刮板输送机机尾电动机支路灵敏系数满足要求,即根据刮板输送机机尾电动机支路在最小运行方式下其末端发生两相短路有不低于 1.5 的灵敏系数计算极限供电距离。然后依次对比其他各支路在工作面最新供电距离下的实际供电距离与表 4-5 中的计算极限供电距离。如果前者大于后者,对应支路电缆应增大一级标准截面并计算该截面下的极限供电距离,直到前者小于等于后者为止。

(1)刮板输送机机尾电动机支路 C41 选择不同型电缆的极限供电距离

1)C41 选择 MYP-0.66/1.14 3×95 型电缆的极限供电距离

①计算 d7 点短路回路总电阻和最小运行方式下电抗

C41 支路选择 MYP-0.66/1.14 3×95 型电缆,每千米电阻值为 0.23 Ω,每千米电抗值为 0.075 Ω。C33 电缆线路的电阻为 $0.23L_{41}$,电抗为 $0.075L_{41}$。

则 d7 点短路回路总电阻:

$$\sum R_{d7} = \sum R_{d5} + R_{41} = 0.0095 + 0.23L_{41}$$

最小运行方式下,d7 点短路回路总电抗:

$$\sum X_{\text{d7. min}} = \sum X_{\text{d5. min}} + X_{41} = 0.0582 + 0.075L_{41}$$

②d7 点短路最小两相稳态短路电流:

$$I_{\text{d7}}^{(2)} = \frac{U_{\text{p}}}{2 \times \sqrt{\left(\sum R_{\text{d7}}\right)^2 + \left(\sum X_{\text{d7. min}}\right)^2}}$$

$$= \frac{1200}{2 \times \sqrt{(0.0095 + 0.23L_{41})^2 + (0.0582 + 0.075L_{41})^2}}$$

$$= 3082.5 \text{ A}$$

$$L_{41} = 0.663 \text{ km}$$

2)C41 选择 MYP-0.66/1.14 3×120 型电缆的极限供电距离

①计算 d7 点短路回路总电阻和最小运行方式下电抗

C41 支路选择 MYP-0.66/1.14 3×120 型电缆,每千米电阻值为 0.164 Ω,每千米电抗值为 0.056 Ω。C41 电缆线路的电阻为 0.164L_{41},电抗为 0.056L_{41}。

则 d7 点短路回路总电阻:

$$\sum R_{\text{d7}} = \sum R_{\text{d5}} + R_{41} = 0.0095 + 0.164L_{41}$$

最小运行方式下,d7 点短路回路总电抗:

$$\sum X_{\text{d7. min}} = \sum X_{\text{d5. min}} + X_{41} = 0.0582 + 0.056L_{41}$$

②d7 点短路最小两相稳态短路电流:

$$I_{\text{d7}}^{(2)} = \frac{U_{\text{p}}}{2 \times \sqrt{\left(\sum R_{\text{d7}}\right)^2 + \left(\sum X_{\text{d7. min}}\right)^2}}$$

$$= \frac{1200}{2 \times \sqrt{(0.0095 + 0.164L_{41})^2 + (0.0582 + 0.056L_{41})^2}}$$

$$= 3082.5 \text{ A}$$

$$L_{41} = 0.921 \text{ km}$$

3)C41 选择 MYP-0.66/1.14 3×150 型电缆的极限供电距离

①计算 d7 点短路回路总电阻和最小运行方式下电抗

C41 支路选择 MYP-0.66/1.14 3×150 型电缆,每千米电阻值为 0.132 Ω,每千米电抗值为 0.066 Ω。C41 电缆线路的电阻为 0.132L_{41},电抗为 0.066L_{41}。

则 d7 点短路回路总电阻:

$$\sum R_{\text{d7}} = \sum R_{\text{d5}} + R_{41} = 0.0095 + 0.132L_{41}$$

最小运行方式下,d7 点短路回路总电抗:

$$\sum X_{\text{d7. min}} = \sum X_{\text{d5. min}} + X_{41} = 0.0582 + 0.066L_{41}$$

②d7 点短路最小两相稳态短路电流:

$$I_{\text{d7}}^{(2)} = \frac{U_{\text{p}}}{2 \times \sqrt{\left(\sum R_{\text{d7}}\right)^2 + \left(\sum X_{\text{d7. min}}\right)^2}}$$

$$= \frac{1200}{2 \times \sqrt{(0.0095 + 0.132L_{41})^2 + (0.0582 + 0.066L_{41})^2}}$$

$$= 3082.5 \text{ A}$$

$$L_{41} = 1.044 \text{ km}$$

4）C41 选择 MYP-0.66/1.14 3×185 型电缆的极限供电距离

①计算 d7 点短路回路总电阻和最小运行方式下电抗

C41 支路选择 MYP-0.66/1.14 3×185 型电缆，每千米电阻值为 0.117 Ω，每千米电抗值为 0.0281 Ω。C41 电缆线路的电阻为 $0.117L_{41}$，电抗为 $0.0281L_{41}$。

则 d7 点短路回路总电阻：

$$\sum R_{d7} = \sum R_{d5} + R_{41} = 0.0095 + 0.117L_{41}$$

最小运行方式下，d7 点短路回路总电抗：

$$\sum X_{d7.\,min} = \sum X_{d5.\,min} + X_{41} = 0.0582 + 0.0281L_{41}$$

②d7 点短路最小两相稳态短路电流：

$$I_{d7}^{(2)} = \frac{U_p}{2 \times \sqrt{\left(\sum R_{d7}\right)^2 + \left(\sum X_{d7.\,min}\right)^2}}$$

$$= \frac{1200}{2 \times \sqrt{(0.0095 + 0.117L_{41})^2 + (0.0582 + 0.0281L_{41})^2}}$$

$$= 3082.5 \text{ A}$$

$$L_{41} = 1.363 \text{ km}$$

综上，刮板输送机机尾电动机支路选择 2 根电缆并列敷设时的极限供电距离见表 4-9。

表 4-9　刮板输送机机尾电动机支路 C41 选择不同型电缆时的供电距离
（KBSGZY-1600/10，$S_{d.\,min}$=116 MVA）

编号	负荷	电缆型号	额定电压/V	长度/m	根数	空气中允许载流量/A	长时工作电流/A
C41	刮板输送机机尾电动机	MYP-0.66/1.14 3×70	1140	504	1	215	195
		MYP-0.66/1.14 3×95		663		260	
		MYP-0.66/1.14 3×120		921		310	
		MYP-0.66/1.14 3×150		1044		325	
		MYP-0.66/1.14 3×185		1363		413	
		MYP-0.66/1.14 3×70		1009	2	430	
		MYP-0.66/1.14 3×95		1325		520	
		MYP-0.66/1.14 3×120		1843		620	
		MYP-0.66/1.14 3×150		2089		650	
		MYP-0.66/1.14 3×185		2727		826	

由表4-9可以看出,当变压器容量为1600 kVA,敷设1根电缆时,随着电缆截面积增大,刮板输送机机尾电动机支路供电距离逐渐增加。当变压器容量为1600 kVA,敷设2根电缆时,随着电缆截面积增大,刮板输送机机尾电动机支路供电距离逐渐增加。根据上述分析可知,增大电缆截面积可以增加刮板输送机机尾电动机支路的极限供电距离。

(2)采煤机1路 C31 选择不同型电缆的极限供电距离

1)采煤机1路 C31 选择 MCPT-0.66/1.14 3×150 型电缆

①计算 d5 点短路回路总电阻和最小运行方式下电抗

C31 电缆的长度为 L_{31},每千米电阻值为 0.152 Ω,每千米电抗值为 0.07 Ω;电缆 C31 的电阻为 $0.152L_{31}$,电抗为 $0.07L_{31}$。

则 d6 点短路回路总电阻:

$$\sum R_{d6} = \sum R_{d4} + R_{31} = 0.006 + 0.152L_{31}$$

最小运行方式下,d6 点短路回路总电抗:

$$\sum X_{d6.min} = \sum X_{d4.min} + X_{31} = 0.0574 + 0.07L_{31}$$

②d6 点短路最小两相稳态短路电流:

$$I_{d6}^{(2)} = \frac{U_p}{2 \times \sqrt{\left(\sum R_{d6}\right)^2 + \left(\sum X_{d6.min}\right)^2}}$$
$$= \frac{1200}{2 \times \sqrt{(0.006 + 0.152L_{31})^2 + (0.0574 + 0.07L_{31})^2}}$$
$$= 3082.5 \text{ A}$$

$$L_{31} = 0.948 \text{ km}$$

2)采煤机1路 C31 选择 MCPT-0.66/1.14 3×185 型电缆

①计算 d5 点短路回路总电阻和最小运行方式下电抗

C31 电缆的长度为 L_{31},每千米电阻值为 0.117 Ω,每千米电抗值为 0.0281 Ω;电缆 C31 的电阻为 $0.117L_{31}$,电抗为 $0.0281L_{31}$。

则 d6 点短路回路总电阻:

$$\sum R_{d6} = \sum R_{d4} + R_{31} = 0.006 + 0.117L_{31}$$

最小运行方式下,d6 点短路回路总电抗:

$$\sum X_{d6.min} = \sum X_{d4.min} + X_{31} = 0.0574 + 0.0281L_{31}$$

②d6 点短路最小两相稳态短路电流:

$$I_{d6}^{(2)} = \frac{U_p}{2 \times \sqrt{\left(\sum R_{d6}\right)^2 + \left(\sum X_{d6.min}\right)^2}}$$
$$= \frac{1200}{2 \times \sqrt{(0.006 + 0.117L_{31})^2 + (0.0574 + 0.0281L_{31})^2}}$$
$$= 3082.5 \text{ A}$$

$$L_{31} = 1.393 \text{ km}$$

采煤机1路选择2根电缆并列敷设时的极限供电距离见表4-10。

表 4-10　采煤机 1 路 C31 选择不同型电缆时的供电距离

(KBSGZY-1600/10, $S_{d.min}$ =116 MVA)

电缆型号	额定电压/V	长度/m	根数	空气中允许载流量/A	长时工作电流/A
MCPT-0.66/1.14 3×120		852		300	
MCPT-0.66/1.14 3×150		948	1	320	
MCPT-0.66/1.14 3×185		1393		413	
MCPT-0.66/1.14 3×95	1140	1277		520	263.3
MCPT-0.66/1.14 3×120		1704		600	
MCPT-0.66/1.14 3×150		1897	2	640	
MCPT-0.66/1.14 3×185		2787		826	

由表 4-10 可以看出,随着采煤机 1 路电缆截面积增加,其供电距离逐渐增加。然而,目前 1140 V 采煤机电缆喇叭嘴规格是 120 mm² 及以下,如果未来采煤机喇叭嘴出现 150 mm² 及以上的规格,可采用进一步增大电缆截面积的方法增加输电距离。

转载机和破碎机支路选择不同型电缆时的极限供电距离如表 4-11 所示。

表 4-11　转载机和破碎机选择不同型电缆时的供电距离

(KBSGZY-1600/10, $S_{d.min}$ =116 MVA)

编号	负荷	电缆型号	按运行时允许电压损失计算供电距离/m	按起动时允许电压损失计算供电距离/m	按灵敏度计算供电距离/m	所在支路计算极限供电距离/m
C34	转载机	MYP-0.66/1.14 3×50	1233	889	374	374
C35	破碎机	MYP-0.66/1.14 3×50	2212	1774	374	374
C34	转载机	MYP-0.66/1.14 3×120	>1233	>889	942	942
C35	破碎机	MYP-0.66/1.14 3×120	>2212	>1774	942	942
C34	转载机	MYP-0.66/1.14 3×150	>1233	>889	1066	1066
C35	破碎机	MYP-0.66/1.14 3×150	>2212	>1774	1066	1066
C34	转载机	MYP-0.66/1.14 3×185	>1233	>889	1065	1065
C35	破碎机	MYP-0.66/1.14 3×185	>2212	>1774	1065	1065
C34	转载机	2 根 MYP-0.66/1.14 3×95	>1233	>889	1355	1355
C35	破碎机	2 根 MYP-0.66/1.14 3×95	>2212	>1774	1355	1355
C34	转载机	2 根 MYP-0.66/1.14 3×120	>1233	>889	1884	1884

编号	负荷	电缆型号	按运行时允许电压损失计算供电距离/m	按起动时允许电压损失计算供电距离/m	按灵敏度计算供电距离/m	所在支路计算极限供电距离/m
C35	破碎机	2 根 MYP-0.66/1.14 3×120	>2212	>1774	1884	1884
C34	转载机	2 根 MYP-0.66/1.14 3×150	>1233	>889	2133	2133
C35	破碎机	2 根 MYP-0.66/1.14 3×150	>2212	>1774	2133	2133

4.6.2　通过增大变压器容量增加极限供电距离

选择 KBSGZY-2000/10 移动变电站,主要参数如表4-12 所示。

表 4-12　KBSGZY-2000/6 变压器参数

变压器型号	额定容量/kVA	空载损耗/W	短路损耗/W	空载电流/%	短路电压百分数/%	一次/二次额定电流/A	一次/二次额定电压/kV
KBSGZY-2000/10	2000	4500	9700	0.7	5	192.5/962.3	6/1.2

利用 4.6.1 节相同的方法及步骤可以计算移动变电站为 KBSGZY-2000/10 时,采煤机 1 路和刮板输送机机尾电动机支路在不同电缆截面下的极限供电距离,结果见表4-13 和表4-14。

表 4-13　采煤机 1 路 C31 选择不同型电缆时的供电距离
(KBSGZY-2000/10,$S_{d.min}$=116 MVA)

电缆型号	额定电压/V	长度/m	根数	空气中允许载流量/A	长时工作电流/A
MCPT-0.66/1.14 3×120	1140	966	1	300	263.3
MCPT-0.66/1.14 3×150		1069		320	
MCPT-0.66/1.14 3×185		1519		413	
MCPT-0.66/1.14 3×95		1403	2	520	
MCPT-0.66/1.14 3×120		1853		600	
MCPT-0.66/1.14 3×150		2058		640	
MCPT-0.66/1.14 3×185		2959		826	

表 4-14　刮板输送机机尾电动机支路 C41 选择不同型电缆时的供电距离

（KBSGZY-2000/10，$S_{d.min}=116$ MVA）

电缆型号	额定电压/V	长度/m	根数	空气中允许载流量/A	长时工作电流/A
MYP-0.66/1.14 3×70		631		215	
MYP-0.66/1.14 3×95		798		260	
MYP-0.66/1.14 3×120		1067	1	310	
MYP-0.66/1.14 3×150		1201		325	
MYP-0.66/1.14 3×185	1140	1519		413	195
MYP-0.66/1.14 3×70		1153		430	
MYP-0.66/1.14 3×95		1486		520	
MYP-0.66/1.14 3×120		2024	2	620	
MYP-0.66/1.14 3×150		2292		650	
MYP-0.66/1.14 3×185		2926		826	

由表 4-10 和表 4-13 可以看出，当敷设 1 根电缆且电缆截面积为 120 mm²，变压器容量由 1600 kVA 增加到 2000 kVA，采煤机 1 路供电距离增加了 34 m。当敷设 1 根电缆且电缆截面积为 150 mm²，变压器容量由 1600 kVA 增加到 2000 kVA，供电距离增加了 40 m。当敷设 1 根电缆且电缆截面积为 185 mm²，变压器容量由 1600 kVA 增加到 2000 kVA，供电距离增加了 46 m。当敷设 2 根电缆且电缆截面积为 95 mm²，变压器容量由 1600 kVA 增加到 2000 kVA，采煤机 1 路供电距离增加了 46 m。当敷设 2 根电缆且电缆截面积为 120 mm²，变压器容量由 1600 kVA 增加到 2000 kVA，采煤机 1 路供电距离增加了 69 m。当敷设 2 根电缆且电缆截面积为 150 mm²，变压器容量由 1600 kVA 增加到 2000 kVA，供电距离增加了 80 m。当敷设 2 根电缆且电缆截面积为 185 mm²，变压器容量由 1600 kVA 增加到 2000 kVA，供电距离增加了 92 m。可以看出，当电缆截面积一定时，随着变压器容量增加，供电距离增加，但是增加的长度很小。因此，通过增大变压器容量的方法增加采煤机 1 路供电距离效果不明显。

由表 4-9 和表 4-14 可以看出，当敷设 1 根电缆且电缆截面积为 70 mm²，变压器容量由 1600 kVA 增加到 2000 kVA，刮板输送机机尾电动机支路供电距离增加了 17 m。当敷设 1 根电缆且电缆截面积为 95 mm²，变压器容量由 1600 kVA 增加到 2000 kVA，刮板输送机机尾电动机支路供电距离增加了 25 m。当敷设 1 根电缆且电缆截面积为 120 mm²，变压器容量由 1600 kVA 增加到 2000 kVA，刮板输送机机尾电动机支路供电距离增加了 35 m。当敷设 1 根电缆且电缆截面积为 150 mm²，变压器容量由 1600 kVA 增加到 2000 kVA，刮板输送机机尾电动机支路供电距离增加了 46 m。当敷设 1 根电缆且电缆截面积为 185 mm²，变压器容量由 1600 kVA 增加到 2000 kVA，刮板输送机机尾电动机支路供电距离增加了 46 m。当敷设 2 根电缆且电缆截面积为 70 mm²，变压器容量由 1600 kVA 增加到 2000 kVA，刮板输送机机尾电动机支路供电距离增加了 34 m。当敷设

2 根电缆且电缆截面积为 95 mm²，变压器容量由 1600 kVA 增加到 2000 kVA，刮板输送机机尾电动机支路供电距离增加了 50 m。当敷设 2 根电缆且电缆截面积为 120 mm²，变压器容量由 1600 kVA 增加到 2000 kVA，刮板输送机机尾电动机支路供电距离增加了 70 m。当敷设 2 根电缆且电缆截面积为 150 mm²，变压器容量由 1600 kVA 增加到 2000 kVA，刮板输送机机尾电动机支路供电距离增加了 93 m。当敷设 2 根电缆且电缆截面积为 185 mm²，变压器容量由 1600 kVA 增加到 2000 kVA，刮板输送机机尾电动机支路供电距离增加了 92 m。可以看出，当电缆截面积一定时，随着变压器容量增加，供电距离增加，但是增加的长度很小，且当电缆截面积为 185 mm² 时，变压器容量增加极限供电距离反而减小。因此，通过增大变压器容量的方法增加刮板输送机支路供电距离效果有限。

4.7 基于极限供电距离的长干线供电方式低压电缆选择与计算

低压电缆选择按长时允许电流初选截面，再按正常运行时允许电压损失、起动时允许电压损失和短路热稳定性进行校验，所选低压电缆必须满足上述所有条件。长干线供电方式低压电缆选择与计算具体选择思路：为了确定极限供电距离，首先按长时允许电流初选截面；然后按最远端、最大负荷正常运行时允许电压损失、起动时允许电压损失、按保证线路末端最小运行方式下发生两相短路有不小于 1.5 的灵敏系数分别计算极限供电距离。最后按电缆短路时热稳定性校验电缆截面，按机械长度要求校验电缆截面；此外，低压供电线路选用 MYP-0.66/1.14 kV、MCP-0.66/1.14 kV 或 MCPT-0.66/1.14 kV 型电缆。

（1）根据长时允许电流选择电缆截面

C2 干线电缆为变压器低压侧至组合开关段的供电线路，向除刮板输送机外的所有负荷供电，其需用系数为 0.566，负荷总功率为 1535 kW，本设计二次侧平均功率因数为 0.8。C2 电缆长时载流：

$$I_2 = \frac{K_r \sum P_N \times 1000}{\sqrt{3} \, U_N \cos\varphi} = \frac{0.566 \times 1535 \times 1000}{\sqrt{3} \times 1140 \times 0.8} = 550.1 \text{ A}$$

C2 干线电缆选择型号为 MYP-0.66/1.14 3×120 的电缆，2 根并列敷设。查电缆参数表得知，MYP-0.66/1.14 3×120 型电缆的额定载流量为 310 A，故 2 根并列敷设电缆的额定载流为 620 A> 550.1 A，满足要求。

C31 支线电缆所带负荷为采煤机 1 路，负载为一台截割电动机，两台牵引电动机和两台泵电动机。查 MG300/720-AWD3 型号采煤机产品说明书得知，截割电动机额定电流为 182A，牵引电动机额定电流为 35.67A，泵电动机额定电流为 4.97 A。C31 电缆长时载流：

$$I_{31} = 182 + 35.67 \times 2 + 4.97 \times 2 = 263.3 \text{ A}$$

C31 支线电缆选择型号为 MCPT-0.66/1.14 3×120 的电缆。查电缆参数表得知，MCPT-0.66/1.14 3×120 型电缆的额定载流为 300 A>263.3 A，满足要求。

C32 支线电缆所带负荷为采煤机 2 路，负载为一台截割电动机，其额定电流为182 A。故选择型号为 MCPT-0.66/1.14 3×70 的电缆。查电缆参数表得知，MCPT-0.66/

1.14 3×70 型电缆的额定载流为 215 A>182 A,满足要求。

C33 支线电缆所带负荷为刮板输送机。查 SGZ764/630 型刮板输送机产品说明书可知,其额定电流为 2×195＝390 A。故选择型号为 MYP-0.66/1.14 3×185 的电缆。查电缆参数表得知,MYP-0.66/1.14 3×185 型电缆的额定载流为 413 A>390 A,满足要求。

C34 支线电缆所带负荷为转载机。查 SZZ764/200 型转载机产品说明书可知,其额定电流为 121 A,故选择型号为 MYP-0.66/1.14 3×35 的电缆。查电缆参数表得知,MYP-0.66/1.14 3×35 型电缆的额定载流为 138 A>121 A,满足要求。

C35 支线电缆所带负荷为破碎机。查 PCM110 型破碎机产品说明书可知,其额定电流为 69 A,故选择型号为 MYP-0.66/1.14 3×16 的电缆。查电缆参数表得知,MYP-0.66/1.14 3×16 型电缆的额定载流为 85 A>64.8 A,满足要求。

C36 支线电缆所带负荷为 1#乳化液泵。查 BRW400/31.5 型乳化液泵产品说明书可知,其额定电流为 147.1 A。故选择型号为 MYP-0.66/1.14 3×50 的电缆。查电缆参数表得知,MYP-0.66/1.14 3×50 型电缆的额定载流为 173 A>147.1 A,满足要求。

C37 支线电缆所带负荷为 2#乳化液泵,其额定电流为 147.1 A,故选择型号为 MYP-0.66/1.14 3×50 的电缆。查电缆参数表得知,MYP-0.66/1.14 3×50 型电缆的额定载流为 173 A>147.1 A,满足要求。

C41 支线电缆所带负荷为刮板输送机机尾电动机。查 SGZ764/630 型刮板输送机产品说明书可知,其额定电流为 195 A。故选择型号为 MYP-0.66/1.14 3×70 的电缆。查电缆参数表得知,MYP-0.66/1.14 3×70 型电缆的额定载流为 215 A>195 A,满足要求。

C42 支线电缆所带负荷为刮板输送机机头电动机,其额定电流为 195 A。故选择型号为 MYP-0.66/1.14 3×70 的电缆。查电缆参数表得知,MYP-0.66/1.14 3×70 型电缆的额定载流为 215 A>195 A,满足要求。

(2)按正常运行时允许电压损失确定极限供电距离

由于采煤机 1 路和刮板输送机机尾电动机支路的负荷较大、输电距离较远,因此,下面分别根据采煤机 1 路和刮板输送机机尾电动机支路运行时允许的电压损失确定极限供电距离。终端负荷的电压损失包括变压器电压损失、干线电缆电压损失和支线电缆电压损失。采煤机 1 路和刮板输送机机尾电动机支路的变压器电压损失相同,故先进行变压器电压损失计算。

变压器二次侧的负荷电流:

$$I_{T2} = \frac{K_r \sum P_N \times 1000}{\sqrt{3}\ U_N \cos\varphi} = \frac{0.52 \times 2165 \times 1000}{\sqrt{3} \times 1140 \times 0.8} = 712.70\ A$$

由表 2-3 查得变压器的参数:$S_N = 1600$ kVA,$U_{2N} = 1200$ V,$I_{2N} = 769.8$ A,$\Delta P = 8500$ W,$U_k = 5\%$,$\cos\varphi = 0.8$,$\sin\varphi = 0.6$,利用式(1-11)计算变压器的电压损失:

$$\Delta U_T = \frac{I_{T2}}{I_{2N}} \left[\frac{\Delta P}{10 \cdot S_N}\% \cdot \cos\varphi + \sqrt{U_k^2 - \left(\frac{\Delta P}{10 \cdot S_N}\% \right)^2} \cdot \sin\varphi \right] \cdot \frac{U_{2N}}{100}$$

$$= \frac{712.7}{769.8} \times \left[\frac{8500}{10 \times 1600}\% \times 0.8 + \sqrt{5^2 - \left(\frac{8500}{10 \cdot 1600}\% \right)^2} \times 0.6 \right] \times \frac{1200}{100}$$

$$= 33.2\ V$$

1)按采煤机 1 路允许电压损失确定干线电缆 C2 极限供电距离

①采煤机 1 路 C31 支线电缆电压损失

C31 电缆需用系数为 1,长度为 210 m,所带负荷总功率为 425 kW,平均功率因数为 0.81,功率因数角对应的正切值为 0.724。C31 选择 MCPT-0.66/1.14 3×120 型电缆,每千米电阻值为 0.174 Ω,每千米电抗值为 0.072 Ω,由式(1-12)计算采煤机 1 路 C31 的电压损失:

$$\Delta U_{C21} = \frac{K_r \cdot \sum P_N \cdot 1000 \cdot L}{U_N}(R_0 + X_0 \tan\varphi)$$

$$= \frac{1 \times 425 \times 1000 \times 0.21}{1140} \times (0.174 + 0.072 \times 0.724) = 17.7 \text{ V}$$

②根据干线电缆 C2 允许电压损失确定其极限供电距离

采煤机 1 路低压侧供电线路由电缆 C2,C31 组成。采煤机 1 路低压侧电压损失包括变压器电压损失,C2 电压损失,C31 电压损失。C2 干线电缆允许电压损失:

$$\Delta U_{C2} = \sum \Delta U - \Delta U_T - \Delta U_{C31} = 140 - 33.2 - 17.7 = 89.1 \text{ V}$$

C2 电缆需用系数为 0.566,所带负荷总功率为 1535 kW,平均功率因数为 0.8,平均功率因数角对应的正切值为 0.75。C2 选择 MYP-0.66/1.14 3×120 型电缆,2 根并列敷设,故每千米电阻值为 0.164/2 = 0.082 Ω,每千米电抗值为 0.056/2 = 0.028 Ω。由式(1-12)反向计算 C2 电缆极限供电距离。

$$\Delta U_{C2} = \frac{K_r \cdot \sum P_N \cdot 1000 \cdot L}{U_N}(R_0 + X_0 \tan\varphi)$$

$$= \frac{0.566 \times 1535 \times 1000 \times L_2}{1140} \times (0.082 + 0.028 \times 0.75) = 89.1 \text{ V}$$

$$L_2 = 1.131 \text{ km}$$

2)按刮板输送机机尾电动机允许电压损失确定支线电缆 C41 极限供电距离

①刮板输送机机尾电动机 C33 支线电缆电压损失

C33 电缆需用系数为 1,长度为 30 m,所带负荷功率为 630 kW,平均功率因数为 0.84,平均功率因数角对应的正切值为 0.646。C33 选择 MYP-0.66/1.14 3×185 型电缆,每千米电阻值为 0.117 Ω,每千米电抗值为 0.0281 Ω。由式(1-12)计算 C33 支线电缆电压损失:

$$\Delta U_{C33} = \frac{K_r \cdot \sum P_N \cdot 1000 \cdot L}{U_N}(R_0 + X_0 \tan\varphi)$$

$$= \frac{1 \times 630 \times 1000 \times 0.03}{1140} \times (0.117 + 0.0281 \times 0.646) = 2.2 \text{ V}$$

②根据支线电缆 C41 允许电压损失确定其极限供电距离

C41 支线电缆允许电压损失:

$$\Delta U_{C41} = \sum \Delta U - \Delta U_T - \Delta U_{C33} = 140 - 33.2 - 2.2 = 104.6 \text{ V}$$

C41 电缆需用系数为 1,所带负荷总功率为 315 kW,平均功率因数为 0.84,平均功率因数角对应的正切值为 0.646。C41 选择 MYP-0.66/1.14 3×70 型电缆,2 根并列敷设,故每千米电阻值为 0.315 Ω,每千米电抗值为 0.078 Ω。由式(1-12)反向计算 C41 电缆极限供电距离。

$$\Delta U_{C2} = \frac{K_r \cdot \sum P_N \cdot 1000 \cdot L}{U_N}(R_0 + X_0\tan\varphi)$$

$$= \frac{0.52 \times 2165 \times 1000 \times L_{41}}{1140} \times (0.0585 + 0.014 \times 0.75) = 104.6 \ \text{V}$$

$$L_{41} = 1.033 \ \text{km}$$

（3）按电动机起动时允许电压损失确定线路极限供电距离

1）按采煤机截割电动机起动时允许电压损失确定干线电缆 C2 极限供电距离

采煤机 1 路截割电动机支路低压侧供电线路由电缆 C2，C31 组成。采煤机 1 路截割电动机起动时线路电压损失包括变压器电压损失，C2 电压损失，C31 电压损失。根据截割电动机起动时 C2 允许电压损失确定其极限供电距离。

① 截割电动机起动时变压器电压损失

变压器的短路损耗为 8500 W，额定容量为 1600 kVA，可得电阻压降百分数：

$$U_r\% = \frac{8500}{10 \times 1600}\% = 0.53\%$$

变压器的阻抗电压百分数为 5%，U_r 为 0.53。可得电抗压降百分数：

$$U_x\% = \sqrt{5^2 - 0.53^2}\% = 4.97\%$$

截割电动机额定电流为 182 A。额定起动电流取额定电流的 5.5 倍，则额定起动电流：

$$I_{QN} = 5.5 \times 182 = 1001 \ \text{A}$$

截割电动机实际起动电流，一般取额定起动电流的 75%，则实际起动电流：

$$I_Q = 0.75 \times 1001 = 750.8 \ \text{A}$$

截割电动机起动时剩余负荷的总功率为 1865 kW，其需用系数：

$$K_r = 0.4 + 0.6 \times \frac{P_{max}}{\sum P_N} = 0.4 + 0.6 \times \frac{315}{1865} = 0.50$$

截割电动机起动时剩余负荷总电流：

$$I_{SQ} = 1319.5 - 182 = 1137.5 \ \text{A}$$

截割电动机起动时变压器实际流过的电流：

$$I_{TQ} = I_Q + K_r \times I_{SQ} = 750.8 + 0.5 \times 1137.5 = 1320 \ \text{A}$$

采煤机 1 路截割电动机起动时，变压器二次侧实际流过的电流为 1320 A，电动机起动时功率因数为 0.8，电动机起动时的功率因数角的正弦值为 0.6，其余负荷的加权平均功率因数角对应的正切值为 0.698。由式（1-17）计算起动时变压器电压损失：

$$\Delta U_{TQ} = \frac{U_{2P}}{I_{2N}}\left[I_{TQ}U_r\%\cos\varphi_Q + U_x\%(I_Q\sin\varphi_Q + K_rI_{SQ}\tan\varphi_{TS})\right]$$

$$= \frac{1200}{769.8} \times [1320 \times 0.53\% \times 0.8 + 4.97\% \times (750.8 \times 0.6 + 0.5 \times$$

$$1137 \times 0.698)]$$

$$= 74.4 \ \text{V}$$

② 截割电动机起动时 C31 支线电缆电压损失

截割电动机起动时,C31 支线电缆实际流过的电流为 832 A,C31 长度为 210 m,截面积为 120 mm²,起动时的功率因数为 0.78。由式(1-14)计算截割电动机起动时 C31 支线电缆电压损失:

$$\Delta U_{C31Q} = \frac{\sqrt{3} I_{GQ} L_G \cos\varphi \cdot 10^3}{\gamma A_G} = \frac{\sqrt{3} \times 832 \times 0.21 \times 0.78 \times 1000}{53 \times 120} = 37.1 \text{ V}$$

③按截割电动机起动时 C2 干线电缆允许电压损失确定其极限供电距离

根据《煤矿井下供配电设计规范》,最远端最大容量电动机起动时其端电压不得低于电网电压的 75%,1140 V 系统最大电动机起动时允许电压损失:

$$\sum \Delta U_Q = 1200 - 1140 \times 75\% = 345 \text{ V}$$

截割电动机起动时,C2 干线电缆允许电压损失:

$$\Delta U_{C2Q} = \sum \Delta U - \Delta U_{TQ} - \Delta U_{C31Q} = 345 - 74.5 - 37.1 = 233.4 \text{ V}$$

截割电动机起动时,C2 电缆实际流过的电流为 931 A,功率因数为 0.8,截面积为 370 mm²。根据起动时 C2 电缆允许电压损失,由式(1-14)反算极限供电距离。

$$\Delta U_{C2Q} = \frac{\sqrt{3} I_{GQ} L_G \cos\varphi \cdot 10^3}{\gamma A_G} = \frac{\sqrt{3} \times 931 \times L_2 \times 0.8 \times 1000}{53 \times 370} = 233.4 \text{ V}$$

$$L_2 = 3547 \text{ m}$$

2)按刮板输送机机尾电动机起动时允许电压损失确定支线电缆 C41 极限供电距离

刮板输送机机尾电动机低压侧供电线路由电缆 C33,C41 组成。刮板输送机机尾电动机起动时线路电压损失包括变压器电压损失,C33 电压损失,C41 电压损失。根据刮板输送机机尾电动机起动时 C41 允许电压损失确定其极限供电距离。

①刮板输送机机尾电动机起动时变压器电压损失

刮板输送机机尾电动机额定电流为 195 A。额定起动电流取额定电流的 6 倍,即

$$I_{QN} = 6 \times 195 = 1170 \text{ A}$$

刮板输送机机尾电动机实际起动电流,一般取额定起动电流的 75%,则

$$I_Q = 0.75 \times 1170 = 877.5 \text{ A}$$

刮板输送机机尾电动机起动时剩余负荷总功率为 1850 kW,其需用系数:

$$K_r = 0.4 + 0.6 \times \frac{P_{max}}{\sum P_N} = 0.4 + 0.6 \times \frac{425}{1850} = 0.54$$

刮板输送机机尾电动机起动时剩余负荷总电流:

$$I_{SQ} = 1319.5 - 195 = 1124.5 \text{ A}$$

刮板输送机机尾电动机起动时变压器实际流过的电流:

$$I_{TQ} = I_Q + K_r \times I_{SQ} = 877.5 + 0.54 \times 1124.5 = 1484.73 \text{ A}$$

刮板输送机机尾电动机起动时,变压器二次侧实际流过的电流为 1484.73 A,电动机起动时功率因数为 0.8,电动机起动时的功率因数角的正弦值为 0.6,其余负荷的加权平均功率因数角对应的正切值为 0.698。由式(1-17)计算起动时变压器电压损失:

$$\Delta U_{TQ} = \frac{U_{2P}}{I_{2N}} [I_{TQ} U_r\% \cos\varphi_Q + U_X\% (I_Q \sin\varphi_Q + K_r I_{SQ} \tan\varphi_{TS})]$$

$$= \frac{1200}{769.8} \times [1484.73 \times 0.53\% \times 0.8 + 4.97\% \times (877.5 \times 0.6 + 0.54 \times 1124.5 \times$$

$$0.698）］$$
$$= 83.4 \text{ V}$$

②刮板输送机机尾电动机起动时 C33 支线电缆电压损失

刮板输送机机尾电动机起动时,C33 电缆实际流过的电流为 1072.5 A,功率因数为 0.84,截面积为 185 mm²,长度为 30 m。由式(1-14)计算刮板输送机机尾电动机起动时 C33 支线电缆电压损失:

$$\Delta U_{\text{C33Q}} = \frac{\sqrt{3}\, I_{\text{GQ}} L_{\text{G}} \cos\varphi \cdot 10^3}{\gamma A_{\text{G}}} = \frac{\sqrt{3} \times 1072.5 \times 0.03 \times 0.84 \times 1000}{53 \times 185} = 4.8 \text{ V}$$

③刮板输送机机尾电动机起动时 C41 支线电缆电压损失

刮板输送机机尾电动机起动时,C41 支线电缆允许电压损失:

$$\Delta U_{\text{C2Q}} = \sum \Delta U - \Delta U_{\text{TQ}} - \Delta U_{C33Q} = 345 - 83.3 - 4.8 = 256.9 \text{ V}$$

刮板输送机机尾电动机起动时,C41 电缆实际流过的电流为 877.5A,C41 长度为 L_{41},C41 的功率因数为 0.84。根据刮板输送机机尾电动机起动 C41 电缆允许电压损失,由式(1-14)计算极限供电距离。

$$\Delta U_{\text{C41Q}} = \frac{\sqrt{3}\, I_{\text{GQ}} L_{\text{G}} \cos\varphi \cdot 10^3}{\gamma A_{\text{G}}} = \frac{\sqrt{3} \times 877.5 \times L_{41} \times 0.84 \times 1000}{53 \times 70} = 256.9 \text{ V}$$

$$L_{41} = 746 \text{ m}$$

(4)按灵敏度确定线路极限供电距离

按变压器低压侧开关所保护线路最远点发生最小两相短路有不低于 1.5 灵敏系数进行逆向整定,则保护线路末端最小两相短路电流:

$$I_{\text{d}}^{(2)} = 1.5 \times 2055 = 3082.5 \text{ A}$$

1)计算 k6 点(C31 电缆末端)最小两相短路电流

①计算 k6 点短路回路总电阻和最小运行方式下电抗

C1 电缆的长度为 70 m,每千米电阻值为 0.597 Ω,每千米电抗值为 0.099 Ω;电缆 C1 的电阻为 0.0418 Ω,电抗为 0.0069 Ω。

最小运行方式下系统短路容量为 $S_{\text{s.min}} = 116.0$ MVA,低压侧平均电压为 $U_{\text{p}} = 1.2$ kV。折算到变压器低压侧系统电抗值:

$$X_{\text{s.min}} = \frac{U_{\text{p}}^2}{S_{\text{s.min}}} = \frac{1.2^2}{116} = 0.0124 \ \Omega$$

折算到低压侧的变压器短路电阻:

$$\Delta P = 3 \times I_{\text{2N}}^2 R_{\text{T}}$$

$$R_{\text{T}} = \frac{8500}{3 \times 769.8 \times 769.8} = 0.00478 \ \Omega$$

折算到低压侧的变压器短路阻抗:

$$Z_{\text{T}} = Z_{\text{T}}^* Z_{\text{2N}} = 5\% \times \frac{1200}{\sqrt{3} \times 769.8} = 0.045 \ \Omega$$

折算到低压侧的变压器短路电抗:

$$X_{\text{T}} = \sqrt{Z_{\text{T}}^2 - R_{\text{T}}^2} = \sqrt{0.045^2 - 0.00478^2} = 0.0447 \ \Omega$$

则 k4 点短路回路总电阻：

$$\sum R_{k4} = \frac{R_1}{k^2} + R_T = 0.0418/8.3^2 + 0.00478 = 0.0054 \ \Omega$$

最小运行方式下，k4 点短路回路总电抗：

$$\sum X_{k4.min} = X_{s.min} + \frac{X_1}{k^2} + X_T = 0.0124 + 0.0069/8.3^2 + 0.0447 = 0.0572 \ \Omega$$

C2 电缆的长度为 L_2，每千米电阻值为 $0.164/2 = 0.082 \ \Omega$，每千米电抗值为 $0.056/2 = 0.028 \ \Omega$。C2 电缆的电阻为 $0.082L_2$，电抗为 $0.028L_2$。

C31 电缆的长度为 210 m，每千米电阻值为 0.174 Ω，每千米电抗值为 0.072 Ω；C31 电缆的电阻为 0.0365 Ω，电抗为 0.0151 Ω。

则 k6 点短路回路总电阻：

$$\sum R_{k6} = \sum R_{k4} + R_2 + R_{31} = 0.0419 + 0.082L_2$$

最小运行方式下，k6 点短路回路总电抗：

$$\sum X_{k6.min} = \sum X_{k4.min} + X_2 + X_{31} = 0.0724 + 0.028L_2$$

②k6 点短路最小两相稳态短路电流：

$$I_{k6}^{(2)} = \frac{U_p}{2 \times \sqrt{\left(\sum R_{k6}\right)^2 + \left(\sum X_{k6.min}\right)^2}}$$

$$= \frac{1200}{2 \times \sqrt{(0.0419 + 0.082L_2)^2 + (0.0724 + 0.028L_2)^2}}$$

$$= 3082.5 \ A$$

$$L_2 = 1.427 \ km$$

2）计算 k7 点（C41 电缆末端）最小两相短路电流

①计算 k7 点短路回路总电阻和最小运行方式下电抗

C33 电缆的长度为 30 m，每千米电阻值为 0.117 Ω，每千米电抗值为 0.0281 Ω；C33 电缆的电阻为 0.00351 Ω，电抗为 0.000843 Ω。

C41 支路选择 MYP-0.66/1.14 3×70 型电缆，每千米电阻值为 0.315 Ω，每千米电抗值为 0.078 Ω。C41 电缆线路的电阻为 $0.315L_{41}$，电抗为 $0.078L_{41}$。

则 k7 点短路回路总电阻：

$$\sum R_{k7} = \sum R_{k3} + R_{33} + R_{41} = 0.0089 + 0.315L_{41}$$

最小运行方式下，k7 点短路回路总电抗：

$$\sum X_{k7.min} = \sum X_{k3.min} + X_{33} + X_{41} = 0.0581 + 0.078L_{41}$$

②k7 点短路最小两相稳态短路电流：

$$I_{k7}^{(2)} = \frac{U_p}{2 \times \sqrt{\left(\sum R_{k7}\right)^2 + \left(\sum X_{k7.min}\right)^2}}$$

$$= \frac{1200}{2 \times \sqrt{(0.0089 + 0.315L_{41})^2 + (0.0581 + 0.078L_{41})^2}}$$

$$= 3082.5 \ A$$

$$L_{41} = 0.506 \text{ km}$$

将按正常运行时允许电压损失、起动时允许电压损失、保证线路末端最小运行方式下发生两相短路有不小于 1.5 的灵敏系数分别计算的采煤机 1 路和刮板输送机支路的极限供电距离,结果列于表 4-15。

表 4-15　采用长干线供电方式下采煤机 1 路和刮板输送机机尾电动机支路的
极限供电距离(KBSGZY-1600/10,$S_{d.min} = 116$ MVA)

编号	最大负荷	电缆型号	按运行时允许电压损失计算极限供电距离/m	按起动时允许电压损失计算极限供电距离/m	按灵敏度计算极限供电距离/m	对应支路极限供电距离/m
C2	采煤机 1 路	2 根 MYP-0.66/1.14 3×120	1131	3547	1427	1131
C41	刮板输送机机尾电动机	MYP-0.66/1.14 3×70	1033	746	506	506

由表 4-14 可以看出,采煤机 1 路按正常运行时允许电压损失、起动时允许电压损失、保证线路末端最小运行方式下发生两相短路有不小于 1.5 的灵敏系数分别计算的极限供电距离中,按正常运行时允许电压损失的最小。因此,采煤机 1 路 C2 的极限供电距离等于按正常运行时允许电压损失计算的极限供电距离,即 1131 m。刮板输送机支路灵敏度计算的极限供电距离最小,为 506 m。

刮板输送机机尾电动机供电线路由 C1,C33,C41 构成,其极限供电距离:

$$L_{1-41} = 70 + 30 + 506 = 606 \text{ m}$$

变压器选择 KBSGZY-1600/10、KBSGZY-2000/10 两种不同型号,C2 选择不同型电缆,C41 选择选择不同型电缆的极限供电距离见表 4-16。

表 4-16　采用长干线供电方式下极限供电距离

编号	变压器型号	电缆型号	支路计算极限供电距离/m
C2		2 根 MYP-0.66/1.14 3×120	1131
C2		2 根 MYP-0.66/1.14 3×150	1284
C2		2 根 MYP-0.66/1.14 3×185	1688
C41		MYP-0.66/1.14 3×70	1506
C41		MYP-0.66/1.14 3×95	665
C41	KBSGZY-1600/10	MYP-0.66/1.14 3×120	925
C41		MYP-0.66/1.14 3×150	1048
C41		MYP-0.66/1.14 3×185	1368
C41		2 根 MYP-0.66/1.14 3×120	1850
C41		2 根 MYP-0.66/1.14 3×150	2096

续表 4-16

编号	变压器型号	电缆型号	支路计算极限供电距离/m
C2		2 根 MYP-0.66/1.14 3×120	1216
C2		2 根 MYP-0.66/1.14 3×150	1380
C2		2 根 MYP-0.66/1.14 3×185	1814
C41		MYP-0.66/1.14 3×70	523
C41		MYP-0.66/1.14 3×95	690
C41	KBSGZY-2000/10	MYP-0.66/1.14 3×120	960
C41		MYP-0.66/1.14 3×150	1094
C41		MYP-0.66/1.14 3×185	1414
C41		2 根 MYP-0.66/1.14 3×120	1921
C41		2 根 MYP-0.66/1.14 3×150	2189

由表 4-16 可以看出,当变压器选择 KBSGZY-1600/10 移动变电站时,C2 采用 2 根 MYP-0.66/1.14 3×150 型电缆并列敷设的极限供电距离比采用 2 根 MYP-0.66/1.14 3×120 型电缆并列敷设的极限供电距离增加了 152 m;C2 采用 2 根 MYP-0.66/1.14 3×185 型电缆并列敷设的极限供电距离比采用 2 根 MYP-0.66/1.14 3×150 型电缆并列敷设的极限供电距离增加了 403 m;故增加电缆截面积可以增加 C2 支路的极限供电距离。当 C2 采用 2 根 MYP-0.66/1.14 3×120 并列敷设,变压器容量由 1600 kVA 增加到 2000 kVA,其供电距离增加了 84 m;当 C2 采用 2 根 MYP-0.66/1.14 3×150 并列敷设,变压器容量由 1600 kVA 增加到 2000 kVA,其供电距离增加了 96 m;当 C2 采用 2 根 MYP-0.66/1.14 3×185 并列敷设,变压器容量由 1600 kVA 增加到 2000 kVA,其供电距离增加了 126 m。可以看出,增大变压器容量可以增加供电距离,但效果有限,性价比不高。

用同样的方法可以分析电缆截面积和变压器容量对 C41 极限供电距离的影响。由表 4-15 可以看出,C41 电缆截面积越大其极限供电距离越长。变压容量越大,C41 极限供电距离越长,但是通过增大变压器容量增加 C41 极限供电距离效果有限,性价比不高。

(5)按短路时的热稳定校验电缆截面

k3 点(C2 首端)短路回路总电阻:

$$\sum R_{k3} = \frac{R_1}{k^2} + R_T = \frac{0.017}{8.3^2} + 0.00478 = 0.0054 \ \Omega$$

最大运行方式下,k3 点短路回路总电抗:

$$\sum X_{k3.max} = X_{s.max} + \frac{X_1}{k^2} + X_T = 0.0119 + \frac{0.099}{8.3^2} + 0.0447 = 0.0567 \ \Omega$$

则 k3 点最大三相稳态短路电流:

$$I_{k3}^{(3)} = \frac{U_p}{\sqrt{3} \times \sqrt{\left(\sum R_{k3}\right)^2 + \left(\sum X_{k3.max}\right)^2}} = \frac{1200}{\sqrt{3} \times \sqrt{0.0054^2 + 0.0567^2}} = 12155 \ A$$

低压电缆 C2 首端最大三相短路电流为 12155 A。热稳定系数 C 取 141。假想时间 t_f 取 0.25 s。满足热稳定要求的最小截面：

$$S_{\min} = I_{k3}^{(3)} \frac{\sqrt{t_f}}{C} \geqslant 12155 \times \frac{\sqrt{0.25}}{141} = 43.1 \text{ mm}^2$$

$S_{\min} < 120 \times 2 = 240 \text{ mm}^2$，故 C2 选择 2 根 MYP–0.66/1.14 3×120 型电缆并列敷设满足热稳定性要求。

$S_{\min} < 185 \text{ mm}^2$，故 C33 选择 MYP–0.66/1.14 3×185 型电缆满足热稳定性要求。

当变压器选择 KBSGZY–1600/10 移动变电站时，C2 选择 2 根 MYP–0.66/1.14 3×120 型电缆并列敷设的极限供电距离为 1131 m，每千米电阻值为 0.082 Ω，每千米电抗值为 0.028 Ω。C2 电缆的电阻为 0.0928 Ω，电抗为 0.0317 Ω。当 C2 选择 2 根 MYP–0.66/1.14 3×150 型电缆并列敷设时，其极限供电距离为 1284 m，每千米电阻值为 0.066 Ω，每千米电抗值为 0.033 Ω。C2 电缆的电阻为 0.0848 Ω，电抗为 0.0424 Ω。当 C2 选择 2 根 MYP–0.66/1.14 3×150 型电缆并列敷设时，其极限供电距离为 1688 m，每千米电阻值为 0.0585 Ω，每千米电抗值为 0.014 Ω。C2 电缆的电阻为 0.0988 Ω，电抗为 0.0237 Ω。可以看出，C2 选择 2 根 MYP–0.66/1.14 3×120 型电缆并列敷设时其干线阻抗值最小。因此，只要 C2 选择 2 根 MYP–0.66/1.14 3×120 型电缆并列敷设时 C31～C32，C34～C37 热稳定性满足要求，其他情况一定满足要求。

则 k4 点短路回路总电阻：

$$\sum R_{k4} = \sum R_{k3} + R_2 = 0.0054 + 0.0928 = 0.0982 \ \Omega$$

最大运行方式下，k4 点短路回路总电抗：

$$\sum X_{k4.\max} = \sum X_{k3.\max} + X_2 = 0.0567 + 0.03169 = 0.0884 \ \Omega$$

k4 点（C31～C32，C34～C37 首端）最大三相稳态短路电流：

$$I_{k4}^{(3)} = \frac{U_p}{\sqrt{3} \times \sqrt{\left(\sum R_{k4}\right)^2 + \left(\sum X_{k4.\max}\right)^2}} = \frac{1200}{\sqrt{3} \times \sqrt{0.0982^2 + 0.0884^2}} = 5243 \text{ A}$$

最大运行方式下，支路 C31～C32，C34～C37 首端最大三相稳态短路电流为 5243 A。热稳定系数 C 取 141。假想时间 t_f 取 0.25 s。满足热稳定要求的最小截面：

$$S_{\min} = I_{k4}^{(3)} \frac{\sqrt{t_f}}{C} \geqslant 5243 \times \frac{\sqrt{0.25}}{141} = 18.6 \text{ mm}^2$$

$S_{\min} < 120 \text{ mm}^2$，故 C31 选择 MCPT–0.66/1.14 3×120 型电缆满足热稳定性要求。

$S_{\min} < 70 \text{ mm}^2$，故 C32 选择 MCPT–0.66/1.14 3×70 型电缆满足热稳定性要求。

$S_{\min} < 35 \text{ mm}^2$，故 C34 选择 MYP–0.66/1.14 3×70 型电缆满足热稳定性要求。

$S_{\min} > 16 \text{ mm}^2$ 故 C35 选择 MYP–0.66/1.14 3×35 型电缆不满足热稳定性要求，应选择 MYP–0.66/1.14 3×35 型电缆。

$S_{\min} < 50 \text{ mm}^2$，故 C36 选择 MYP–0.66/1.14 3×50 型电缆满足热稳定性要求。

$S_{\min} < 50 \text{ mm}^2$，故 C37 选择 MYP–0.66/1.14 3×50 型电缆满足热稳定性要求。

C33 选择 MYP–0.66/1.14 3×185 型电缆，每千米电阻值为 0.117 Ω，每千米电抗值为 0.028 Ω，长度为 30 m。C33 电缆的电阻为 0.00351 Ω，电抗为 0.000843 Ω。k5 点短

路回路总电阻：

$$\sum R_{k5} = \sum R_{k3} + R_{33} = 0.0054 + 0.00351 = 0.0089 \ \Omega$$

最大运行方式下，k5 点短路回路总电抗：

$$\sum X_{k5.max} = \sum X_{k3.max} + X_{33} = 0.0567 + 0.000843 = 0.0576 \ \Omega$$

k5 点（C41 ~ C42 首端）最大三相稳态短路电流：

$$I_{k5}^{(3)} = \frac{U_p}{\sqrt{3} \times \sqrt{\left(\sum R_{k5}\right)^2 + \left(\sum X_{k5.max}\right)^2}} = \frac{1200}{\sqrt{3} \times \sqrt{0.0089^2 + 0.0576^2}} = 11887 \ A$$

最大运行方式下，支路 C41 ~ C42 首端最大三相稳态短路电流为 11887 A。热稳定系数 C 取 141。假想时间 t_f 取 0.25 s。满足热稳定要求的最小截面：

$$S_{min} = I_{k5}^{(3)} \frac{\sqrt{t_f}}{C} \geqslant 11887 \times \frac{\sqrt{0.25}}{141} = 42.2 \ mm^2$$

$S_{min} < 70 \ mm^2$，故 C41 选择 MYP-0.66/1.14 3×70 型电缆满足热稳定性要求。

$S_{min} < 70 \ mm^2$，故 C42 选择 MYP-0.66/1.14 3×70 型电缆满足热稳定性要求。

（6）按机械长度要求校验电缆截面

采煤机允许最小截面积为 35 ~ 50 mm^2；刮板输送机允许最小截面积为 16 ~ 35 mm^2。故 C31 ~ C33，C41 ~ C42 电缆都满足机械长度要求。

上述按长时允许电流初选截面，按电缆短路时热稳定性和机械长度要求校验电缆截面，低压电缆初步计算选择结果如表 4-17 所示。

表 4-17　变压器选择 KBSGZY-1600/10 时低压电缆初步计算选择结果

编号	负荷	电缆型号	额定电压/V	长度/m	根数	空气中允许载流量/A	长时工作电流/A
C2	采煤机、转载机等供电	MYP-0.66/1.14 3×120	1140	1131	2	620	550.1
C2	采煤机、转载机等供电	MYP-0.66/1.14 3×150	1140	1284	2	650	550.1
C2	采煤机、转载机等供电	MYP-0.66/1.14 3×185	1140	1688	2	826	550.1
C31	采煤机1路	MCPT-0.66/1.14 3×120	1140	210	1	300	263.3
C32	采煤机2路	MCPT-0.66/1.14 3×70	1140	实际	1	215	182
C33	刮板输送机	MYP-0.66/1.14 3×185	1140	30	1	413	390
C35	转载机	MYP-0.66/1.14 3×35	1140	25	1	173	121
C36	破碎机	MYP-0.66/1.14 3×35	1140	20	1	173	69
C37	乳化液泵	MYP-0.66/1.14 3×50	1140	实际	1	173	147.1

编号	负荷	电缆型号	额定电压/V	长度/m	根数	空气中允许载流量/A	长时工作电流/A
C38	乳化液泵	MYP-0.66/1.14 3×50	1140	实际	1	173	147.1
C41	刮板输送机机尾电动机	MYP-0.66/1.14 3×70	1140	506	1	215	195
C42	刮板输送机机头电动机	MYP-0.66/1.14 3×70	1140	实际	1	215	195
C41	刮板输送机机尾电动机	MYP-0.66/1.14 3×95	1140	665	1	260	195
C41	刮板输送机机尾电动机	MYP-0.66/1.14 3×120	1140	925	1	310	195
C41	刮板输送机机尾电动机	MYP-0.66/1.14 3×150	1140	1048	1	325	195
C41	刮板输送机机尾电动机	MYP-0.66/1.14 3×185	1140	1368	1	413	195
C41	刮板输送机机尾电动机	MYP-0.66/1.14 3×120	1140	1850	2	620	195
C41	刮板输送机机尾电动机	MYP-0.66/1.14 3×150	1140	2096	2	650	195

4.8　焦作煤业(集团)有限责任公司 11012 综采工作面设计示例

赵固二矿 11012 综采工作面概况如表 2-6 所示。综合考虑煤层的厚度,倾角及煤的物理机械性质、地质条件等煤层情况、开采规模以及采煤工艺,巷道布置情况,11012 工作面选择的综采设备及布置情况如表 4-18 所示。

表 4-18　赵固二矿 11012 主要设备配置及布置情况

设备名称	供电距离(电缆长度)/m	设备数量/台	额定功率/kW	额定电压/V
采煤机 1 路	2868	1	425	1140
采煤机 2 路	2856	1	300	1140
刮板输送机尾电动机	2850	1	315	1140
刮板输送机头电动机	2673	1	315	1140
转载机	2926	1	200	1140

续表 4-18

设备名称	供电距离(电缆长度)/m	设备数量/台	额定功率/kW	额定电压/V
破碎机	2680	1	110	1140
乳化液泵	260	1	250	1140
乳化液泵	280	1	250	1140

由于 1140 V 采煤机电缆喇叭嘴规格是 120 mm^2 及以下,根据表 4-9、表 4-10 和表 4-16 可知,如果赵固二矿 11012 综采工作面供电方式采用长干线方式,配电装置需要搬三次家;如果赵固二矿 11012 综采工作面供电方式采用长支线方式,配电装置需要搬两次家。因此,本次设计采用长支线供电方式。下面进行基于极限供电距离的 11012 综采工作面远距离供电系统设计。

采煤机 1 路实际供电距离为 2868 m,其中高压电缆 C1 长度为 70 m,C2 长度为 10 m,C31 段长度为 2788 m。变压器型号选择 KBSGZY-1600/10,C1 选择 MYPT-8.7/10 3×35 型电缆,C2 选择 2 根 MYP-0.66/1.14 3×185 型电缆并列敷设时,根据表 4-7,C31 选择 2 根 MCP-0.66/1.14 3×120 型电缆并列敷设时其极限供电距离为 1704 m,小于 2788 m,不满足要求。因此,只能采用两段供电,每段供电距离为 2868/2 = 1434 m。此时,C31 电缆长度为 1434-70-10 = 1354 m,小于其极限供电距离 1704 m,故满足要求。

采煤机 2 路实际供电距离为 2856 m,采用两段供电,每段供电距离为 2856/2 = 1428 m。高压电缆 C1 长度为 70 m,C2 长度为 10 m,C32 段长度为 1348 m。变压器型号选择 KBSGZY-1600/10,C1 选择 MYPT-8.7/10 3×35 型电缆,C22 选择 2 根 MYP-0.66/1.14 3×185 型电缆并列敷设时,根据表 4-7,C32 选择 2 根 MCP-0.66/1.14 3×120 型电缆并列敷设时其极限供电距离为 1704 m,大于 1348 m,满足要求。

转载机实际供电距离为 2926 m,分两段供电,每段供电距离为 2926/2 = 1463 m。高压电缆 C1 长度为 70 m,C2 电缆长度为 10 m,C34 段长度为 1383 m。变压器型号选择 KBSGZY-1600/10,C1 选择 MYPT-8.7/10 3×35 型电缆,C2 选择 2 根 MYP-0.66/1.14 3×185 型电缆并列敷设时,根据表 4-7,C34 选择 2 根 MYP-0.66/1.14 3×120 型电缆并列敷设时其极限供电距离为 1884 m,大于 1383 m,满足要求。

破碎机实际供电距离为 2680 m,分两段供电,每段供电距离为 2680/2 = 1340 m。其中高压电缆 C1 长度为 70 m,C2 电缆长度为 10 m,C35 电缆长度为 1260 m。变压器型号选择 KBSGZY-1600/10,C1 选择 MYPT-8.7/10 3×35 型电缆,C2 选择 2 根 MYP-0.66/1.14 3×185 型电缆并列敷设时,根据表 4-7,C35 选择 2 根 MYP-0.66/1.14 3×95 型电缆并列敷设时其极限供电距离为 1355 m,大于 1260 m,满足要求。

刮板输送机机尾电动机实际供电距离为 2850 m,分两段供电,每段供电距离为 2850/2 = 1425 m。高压电缆 C1 长度为 70 m,C2 长度为 10 m,C33 电缆长度为 30 m,C41 电缆长度为 1425-70-10-30 = 1315 m。变压器型号选择 KBSGZY-1600/10,C1 选择 MYPT-8.7/10 3×35 型电缆,C2 选择 2 根 MYP-0.66/1.14 3×185 型电缆并列敷设时,C33 选择 MYP-0.66/1.14 3×185 型电缆时,根据表 4-7,C41 选择 MYP-0.66/1.14 3×185 型电缆时其极限供电距离为 1363 m,大于 1315 m,满足要求。

　　刮板输送机机尾电动机实际供电距离为 2673 m,分两段供电,每段供电距离为 2673/2 = 1337 m。高压电缆 C1 长度为 70 m,C2 电缆长度为 10 m,C33 电缆长度为 30 m,C41 电缆长度为 1337 - 70 - 10 - 30 = 1227 m。变压器型号选择 KBSGZY - 1600/10,C1 选择 MYPT - 8.7/10 3×35 型电缆,C2 选择 2 根 MYP - 0.66/1.14 3×185 型电缆并列辐射时,C33 选择 MYP - 0.66/1.14 3×185 型电缆时,根据表 4 - 7,C41 选择 MYP - 0.66/1.14 3×185 型电缆时其极限供电距离为 1363 m,大于 1227 m,满足要求。

　　乳化液泵支路选择 MYP - 0.66/1.14 3×70 型电缆,满足要求。

第5章 第三类典型工作面供电系统设计与分析

5.1 负荷统计及供电系统拟定

第三类综采工作面的负荷资料如表5-1所示。

表5-1 第三类典型工作面负荷统计表

变压器编号	所带负荷总功率/kW	设备名称	安装数量	额定功率/kW	额定电压/V
1	1500	采煤机	1	930	3300
		转载机	1	250	3300
		破碎机	2	160	3300
2	800	刮板输送机机尾电动机	1	400	3300
		刮板输送机机头电动机	1	400	3300
3	1785	乳化液泵	2	315	1140
		乳化液泵	2	250	1140
		喷雾泵	2	45	1140
		胶带输送机	2	200	1140
		胶带输送机	2	75	1140
		张紧车	2	7.5	1140

根据表5-1的负荷资料初步拟定的第三类工作面供电系统如图5-1所示。供电电压高压为10 kV,低压为3300 V与1140 V,高压供电线路选用MYPTJ-8.7/10 kV型电缆,低压供电线路选用MYP-1.9/3.3 kV、MYP-0.66/1.14 kV及MCP-0.66/1.14 kV型电缆。

第 5 章 第三类典型工作面供电系统设计与分析

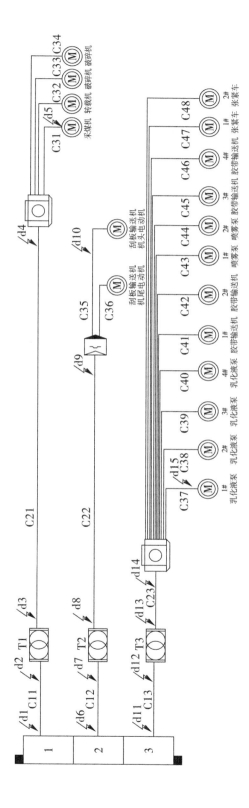

图 5-1 第三类工作面供电系统

5.2 负荷计算及变压器的选择

5.2.1 3300 V 系统负荷计算及变压器的选型

(1)1#变压器选择与计算

根据表 5-1 得知,第三类综采工作面 3300 V 系统 1#变压器负荷的总功率为 1500 kW,最大负荷为一套 930 kW 的采煤机。利用式(1-2)计算该工作面的需用系数:

$$K_{r1} = 0.4 + 0.6 \times \frac{P_{max}}{\sum P_N} = 0.4 + 0.6 \times \frac{930}{1500} = 0.772$$

根据《煤矿井下供配电设计规范》,综采工作面的平均功率因数取 0.7~0.9。本书功率因数取 0.8,利用式(1-1)计算该工作面的负荷:

$$S_{ca1} = \frac{K_{r1} \sum P_N}{\cos\varphi} = \frac{0.772 \times 1500 \times 1}{0.8} = 1447.5 \text{ kVA}$$

依据上述计算结果,赵固一矿 16051 综采工作面 3300 V 系统 1#变压器选择 KBSGZY-1600/10/3.45 移动变电站,主要参数如表 5-2 所示。

表 5-2　KBSGZY-1600/10/3.45 变压器参数

变压器型号	额定容量/kVA	空载损耗/W	短路损耗/W	空载电流/%	短路电压百分数/%	一次/二次额定电流/A	一次/二次额定电压/kV
KBSGZY-1600/10/3.45	1600	3800	8500	1	5	92.4/267.8	10/3.45

(2)2#变压器选择与计算

根据表 5-1 得知,第三类综采工作面 3300 V 系统 2#变压器负荷的总功率为 800 kW,负荷为刮板输送机的机头电动机和机尾电动机。由于刮板输送机的机头电动机和机尾电动机同时运行,故需用系数为 1。

根据《煤矿井下供配电设计规范》,综采工作面的平均功率因数取 0.7~0.9。本书功率因数取 0.84,利用式(1-1)计算该工作面的负荷:

$$S_{ca2} = \frac{K_{r2} \sum P_N}{\cos\varphi} = \frac{1 \times 800 \times 1}{0.84} = 952.4 \text{ kVA}$$

依据上述计算结果,赵固一矿 16051 综采工作面 3300 V 系统 2#变压器选择 KBSGZY-1600/10/3.45 移动变电站,主要参数如表 5-3 所示。

表 5-3　KBSGZY-1600/10/2×1.905 变压器参数

变压器型号	额定容量/kVA	空载损耗/W	短路损耗/W	空载电流/%	短路电压百分数/%	一次/二次额定电流/A	一次/二次额定电压/kV
KBSGZY-1600/10/2×1.905	1600	4500	9700	0.7	7.5	92.4/484.9	10/1.905

5.2.2　1140 V 系统负荷计算及变压器的选型

根据表 5-1 得知,第三类综采工作面 1140 V 系统 3#变压器负荷的总功率为 1785 kW,最大负荷为 315 kW 的乳化液泵。利用式(1-2)计算该工作面的需用系数:

$$K_{r3} = 0.4 + 0.6 \times \frac{P_{max}}{\sum P_N} = 0.4 + 0.6 \times \frac{315}{1785} = 0.51$$

根据《煤矿井下供配电设计规范》,综采工作面的平均功率因数取 0.7~0.9。本书功率因数取 0.8,利用式(1-1)计算该工作面的负荷:

$$S_{ca3} = \frac{K_{r3} \sum P_N}{\cos\varphi} = \frac{0.51 \times 1785 \times 1}{0.8} = 1137.9 \text{ kVA}$$

依据上述计算结果,赵固一矿 16051 综采工作面 1140 V 系统 3#变压器选择 KBSGZY-1250/10 移动变电站,主要参数如表 5-4 所示。

表 5-4　KBSGZY-1250/10 变压器参数

变压器型号	额定容量/kVA	空载损耗/W	短路损耗/W	空载电流/%	短路电压百分数/%	一次/二次额定电流/A	一次/二次额定电压/kV
KBSGZY-1250/10	1250	3100	7400	1	4.5	72.2/601.4	10/1.2

5.3　高压电缆选择与计算

高压电缆截面按经济电流密度选择,按长时允许负荷电流、正常运行时允许电压损失和短路热稳定性要求进行校验,所选高压电缆必须满足上述所有条件。

5.3.1　3300 V 系统高压电缆选择与计算

根据 1.4 节电缆选择的一般原则,采区变电所隔爆型高压开关至工作面移动变电站段的高压线路应选用 MYPTJ 型电缆。MYPTJ 型电缆为煤矿用移动金属屏蔽型铜芯橡套软电缆,由表 1-2 查得其经济电流密度 J 为 2.25 A/mm²。

5.3.1.1　1#隔爆型高压开关所带电缆选择与计算

(1)根据经济电流密度初选电缆截面

电缆 C11 为采区变电所 1#隔爆型高压开关至工作面移动变电站段高压线路。根据

负荷计算结果,C11 所带负荷的视在功率为1447.5 kVA,通过 C11 持续工作电流:

$$I_{ca1} = \frac{S_{cal}}{\sqrt{3}\ U_N} = \frac{1447.5}{\sqrt{3} \times 10} = 83.6\ A$$

按经济电流密度计算出的经济截面:

$$S_{ec} = \frac{I_{cal}}{n \cdot J} = \frac{83.6}{1 \times 2.25} = 37\ mm^2$$

式中,n 为并列敷设的电缆根数。

按经济电流密度计算出的经济截面为 35 mm^2,故初选 MYPTJ-8.7/10 3×35 型金属屏蔽型橡套软电缆。

(2)根据长时允许电流校验电缆截面

查电缆参数表得知,MYPTJ-8.7/10 3×35 型电缆长时载流量为 135 A>83.6 A,满足要求。

(3)按电缆短路时热稳定性校验电缆截面

1)d1 点短路电流计算

本次设计,最大运行方式下的系统短路容量取 130.1 MVA,最小运行方式下的系统短路容量取 100 MVA;高压侧平均电压 $U_p = 10.5$ kV。

最大运行方式下,d1 点(C11 电缆首端)电抗值:

$$X_{s.max} = \frac{U_p^2}{S_{s.max}} = \frac{10.5^2}{130.1} = 0.847\ \Omega$$

最大运行方式下,d1 点(C11 电缆首端)三相稳态短路电流:

$$I_{d1}^{(3)} = \frac{U_p}{\sqrt{3} \times \sqrt{(X_{s.max} + 0)^2 + 0^2}} = \frac{10500}{\sqrt{3} \times \sqrt{(0.847 + 0)^2 + 0^2}} = 7157.2\ A$$

2)热稳定性校验

d1 点(C11 电缆首端)最大三相短路电流为 7157.2 A,热稳定系数 C 取 141,短路电流作用的假想时间 t_f 取 0.25 s。满足热稳定要求的最小截面 S_{min}:

$$S_{min} = I_{d1}^{(3)} \frac{\sqrt{t_f}}{C} \geq 7157.2 \times \frac{\sqrt{0.25}}{141} = 25.4\ mm^2$$

$S_{min} < 35\ mm^2$,故选用的 MYPT-8.7/10 3×35 型电缆满足热稳定性要求。

(4)按允许电压损失校验电缆截面

根据《煤矿电工手册》的规定,正常运行时,10 kV 电网的电压损失不允许超过额定电压的 7%,其允许电压损失:

$$\Delta U = 10500 - 10000 \times (1-7\%) = 1200\ V$$

查电缆参数表得知,MYPT-8.7/10 3×35 型电缆的每千米电阻值为 0.597 Ω,每千米电抗值为 0.099 Ω;长度为 25 m 的电缆的电阻值为 0.015 Ω,电抗值为 0.0025 Ω。C11 电缆所输送的总有功功率为 1500 kW,$\cos\varphi$ 为 0.8,$\tan\varphi$ 为 0.75,额定电压为 10 kV,利用式(1-7)计算出 C11 电缆的实际电压损失:

$$\Delta U = \frac{P \times (R + X\tan\varphi)}{U_N} = \frac{1500 \times (0.015 + 0.0025 \times 0.75)}{10} = 2.52\ V < 1200\ V$$

由于实际电压损失小于允许电压损失,故电压损失校验合格。

C11 高压电缆的选择及校验结果表明,所选的 MYPT-8.7/10 3×35 型电缆满足要求,其计算结果如表 5-5 所示。

5.3.1.2　2#隔爆型高压开关所带电缆选择与计算

(1)根据经济电流密度初选电缆截面

电缆 C12 为采区变电所 2#隔爆型高压开关至工作面移动变电站段高压线路。根据负荷计算结果,C12 所带负荷的视在功率为 952.4 kVA,通过 C12 的持续工作电流:

$$I_{ca2} = \frac{S_{ca2}}{\sqrt{3} \ U_N} = \frac{952.4}{\sqrt{3} \times 10} = 55A$$

按经济电流密度计算出的经济截面:

$$S_{ec} = \frac{I_{ca2}}{n \cdot J} = \frac{55}{1 \times 2.25} = 24 \ mm^2$$

式中,n 为并列敷设的电缆根数。

按经济电流密度计算出的经济截面为 16 mm²,故初选 MYPTJ-8.7/10 3×16 型金属屏蔽型橡套软电缆。

(2)根据长时允许电流校验电缆截面

查电缆参数表得知,MYPTJ-8.7/10 3×16 型电缆长时载流量为 80 A>55 A,满足要求。

(3)按电缆短路时热稳定性校验电缆截面

1)d6 点短路电流计算

本次设计,最大运行方式下的系统短路容量取 130.1 MVA,最小运行方式下的系统短路容量取 100 MVA;高压侧平均电压 U_p = 10.5 kV。

最大运行方式下,d6 点(C12 电缆首端)电抗值:

$$X_{s.\,max} = \frac{U_p^2}{S_{s.\,max}} = \frac{10.5^2}{130.1} = 0.847 \ \Omega$$

最大运行方式下,d6 点(C12 电缆首端)三相稳态短路电流:

$$I_{d6}^{(3)} = \frac{U_p}{\sqrt{3} \times \sqrt{(X_{s.\,max} + 0)^2 + 0^2}} = \frac{10500}{\sqrt{3} \times \sqrt{(0.847 + 0)^2 + 0^2}} = 7153.9A$$

2)热稳定性校验

d6 点(C12 电缆首端)最大三相短路电流为 7153.9A,热稳定系数 C 取 141,短路电流作用的假想时间 t_f 取 0.25 s。满足热稳定要求的最小截面:

$$S_{min} = I_{d6}^{(3)} \frac{\sqrt{t_f}}{C} \geqslant 7153.9 \times \frac{\sqrt{0.25}}{141} = 25.4 \ mm^2$$

S_{min} > 16 mm²,故选用的 MYPT-8.7/10 3×16 型电缆不满足热稳定性要求,应选用 MYPT-8.7/10 3×35 型电缆。

(4)按允许电压损失校验电缆截面

查电缆参数表得知,MYPT-8.7/10 3×35 型电缆的每千米电阻值为 0.597 Ω,每千米电抗值为 0.099 Ω;长度为 25 m 的电缆的电阻值为 0.015 Ω,电抗值为 0.0025 Ω。C12 电缆所输送的总有功功率为 800 kW,cosφ 为 0.84,tanφ 为 0.65,额定电压为 10 kV,利用式(1-7)可计算出 C12 电缆的实际电压损失:

$$\Delta U = \frac{P \times (R + X\tan\varphi)}{U_N} = \frac{800 \times (0.015 + 0.0025 \times 0.65)}{10} = 1.33 \ V \ < \ 1200 \ V$$

由于实际电压损失小于允许电压损失,故电压损失校验合格。

C12 高压电缆的选择及校验结果表明,所选的 MYPT-8.7/10 3×35 型电缆满足要求,其计算结果如表 5-5 所示。

表 5-5　3300 V 系统高压电缆选择计算结果

编号	电缆型号	额定电压/V	长度/m	根数	空气中允许载流量/A	长时工作电流/A
C11	MYPTJ-8.7/10 3×35	10000	25	1	135	83.6
C12	MYPTJ-8.7/10 3×35	10000	25	1	135	55

5.3.2　1140 V 系统高压电缆选择与计算

(1)根据经济电流密度初选电缆截面

电缆 C13 为采区变电所3#隔爆型高压开关至工作面移动变电站段高压线路。根据负荷计算结果,C13 所带负荷的视在功率为1128.8 kVA,通过 C13 持续工作电流:

$$I_{ca3} = \frac{S_{ca3}}{\sqrt{3} \ U_N} = \frac{1128.8}{\sqrt{3} \times 10} = 65.2 \ A$$

按经济电流密度计算出的经济截面:

$$S_{ec} = \frac{I_{ca3}}{n \cdot J} = \frac{65.2}{1 \times 2.25} = 29 \ mm^2$$

式中,n 为并列敷设的电缆根数。

按经济电流密度计算出的经济截面为25 mm²,故初选 MYPTJ-8.7/10 3×25 型金属屏蔽型橡套软电缆。

(2)根据长时允许电流校验电缆截面

查电缆参数表得知,MYPTJ-8.7/10 3×25 型电缆长时载流量为110 A>65.2 A,满足要求。

(3)按电缆短路时热稳定性校验电缆截面

1)d11 点短路电流计算

本次设计,最大运行方式下的系统短路容量取 130.1 MVA,最小运行方式下的系统短路容量取 100 MVA;高压侧平均电压 U_p = 10.5 kV。

最大运行方式下,d11 点(C13 电缆首端)电抗值:

$$X_{s.\,max} = \frac{U_p^2}{S_{s.\,max}} = \frac{10.5^2}{130.1} = 0.847 \ \Omega$$

最大运行方式下,d11 点(C13 电缆首端)三相稳态短路电流:

$$I_{d11}^{(3)} = \frac{U_p}{\sqrt{3} \times \sqrt{(X_{s.\,max} + 0)^2 + 0^2}} = \frac{10500}{\sqrt{3} \times \sqrt{(0.847 + 0)^2 + 0^2}} = 7157.2 \ A$$

2)热稳定性校验

d11 点（C13 电缆首端）最大三相短路电流为 7157.2 A，热稳定系数 C 取 141，短路电流作用的假想时间 t_f 取 0.25 s。满足热稳定要求的最小截面：

$$S_{\min} = I_{d11}^{(3)} \frac{\sqrt{t_f}}{C} \geqslant 7157.2 \times \frac{\sqrt{0.25}}{141} = 25.4 \text{ mm}^2$$

$S_{\min} > 25 \text{ mm}^2$，故选用的 MYPT-8.7/10 3×25 型电缆不满足热稳定性要求，应选用 MYPT-8.7/10 3×35 型电缆。

（4）按允许电压损失校验电缆截面

查电缆参数表得知，MYPT-8.7/10 3×35 型电缆的每千米电阻值为 0.597 Ω，每千米电抗值为 0.099 Ω；长度为 20 m 的电缆的电阻值为 0.012 Ω，电抗值为 0.002 Ω。C13 电缆所输送的总有功功率为 1785 kW，$\cos\varphi$ 为 0.8，$\tan\varphi$ 为 0.75，额定电压为 10 kV，利用式（1-7）可计算出 C13 电缆的实际电压损失：

$$\Delta U = \frac{P \times (R + X\tan\varphi)}{U_N} = \frac{1785 \times (0.012 + 0.002 \times 0.75)}{10} = 2.4 \text{ V} < 1200 \text{ V}$$

由于实际电压损失小于允许电压损失，故电压损失校验合格。

C13 高压电缆的选择及校验结果表明，所选的 MYPT-8.7/10 3×35 型电缆满足要求，其计算结果如表 5-6 所示。

表 5-6　1140 V 系统高压电缆选择计算结果

编号	电缆型号	额定电压/V	长度/m	根数	空气中允许载流量/A	长时工作电流/A
C13	MYPTJ-8.7/10 3×35	10000	20	1	135	65.2

赵固一矿 16051 综采工作面高压电缆的选择计算结果列于表 5-7 中。

表 5-7　高压电缆选择计算结果

编号	电缆型号	额定电压/V	长度/m	根数	空气中允许载流量/A	长时工作电流/A
C11	MYPTJ-8.7/10 3×35	10000	25	1	135	83.6
C12	MYPTJ-8.7/10 3×35	10000	25	1	135	55
C13	MYPTJ-8.7/10 3×35	10000	20	1	135	65.2

5.4　基于极限供电距离的低压电缆选择与计算

低压电缆选择按长时允许电流初选截面，再按正常运行时允许电压损失、起动时允许电压损失和短路热稳定性进行校验，所选低压电缆必须满足上述所有条件。具体选择思路：为了确定极限供电距离，首先按长时允许电流初选截面；然后按电缆短路时热稳定性校验电缆截面；接着按正常运行时允许电压损失、起动时允许电压损失、保证线路末端最小运行方式下发生两相短路有不小于 1.5 的灵敏系数分别计算极限供电距离。对于长干线供电方式,需要确定极限供电距离后,再进行支线电缆的短路热稳定性校验。此外,低压系统有 3.3 kV 和 1.14 kV 两个电压等级,因此供电线路分别选用 MCP-1.9/3.3 kV 型电缆和 MYP-0.66/1.14 kV、MCP-0.66/1.14 kV 型电缆。

5.4.1 低压电缆初选

5.4.1.1 1#变压器所带低压电缆初选

(1)根据长时允许电流选择电缆截面

C21 干线电缆为 1#变压器低压侧至组合开关段的供电线路,向采煤机、转载机和破碎机供电,其需用系数为 0.772,负荷总功率为 1500 kW,本设计二次侧平均功率因数为 0.8。C21 电缆长时载流:

$$I_{21} = \frac{K_r \sum P_N \times 1000}{\sqrt{3} \, U_N \cos\varphi} = \frac{0.772 \times 1500 \times 1000}{\sqrt{3} \times 3300 \times 0.8} = 253.3 \text{ A}$$

C21 干线电缆选择型号为 MCP-1.9/3.3 3×95 的电缆。查电缆参数表得知,MCP-1.9/3.3 3×95 型电缆的额定载流量为 260 A> 253.3 A,满足要求。

C31 支线电缆所带负荷为采煤机,负载为两台截割电动机,两台牵引电动机和一台泵电动机。查 MG400/930-WD3 型采煤机产品说明书得知,截割电动机额定电流为 87 A,牵引电动机额定电流为 12.3 A,泵电动机额定电流为 6 A。C31 电缆长时载流:

$$I_{31} = 87 \times 2 + 12.3 \times 2 + 6 = 204.6 \text{ A}$$

C31 支线电缆选择型号为 MCP-1.9/3.3 3×70 的电缆。查电缆参数表得知,MCP-1.9/3.3 3×70 型电缆的额定载流为 215 A>204.6 A,满足要求。

C32 支线电缆所带负荷为转载机。查 SZZ800/250 型号转载机产品说明书可知,其额定电流为 54 A,故选择型号为 MCP-1.9/3.3 3×10 的电缆。查电缆参数表得知,MCP-1.9/3.3 3×10 型电缆的额定载流为 64 A>54 A,满足要求。

C33 支线电缆所带负荷为破碎机。查 PCM160 型号破碎机产品说明书可知,其额定电流为 34 A,故选择型号为 MCP-1.9/3.3 3×10 的电缆。查电缆参数表得知,MCP-1.9/3.3 3×10 型电缆的额定载流为 64 A>34 A,满足要求。

C34 支线电缆所带负荷为破碎机。查 PCM160 型号破碎机产品说明书可知,其额定电流为 34 A,故选择型号为 MCP-1.9/3.3 3×10 的电缆。查电缆参数表得知,MCP-1.9/3.3 3×10 型电缆的额定载流为 64 A>34 A,满足要求。

(2)按电缆短路时热稳定性校验电缆截面

1)低压侧短路电流计算

最大运行方式下系统短路容量 $S_{s.max} = 130.1$ MVA,低压侧平均电压 $U_p = 3.45$ kV。折算到变压器低压侧系统电抗值:

$$X_{s.max} = \frac{U_p^2}{S_{s.max}} = \frac{3.45^2}{130.1} = 0.091 \text{ Ω}$$

折算到低压侧的变压器短路电阻:

$$\Delta P = 3 \times I_{2N}^2 R_T$$

$$R_{\mathrm{T}} = \frac{8500}{3 \times 267.8 \times 267.8} = 0.0395\ \Omega$$

折算到低压侧的变压器短路阻抗:

$$Z_{\mathrm{T}} = Z_{\mathrm{T}}^* Z_{2\mathrm{N}} = 5\% \times \frac{3450}{\sqrt{3} \times 267.8} = 0.372\ \Omega$$

折算到低压侧的变压器短路电抗:

$$X_{\mathrm{T}} = \sqrt{Z_{\mathrm{T}}^2 - R_{\mathrm{T}}^2} = \sqrt{0.372^2 - 0.0395^2} = 0.37\ \Omega$$

C11 高压电缆选择 MYPT-8.7/10 3×35 型电缆,其每千米电阻值为 0.597 Ω,每千米电抗值为 0.099 Ω;长度为 25 m 的 C11 电缆的电阻值为 0.015 Ω,电抗值为 0.0025 Ω。

d3 点(C21 首端)短路回路总电阻:

$$\sum R_{\mathrm{d3}} = \frac{R_{11}}{K_{\mathrm{T1}}^2} + R_{\mathrm{T1}} = \frac{0.015}{2.9^2} + 0.0395 = 0.0413\ \Omega$$

最大运行方式下,d3 点(C21 首端)短路回路总电抗:

$$\sum X_{\mathrm{d3.max}} = X_{\mathrm{S}} + \frac{X_{11}}{K_{\mathrm{T1}}^2} + X_{\mathrm{T1}} = 0.091 + \frac{0.0025}{2.9^2} + 0.37 = 0.461\ \Omega$$

最大运行方式下,d3 点(C21 首端)三相稳态短路电流:

$$I_{\mathrm{d3}}^{(3)} = \frac{U_{\mathrm{p}}}{\sqrt{3} \times \sqrt{\left(\sum R_{\mathrm{d3}}\right)^2 + \left(\sum X_{\mathrm{d3.max}}\right)^2}} = \frac{3450}{\sqrt{3} \times \sqrt{0.0413^2 + 0.461^2}} = 4294.3\ \mathrm{A}$$

低压电缆 C21 首端最大三相短路电流为 4294.3 A。热稳定系数 C 取 141。短路电流作用假想时间 t_{f} 取 0.25 s。满足热稳定要求的最小截面:

$$S_{\min} = I_{\mathrm{d3}}^{(3)} \frac{\sqrt{t_{\mathrm{f}}}}{C} \geqslant 4294.3 \times \frac{\sqrt{0.25}}{141} = 15.2\ \mathrm{mm}^2$$

$S_{\min} < 95\ \mathrm{mm}^2$,故 C21 选择 MCP-1.9/3.3 3×95 型电缆满足热稳定性要求。

上述按长时允许电流初选截面,按电缆短路时热稳定性要求校验电缆截面,初步计算选择 1#变压器所带低压电缆结果如表 5-8 所示。

5.4.1.2　2#变压器所带低压电缆初选

(1)根据长时允许电流选择电缆截面

C22 干线电缆为 2#变压器低压侧至变频器段的供电线路,向刮板输送机供电。查 SGZ800/800 型刮板输送机产品说明书可知,刮板输送机机尾电动机和机头电动机的额定电流为 85 A。C22 电缆长时载流:

$$I_{22} = 85 \times 2 \times 3.3/1.905 = 294.5\ \mathrm{A}$$

C22 干线电缆选择型号为 MCP-1.9/3.3 3×120 的电缆。查电缆参数表得知,MCP-1.9/3.3 3×120 型电缆的额定载流量为 310 A>294.5 A,满足要求。

C35 支线电缆所带负荷为刮板输送机机尾电动机,其额定电流为 85 A。故选择型号为 MCP-1.9/3.3 3×25 的电缆。查电缆参数表得知,MCP-1.9/3.3 3×25 型电缆的额定载流为 113 A>85 A,满足要求。

C36 支线电缆所带负荷为刮板输送机机头电动机,其额定电流为 85 A。故选择型号为 MCP-1.9/3.3 3×25 的电缆。查电缆参数表得知,MCP-1.9/3.3 3×25 型电缆的额定载流为 113 A>85 A,满足要求。

（2）按电缆短路时热稳定性校验电缆截面

最大运行方式下系统短路容量 $S_{s.max} = 130.1\ \text{MVA}$,低压侧平均电压 $U_p = 1.905\ \text{kV}$ 。折算到变压器低压侧系统电抗值：

$$X_{s.max} = \frac{U_p^2}{S_{s.max}} = \frac{1.905^2}{130.1} = 0.02789\ \Omega$$

折算到低压侧的变压器短路电阻：

$$\Delta P = 3 \times I_{2N}^2 R_T$$

$$R_T = \frac{9700}{3 \times 484.9 \times 484.9} = 0.0138\ \Omega$$

折算到低压侧的变压器短路阻抗：

$$Z_T = Z_T^* Z_{2N} = 7.5\% \times \frac{1905}{\sqrt{3} \times 484.9} = 0.17\ \Omega$$

折算到低压侧的变压器短路电抗：

$$X_T = \sqrt{Z_T^2 - R_T^2} = \sqrt{0.17^2 - 0.0138^2} = 0.1696\ \Omega$$

C12 高压电缆选择 MYPT-8.7/10 3×35 型电缆,其每千米电阻值为 0.597 Ω,每千米电抗值为 0.099 Ω;长度为 25 m 的 C12 电缆的电阻值为 0.015 Ω,电抗值为 0.0025 Ω。

d8 点（C22 首端）短路回路总电阻：

$$\sum R_{d8} = \frac{R_{12}}{K_{T2}^2} + R_{T2} = \frac{0.015}{3.03^2} + 0.0138 = 0.01538\ \Omega$$

最大运行方式下,d8 点（C22 首端）短路回路总电抗：

$$\sum X_{d8.max} = X_S + \frac{X_{12}}{K_{T2}^2} + X_{T2} = 0.02789 + \frac{0.0025}{3.03^2} + 0.1696 = 0.1977\ \Omega$$

最大运行方式下,d8 点（C22 首端）三相稳态短路电流：

$$I_{d8}^{(3)} = \frac{U_p}{\sqrt{3} \times \sqrt{\left(\sum R_{d8}\right)^2 + \left(\sum X_{d8.max}\right)^2}} = \frac{1905}{\sqrt{3} \times \sqrt{0.01538^2 + 0.1977^2}} = 5546.2\ \text{A}$$

低压电缆 C22 首端最大三相短路电流为 5546.2 A。热稳定系数 C 取 141。短路电流作用假想时间 t_f 取 0.25 s。满足热稳定要求的最小截面：

$$S_{min} = I_{d8}^{(3)} \frac{\sqrt{t_f}}{C} \geq 5546.2 \times \frac{\sqrt{0.25}}{141} = 19.7\ \text{mm}^2$$

$S_{min} < 120\ \text{mm}^2$,故 C22 选择 MCP-1.9/3.3 3×120 型电缆满足热稳定性要求。

低压电缆 C22 的长度为 10 m,每千米电阻值为 0.164 Ω,每千米电抗值为 0.056 Ω;电缆 C22 的电阻为 0.00164 Ω,电抗为 0.00056 Ω。

d9 点（C22 末端）短路回路总电阻：

$$\sum R_{d9} = \sum R_{d8} + R_{22} = 0.01538 + 0.00164 = 0.017\ \Omega$$

最大运行方式下,d9 点（C22 末端）短路回路总电抗：

$$\sum X_{d9.max} = \sum X_{d8.max} + X_{22} = 0.1977 + 0.00056 = 0.1983\ \Omega$$

最大运行方式下,d9 点（C22 末端）三相稳态短路电流：

$$I_{d9}^{(3)} = \frac{U_p}{\sqrt{3} \times \sqrt{(\sum R_{d9})^2 + (\sum X_{d9.\,max})^2}} = \frac{1905}{\sqrt{3} \times \sqrt{0.017^2 + 0.1983^2}} = 5526.89 \text{ A}$$

C35 电缆首端、C36 电缆首端最大三相短路电流为 5526.89 A。热稳定系数 C 取 141。短路电流作用时间 t_f 取 0.25 s。满足热稳定要求的最小截面：

$$S_{min} = I_{d9}^{(3)} \frac{\sqrt{t_f}}{C} \geqslant 5526.89 \times \frac{\sqrt{0.25}}{141} = 19.6 \text{ mm}^2$$

$S_{min} < 25 \text{ mm}^2$，故 C35 选择 MCP-1.9/3.3 3×25 型电缆满足热稳定性要求。

$S_{min} < 25 \text{ mm}^2$，故 C36 选择 MCP-1.9/3.3 3×25 型电缆满足热稳定性要求。

上述按长时允许电流初选截面，按电缆短路时热稳定性校验电缆截面，初步计算选择 2#变压器所带低压电缆的结果如表 5-8 所示。

5.4.1.3　3#变压器所带低压电缆初选

（1）根据长时允许电流选择电缆截面

C23 干线电缆为 3#变压器低压侧至组合开关段的供电线路，向乳化液泵、喷雾泵、胶带输送机和张紧车供电，其需用系数为 0.51，负荷总功率为 1785 kW，本设计二次侧平均功率因数为 0.8。C23 电缆长时载流：

$$I_{23} = \frac{K_r \sum P_N \times 1000}{\sqrt{3} \ U_N \cos\varphi} = \frac{0.51 \times 1785 \times 1000}{\sqrt{3} \times 1140 \times 0.8} = 576.3 \text{ A}$$

C23 干线电缆选择型号为 MYP-0.66/1.14 3×120 的电缆，2 根并列敷设。查电缆参数表得知，MYP-0.66/1.14 3×120 型电缆的额定载流量为 310 A，故 2 根并列敷设电缆的额定载流为 620 A> 571.7 A，满足要求。

C37 支线电缆所带负荷为 1#乳化液泵。查 BRW400/31.5 型乳化液泵产品说明书可知，其额定电流为 186 A。故选择型号为 MYP-0.66/1.14 3×70 的电缆。查电缆参数表得知，MYP-0.66/1.14 3×70 型电缆的额定载流为 215 A>186 A，满足要求。

C38 支线电缆所带负荷为 2#乳化液泵，其额定电流为 186 A。故选择型号为 MYP-0.66/1.14 3×70 的电缆。查电缆参数表得知，MYP-0.66/1.14 3×70 型电缆的额定载流为 215 A>186 A，满足要求。

C39 支线电缆所带负荷为 3#乳化液泵，其额定电流为 149 A。故选择型号为 MYP-0.66/1.14 3×50 的电缆。查电缆参数表得知，MYP-0.66/1.14 3×50 型电缆的额定载流为 173 A>149 A，满足要求。

C40 支线电缆所带负荷为 4#乳化液泵，其额定电流为 149 A。故选择型号为 MYP-0.66/1.14 3×50 的电缆。查电缆参数表得知，MYP-0.66/1.14 3×50 型电缆的额定载流为 173 A>149 A，满足要求。

C41 支线电缆所带负荷为 1#胶带输送机。查 DSJ-100/80/2×200 型胶带输送机产品说明书可知，其额定电流为 118 A。故选择型号为 MYP-0.66/1.14 3×35 的电缆。查电缆参数表得知，MYP-0.66/1.14 3×35 型电缆的额定载流为 138 A>118 A，满足要求。

C42 支线电缆所带负荷为 2#胶带输送机，其额定电流为 118 A。故选择型号为 MYP-0.66/1.14 3×35 的电缆。查电缆参数表得知，MYP-0.66/1.14 3×35 型电缆的额定载流为 138 A>118 A，满足要求。

C43 支线电缆所带负荷为喷雾泵。查 BPW315/6.3 型喷雾泵产品说明书可知,其额定电流为 27 A。故选择型号为 MYP-0.66/1.14 3×4 的电缆。查电缆参数表得知,MYP-0.66/1.14 3×4 型电缆的额定载流为 36 A>27 A,满足要求。

C44 支线电缆所带负荷为喷雾泵。查 BPW315/6.3 型喷雾泵产品说明书可知,其额定电流为 27 A。故选择型号为 MYP-0.66/1.14 3×4 的电缆。查电缆参数表得知,MYP-0.66/1.14 3×4 型电缆的额定载流为 36 A>27 A,满足要求。

C45 支线电缆所带负荷为 3#胶带输送机。查 DSJ-100/80/2×75 型胶带输送机产品说明书可知,其额定电流为 45 A。故选择型号为 MYP-0.66/1.14 3×6 的电缆。查电缆参数表得知,MYP-0.66/1.14 3×6 型电缆的额定载流为 46 A>45 A,满足要求。

C46 支线电缆所带负荷为 4#胶带输送机,其额定电流为 45 A。故选择型号为 MYP-0.66/1.14 3×6 的电缆。查电缆参数表得知,MYP-0.66/1.14 3×6 型电缆的额定载流为 46 A>45 A,满足要求。

C47 支线电缆所带负荷为张紧车,其额定电流为 4.5 A。故选择型号为 MYP-0.66/1.14 3×4 的电缆。查电缆参数表得知,MYP-0.66/1.14 3×4 型电缆的额定载流为 36 A>4.5 A,满足要求。

C48 支线电缆所带负荷为张紧车,其额定电流为 4.5 A。故选择型号为 MYP-0.66/1.14 3×4 的电缆。查电缆参数表得知,MYP-0.66/1.14 3×4 型电缆的额定载流为 36 A>4.5 A,满足要求。

(2)按电缆短路时热稳定性校验电缆截面

最大运行方式下系统短路容量 $S_{s.max} = 130.1$ MVA,低压侧平均电压 $U_p = 1.2$ kV。折算到变压器低压侧系统电抗值:

$$X_{s.max} = \frac{U_p^2}{S_{s.max}} = \frac{1.2^2}{130.1} = 0.011 \ \Omega$$

折算到低压侧的变压器短路电阻:

$$\Delta P = 3 \times I_{2N}^2 R_T$$

$$R_T = \frac{7400}{3 \times 601.4 \times 601.4} = 0.0068 \ \Omega$$

折算到低压侧的变压器短路阻抗:

$$Z_T = Z_T^* Z_{2N} = 4.5\% \times \frac{1200}{\sqrt{3} \times 601.4} = 0.0518 \ \Omega$$

折算到低压侧的变压器短路电抗:

$$X_T = \sqrt{Z_T^2 - R_T^2} = \sqrt{0.0518^2 - 0.0068^2} = 0.0514 \ \Omega$$

C13 高压电缆选择型号为 MYPT-8.7/10 3×35 的电缆,其每千米电阻值为 0.597 Ω,每千米电抗值为 0.099 Ω;长度为 20 m 的 C12 电缆的电阻值为 0.012 Ω,电抗值为0.002 Ω。

d13 点(C23 首端)短路回路总电阻:

$$\sum R_{d13} = \frac{R_{13}}{K_{T3}^2} + R_{T3} = \frac{0.012}{8.3^2} + 0.0068 = 0.007 \ \Omega$$

最大运行方式下,d13 点(C23 首端)短路回路总电抗:

$$\sum X_{\mathrm{d13. max}} = X_{\mathrm{S}} + \frac{X_{13}}{K_{\mathrm{T3}}^2} + X_{\mathrm{T3}} = 0.011 + \frac{0.002}{8.3^2} + 0.0514 = 0.0624 \ \Omega$$

最大运行方式下,d13 点(C23 首端)三相稳态短路电流:

$$I_{\mathrm{d13}}^{(3)} = \frac{U_{\mathrm{p}}}{\sqrt{3} \times \sqrt{\left(\sum R_{\mathrm{d13}}\right)^2 + \left(\sum X_{\mathrm{d13. max}}\right)^2}} = \frac{1200}{\sqrt{3} \times \sqrt{0.007^2 + 0.0624^2}} = 11016 \ \mathrm{A}$$

低压电缆 C23 首端最大三相短路电流为 11016 A。热稳定系数 C 取 141。短路电流作用假想时间 t_{f} 取 0.25 s。满足热稳定要求的最小截面:

$$S_{\min} = I_{\mathrm{d13}}^{(3)} \frac{\sqrt{t_{\mathrm{f}}}}{C} \geqslant 11016 \times \frac{\sqrt{0.25}}{141} = 39 \ \mathrm{mm}^2$$

$S_{\min} < 120 \ \mathrm{mm}^2$,故 C23 选择 MYP-0.66/1.14 3×120 型电缆满足热稳定性要求。

低压电缆 C23 的长度为 1 m,每千米电阻值为 0.164 Ω,每千米电抗值为 0.056 Ω;电缆 C23 的电阻为 0.000164 Ω,电抗为 0.000056 Ω。

d14 点(C23 末端)短路回路总电阻:

$$\sum R_{\mathrm{d14}} = \sum R_{\mathrm{d13}} + R_{23} = 0.007 + 0.000164 = 0.0072 \ \Omega$$

最大运行方式下,d14 点(C23 末端)短路回路总电抗:

$$\sum X_{\mathrm{d14. max}} = \sum X_{\mathrm{d13. max}} + X_{23} = 0.0625 + 0.000056 = 0.0626 \ \Omega$$

最大运行方式下,d14 点(C23 末端,即 C37 ~ C48 首端)三相稳态短路电流:

$$I_{\mathrm{d14}}^{(3)} = \frac{U_{\mathrm{p}}}{\sqrt{3} \times \sqrt{\left(\sum R_{\mathrm{d14}}\right)^2 + \left(\sum X_{\mathrm{d14. max}}\right)^2}} = \frac{1200}{\sqrt{3} \times \sqrt{0.0071^2 + 0.0625^2}} = 11014 \ \mathrm{A}$$

C37 ~ C48 电缆首端最大三相短路电流为 11014 A。热稳定系数 C 取 141。短路电流作用时间 t_{f} 取 0.25 s。满足热稳定要求的最小截面:

$$S_{\min} = I_{\mathrm{d14}}^{(3)} \frac{\sqrt{t_{\mathrm{f}}}}{C} \geqslant 11014 \times \frac{\sqrt{0.25}}{141} = 39 \ \mathrm{mm}^2$$

$S_{\min} < 70 \ \mathrm{mm}^2$,故 C37 选择 MYP-0.66/1.14 3×70 型电缆满足热稳定性要求。

$S_{\min} < 70 \ \mathrm{mm}^2$,故 C38 选择 MYP-0.66/1.14 3×70 型电缆满足热稳定性要求。

$S_{\min} < 50 \ \mathrm{mm}^2$,故 C39 选择 MYP-0.66/1.14 3×50 型电缆满足热稳定性要求。

$S_{\min} < 50 \ \mathrm{mm}^2$,故 C40 选择 MYP-0.66/1.14 3×50 型电缆满足热稳定性要求。

$S_{\min} > 35 \ \mathrm{mm}^2$,故 C41 选择 MYP-0.66/1.14 3×35 型电缆不满足热稳定性要求,应选用 MYP-0.66/1.14 3×50 型电缆。

$S_{\min} > 35 \ \mathrm{mm}^2$,故 C42 选择 MYP-0.66/1.14 3×35 型电缆不满足热稳定性要求,应选用 MYP-0.66/1.14 3×50 型电缆。

$S_{\min} > 4 \ \mathrm{mm}^2$,故 C43 选择 MYP-0.66/1.14 3×4 型电缆不满足热稳定性要求,应选用 MYP-0.66/1.14 3×50 型电缆。

$S_{\min} > 4 \ \mathrm{mm}^2$,故 C44 选择 MYP-0.66/1.14 3×4 型电缆不满足热稳定性要求,应选用 MYP-0.66/1.14 3×50 型电缆。

$S_{\min} > 6 \ \mathrm{mm}^2$,故 C45 选择 MYP-0.66/1.14 3×6 型电缆不满足热稳定性要求,应选用 MYP-0.66/1.14 3×50 型电缆。

$S_{\min} > 6\ \mathrm{mm}^2$，故 C46 选择 MYP-0.66/1.14 3×6 型电缆不满足热稳定性要求，应选用 MYP-0.66/1.14 3×50 型电缆。

$S_{\min} > 4\ \mathrm{mm}^2$，故 C47 选择 MYP-0.66/1.14 3×4 型电缆不满足热稳定性要求，应选用 MYP-0.66/1.14 3×50 型电缆。

$S_{\min} > 4\ \mathrm{mm}^2$，故 C48 选择 MYP-0.66/1.14 3×4 型电缆不满足热稳定性要求，应选用 MYP-0.66/1.14 3×50 型电缆。

上述按长时允许电流初选截面，按电缆短路时热稳定性要求校验电缆截面，初步计算选择3#变压器所带低压电缆的结果如表5-8所示。

表5-8　赵固一矿16051工作面低压电缆初步计算选择结果

编号	负荷	电缆型号	额定电压/V	长度/m	根数	空气中允许载流量/A	长时工作电流/A
C21	采煤机、转载机和破碎机	MCP-1.9/3.3 3×95	3300	待定	1	260	253.3
C22	刮板输送机	MCP-1.9/3.3 3×120	3300	10	1	310	294.5
C23	乳化液泵、喷雾泵、胶带输送机和张紧车	MYP-0.66/1.14 3×120	3300	1	2	620	571.7
C31	采煤机	MCPT-0.66/1.14 3×70	3300	180	1	215	204.6
C32	转载机	MCP-0.66/1.14 3×10	3300	30	1	64	54
C33	破碎机	MCP-0.66/1.14 3×10	3300	20	1	64	34
C34	破碎机	MCP-0.66/1.14 3×10	3300	20	1	64	34
C35	刮板输送机机尾电动机	MCP-0.66/1.14 3×25	3300	待定	1	113	85
C36	刮板输送机机头电动机	MCP-0.66/1.14 3×25	3300	待定	1	113	85
C37	1#乳化液泵	MYP-0.66/1.14 3×70	1140	30	1	215	186
C38	2#乳化液泵	MYP-0.66/1.14 3×70	1140	25	1	215	186
C39	3#乳化液泵	MYP-0.66/1.14 3×50	1140	50	1	173	149
C40	4#乳化液泵	MYP-0.66/1.14 3×50	1140	45	1	173	149
C41	1#胶带输送机	MYP-0.66/1.14 3×50	1140	229	1	173	118
C42	2#胶带输送机	MYP-0.66/1.14 3×50	1140	227	1	173	118
C43	1#喷雾泵	MYP-0.66/1.14 3×50	1140	40	1	173	27
C44	2#喷雾泵	MYP-0.66/1.14 3×50	1140	35	1	173	27
C45	3#胶带输送机	MYP-0.66/1.14 3×50	1140	待定	1	173	45

编号	负荷	电缆型号	额定电压/V	长度/m	根数	空气中允许载流量/A	长时工作电流/A
C46	4#胶带输送机	MYP-0.66/1.14 3×50	1140	待定	1	173	45
C47	张紧车	MYP-0.66/1.14 3×50	1140	待定	1	173	4.5
C48	张紧车	MYP-0.66/1.14 3×50	1140	226	1	173	4.5

5.4.2　基于所选供电设备的极限供电距离确定

5.4.2.1　1#变压器所带低压电缆的极限供电距离确定

（1）按正常运行时允许电压损失确定干线电缆 C21 极限供电距离

由于采煤机是 1#变压器最远端、容量最大的负荷，因此只要采煤机支路的电压损失满足要求，其他支路的电压损失一定满足要求。下面根据采煤机支路运行时允许电压损失确定干线 C21 极限供电距离。

1）变压器电压损失计算

变压器二次侧的负荷电流：

$$I_{T12} = \frac{K_r \sum P_N \times 1000}{\sqrt{3} \ U_N \cos\varphi} = \frac{0.772 \times 1500 \times 1000}{\sqrt{3} \times 3300 \times 0.8} = 253.2 \ \text{A}$$

由表 5-2 查得变压器的参数：$S_N = 1600 \ \text{kVA}$，$U_{2N} = 3450 \ \text{V}$，$I_{2N} = 267.8 \ \text{A}$，$\Delta P = 8500 \ \text{W}$，$U_k\% = 5\%$，$\cos\varphi = 0.8$，$\sin\varphi = 0.6$，利用式（1-11）计算变压器的电压损失：

$$\Delta U_{T1} = \frac{I_{T12}}{I_{2N}} \left[\frac{\Delta P}{10 \cdot S_N}\% \cdot \cos\varphi + \sqrt{U_k^2 - \left(\frac{\Delta P}{10 \cdot S_N}\%\right)^2} \cdot \sin\varphi \right] \cdot \frac{U_{2N}}{100}$$

$$= \frac{253.3}{267.8} \times \left[\frac{8500}{10 \times 1600}\% \times 0.8 + \sqrt{5^2 - \left(\frac{8500}{10 \times 1600}\%\right)^2} \times 0.6 \right] \times \frac{3450}{100}$$

$$= 98 \ \text{V}$$

2）采煤机 C31 支线电缆电压损失

C31 电缆需用系数为 1，长度为 180 m，所带负荷总功率为 930 kW，平均功率因数为 0.856，功率因数角对应的正切值为 0.603。C31 选择 MCP-1.96/3.3 3×70 型电缆，每千米电阻值为 0.346 Ω，每千米电抗值为 0.078 Ω，由式（1-12）计算采煤机 C31 的电压损失：

$$\Delta U_{C31} = \frac{K_r \cdot \sum P_N \cdot 1000 \cdot L}{U_N} (R_0 + X_0 \tan\varphi)$$

$$= \frac{1 \times 930 \times 1000 \times 0.18}{3300} \times (0.346 + 0.078 \times 0.603) = 19.9 \ \text{V}$$

3）根据干线电缆 C21 允许电压损失确定其极限供电距离

采煤机低压侧供电线路由电缆 C21，C31 组成。采煤机低压侧电压损失包括变压器电压损失，C21 电压损失，C31 电压损失。C21 干线电缆允许电压损失：

$$\Delta U_{C21} = \sum \Delta U - \Delta U_{T1} - \Delta U_{C31} = 381 - 98 - 19.9 = 263.1 \text{ V}$$

C21 电缆需用系数为 0.772，所带负荷总功率为 1500 kW，平均功率因数为 0.8，平均功率因数角对应的正切值为 0.75。C21 选择 MCP-1.9/3.3 3×95 型电缆，其每千米电阻值为 0.247 Ω，每千米电抗值为 0.075 Ω。由式(1-12)反向计算 C21 电缆极限供电距离。

$$\Delta U_{C21} = \frac{K_r \cdot \sum P_N \cdot 1000 \cdot L}{U_N}(R_0 + X_0 \tan\varphi)$$

$$= \frac{0.772 \times 1500 \times 1000 \times L_{21}}{3300} \times (0.247 + 0.075 \times 0.75) = 263.1 \text{ V}$$

$$L_{21} = 2.471 \text{ km}$$

（2）按电动机起动时允许电压损失确定干线电缆 C21 极限供电距离

采煤机支路低压侧供电线路由电缆 C21,C31 组成。采煤机截割电动机起动时线路电压损失包括变压器电压损失、C21 电压损失、C31 电压损失。根据截割电动机起动时 C21 允许电压损失确定其极限供电距离。

1）截割电动机起动时变压器电压损失

变压器的短路损耗为 8500 W，额定容量为 1600 kVA，可得电阻压降百分数：

$$U_r\% = \frac{8500}{10 \times 1600}\% = 0.53\%$$

变压器的阻抗电压百分数为 5%，U_r 为 0.53。可得电抗压降百分数：

$$U_X\% = \sqrt{5^2 - 0.53^2}\% = 4.97\%$$

截割电动机额定电流为 87 A。额定起动电流取额定电流的 6 倍，即

$$I_{QN} = 6 \times 87 = 522 \text{ A}$$

截割电动机实际起动电流一般取额定起动电流的 75%，则实际起动电流：

$$I_Q = 0.75 \times 522 = 391.5 \text{ A}$$

截割电动机起动时采煤机支路 C31 电流：

$$I_{C31Q} = 391.5 + 87 + 12.3 \times 2 + 6 = 509.1 \text{ A}$$

截割电动机起动时剩余负荷的总功率为 570 kW，其需用系数：

$$K_r = 0.4 + 0.6 \times \frac{P_{max}}{\sum P_N} = 0.4 + 0.6 \times \frac{250}{570} = 0.66$$

截割电动机起动时剩余负荷总电流：

$$I_{SQ} = 34 \times 2 + 54 = 122 \text{ A}$$

截割电动机起动时变压器实际流过的电流：

$$I_{TQ} = I_Q + K_r \times I_{SQ} = 509.1 + 0.66 \times 122 = 590.1 \text{ A}$$

采煤机截割电动机起动时，变压器二次侧实际流过的电流为 590.1 A，电动机起动时功率因数为 0.8，电动机起动时的功率因数角的正弦值为 0.6，其余负荷的加权平均功率因数角对应的正切值为 0.698。由式(1-17)计算起动时变压器电压损失：

$$\Delta U_{T1Q} = \frac{U_{2P}}{I_{2N}}[I_{TQ}U_r\%\cos\varphi_Q + U_X\%(I_Q\sin\varphi_Q + K_r I_{SQ}\tan\varphi_{TS})]$$

$$= \frac{3450}{267.8} \times [590.1 \times 0.53\% \times 0.8 + 4.97\% \times (509.1 \times 0.6 + 0.66 \times 122 \times$$

$$0.698)\,]$$
$$= 264.2 \text{ V}$$

2）截割电动机起动时 C31 支线电缆电压损失

截割电动机起动时，C31 支线电缆实际流过的电流为 509.1 A，C21 长度为 180 m，截面积为 70 mm²，起动时的功率因数为 0.78。由式（1-14）计算截割电动机起动时 C31 支线电缆电压损失：

$$\Delta U_{C31Q} = \frac{\sqrt{3}\,I_{GQ}L_{G}\cos\varphi \cdot 10^3}{\gamma\,A_G} = \frac{\sqrt{3} \times 509.1 \times 0.18 \times 0.78 \times 1000}{53 \times 70} = 33.4 \text{ V}$$

3）按截割电动机起动时 C21 干线电缆允许电压损失确定其极限供电距离

根据《煤矿井下供配电设计规范》，最远端最大容量电动机起动时其端电压不得低于电网电压的 75%，3300 V 系统最大电动机起动时允许电压损失：

$$\sum \Delta U_Q = 3450 - 3300 \times 75\% = 975 \text{ V}$$

截割电动机起动时，C21 干线电缆允许电压损失：

$$\Delta U_{C21Q} = \sum \Delta U - \Delta U_{T1Q} - \Delta U_{C31Q} = 975 - 264.2 - 33.4 = 677.4 \text{ V}$$

截割电动机起动时，C21 电缆实际流过的电流为 590.1 A，功率因数为 0.8，截面积为 95 mm²。根据起动时 C21 电缆允许电压损失，由式（1-14）反算极限供电距离。

$$\Delta U_{C21Q} = \frac{\sqrt{3}\,I_{GQ}L_{G}\cos\varphi \cdot 10^3}{\gamma\,A_G} = \frac{\sqrt{3} \times 590.1 \times L_{21} \times 0.8 \times 1000}{53 \times 95} = 677.4 \text{ V}$$

$$L_{21} = 4.172 \text{ km}$$

（3）按灵敏度确定 C21 线路极限供电距离

按变压器低压侧开关所保护线路最远点发生最小两相短路有不低于 1.5 灵敏系数进行逆向整定，则保护线路末端最小两相短路电流：

$$I_d^{(2)} = 1.5 \times 756 = 1134 \text{ A}$$

1）计算 d5 点短路回路总电阻和最小运行方式下电抗

C11 电缆的长度为 25 m，每千米电阻值为 0.597 Ω，每千米电抗值为 0.099 Ω；C11 电缆的电阻为 0.0149 Ω，电抗为 0.0025 Ω。

最小运行方式下系统短路容量 $S_{s.min} = 100$ MVA，低压侧平均电压 $U_p = 3.45$ kV。折算到变压器低压侧系统电抗值：

$$X_{s.min} = \frac{U_P^2}{S_{s.min}} = \frac{3.45^2}{100} = 0.119 \text{ Ω}$$

折算到低压侧的变压器短路电阻：

$$\Delta P = 3 \times I_{2N}^2 R_T$$

$$R_T = \frac{8500}{3 \times 267.8 \times 267.8} = 0.04 \text{ Ω}$$

折算到低压侧的变压器短路阻抗：

$$Z_T = Z_T^* Z_{2N} = 5\% \times \frac{3450}{\sqrt{3} \times 267.8} = 0.372 \text{ Ω}$$

折算到低压侧的变压器短路电抗：

$$X_T = \sqrt{Z_{T1}^2 - R_{T1}^2} = \sqrt{0.372^2 - 0.04^2} = 0.372 \ \Omega$$

则 d3 点短路回路总电阻：

$$\sum R_{d3} = \frac{R_{11}}{k_1^2} + R_{T1} = \frac{0.0149}{2.9^2} + 0.04 = 0.042 \ \Omega$$

最小运行方式下，d3 点短路回路总电抗：

$$\sum X_{d3.min} = X_{s.min} + \frac{X_{11}}{k_1^2} + X_{T1} = 0.119 + \frac{0.0025}{2.9^2} + 0.37 = 0.489 \ \Omega$$

C21 电缆的长度为 L_{21}，每千米电阻值为 0.247 Ω，每千米电抗值为 0.075 Ω。C2 电缆的电阻为 $0.247L_{21}$，电抗为 $0.075L_{21}$。

C31 电缆的长度为 180 m，每千米电阻值为 0.346 Ω，每千米电抗值为 0.078 Ω；C31 电缆的电阻为 0.0623 Ω，电抗为 0.014 Ω。

则 d5 点短路回路总电阻：

$$\sum R_{d5} = \sum R_{d3} + R_{21} + R_{31} = 0.103 + 0.247L_{21}$$

最小运行方式下，d5 点短路回路总电抗为：

$$\sum X_{d5.min} = \sum X_{d3.min} + X_{21} + X_{31} = 0.503 + 0.075L_{21}$$

2）d5 点短路最小两相稳态短路电流：

$$I_{d5}^{(2)} = \frac{U_p}{2 \times \sqrt{\left(\sum R_{d5}\right)^2 + \left(\sum X_{d5.min}\right)^2}}$$

$$= \frac{3450}{2 \times \sqrt{(0.103 + 0.247L_{21})^2 + (0.503 + 0.075L_{21})^2}}$$

$$= 1134 \ A$$

$$L_{21} = 4.677 \ km$$

由上述计算结果可以看出，按正常运行允许电压损失确定的 C21 的极限供电距离为 2471 m，按起动时允许电压损失确定的 C21 的极限供电距离为 4172 m，按灵敏度确定的 C21 的极限供电距离为 4677 m。由于低压电缆要求上述三项都满足要求，因此 C21 的极限供电距离为 2471 m。

（4）按短路时的热稳定校验电缆截面

C11 电缆的长度为 25 m，每千米电阻值为 0.597 Ω，每千米电抗值为 0.099 Ω；电缆 C11 的电阻为 0.0149 Ω，电抗为 0.0025 Ω。

最大运行方式下系统短路容量 $S_{s.min} = 130.1$ MVA，低压侧平均电压 $U_p = 3.45$ kV。折算到变压器低压侧系统电抗值：

$$X_{s.max} = \frac{U_p^2}{S_{s.max}} = \frac{3.45^2}{130.1} = 0.091 \ \Omega$$

折算到低压侧的变压器短路电阻：

$$\Delta P = 3 \times I_{2N}^2 R_T$$

$$R_T = \frac{8500}{3 \times 267.8 \times 267.8} = 0.04 \ \Omega$$

折算到低压侧的变压器短路阻抗：

$$Z_T = Z_T^* Z_{2N} = 5\% \times \frac{3450}{\sqrt{3} \times 267.8} = 0.372 \ \Omega$$

折算到低压侧的变压器短路电抗：

$$X_T = \sqrt{Z_{T1}^2 - R_{T1}^2} = \sqrt{0.372^2 - 0.04^2} = 0.37 \ \Omega$$

则 d3 点短路回路总电阻：

$$\sum R_{d3} = \frac{R_{11}}{k_1^2} + R_{T1} = \frac{0.0149}{2.9^2} + 0.04 = 0.042 \ \Omega$$

最大运行方式下,d3 点短路回路总电抗：

$$\sum X_{d3.max} = X_{s.max} + \frac{X_{11}}{k_1^2} + X_{T1} = 0.091 + \frac{0.0025}{2.9^2} + 0.37 = 0.461 \ \Omega$$

C21 电缆的长度为 2471 m,每千米电阻值为 0.247 Ω,每千米电抗值为 0.075 Ω。C21 电缆的电阻为 0.642 Ω,电抗为 0.195 Ω。

则 d4 点短路回路总电阻：

$$\sum R_{d4} = \sum R_{d3} + R_{21} = 0.684 \ \Omega$$

最大运行方式下,d4 点短路回路总电抗：

$$\sum X_{d4.max} = \sum X_{d3.max} + X_{21} = 0.656 \ \Omega$$

d4 点(C31 ~ C34 首端)短路最大三相稳态短路电流：

$$I_{d4}^{(2)} = \frac{U_p}{1.732 \times \sqrt{\left(\sum R_{d4}\right)^2 + \left(\sum X_{d4.max}\right)^2}} = \frac{3450}{1.732 \times \sqrt{0.684^2 + 0.656^2}} = 2168.8 \ A$$

C31 ~ C34 首端最大三相短路电流为 2168.8 A。热稳定系数 C 取 141。短路电流作用时间 t_f 取 0.25 s。满足热稳定要求的最小截面：

$$S_{min} = I_{d4}^{(3)} \frac{\sqrt{t_f}}{C} \geq 2168.8 \times \frac{\sqrt{0.25}}{141} = 7.69 \ mm^2$$

$S_{min} < 70 \ mm^2$,故 C31 选择 MCP-0.66/1.14 3×70 型电缆满足热稳定性要求。

$S_{min} < 10 \ mm^2$,故 C32 选择 MCP-0.66/1.14 3×10 型电缆满足热稳定性要求。

$S_{min} < 10 \ mm^2$,故 C33 选择 MCP-0.66/1.14 3×10 型电缆满足热稳定性要求。

$S_{min} < 10 \ mm^2$,故 C34 选择 MCP-0.66/1.14 3×10 型电缆满足热稳定性要求。

5.4.2.2　2#变压器所带低压电缆的极限供电距离

(1)按正常运行时允许电压损失确定支线极限供电距离

一般情况下,刮板输送机机尾电动机供电距离等于机头电动机供电距离加工作面切眼的长度,故刮板输送机机尾电动机是 2#变压器最远端、容量最大的负荷,因此只要刮板输送机机尾电动机支路的电压损失满足要求,机头电动机的电压损失一定满足要求。下面根据刮板输送机机尾电动机支路运行时允许的电压损失确定支线极限供电距离。

1)变压器电压损失计算。

变压器二次侧的负荷电流为 294.5 A,具体计算过程见 5.3 节。由表 5-3 查得变压器的参数：$S_N = 1600$ kVA, $U_{2N} = 1905$ V, $I_{2N} = 484.9$ A, $\Delta P = 9700$ W, $U_k\% = 7.5\%$,

$\cos\varphi = 0.84, \sin\varphi = 0.54$，利用式（1-11）计算变压器的电压损失：

$$\Delta U_{T2} = \frac{I_{T12}}{I_{2N}}\left[\frac{\Delta P}{10 \cdot S_N}\% \cdot \cos\varphi + \sqrt{U_k^2 - \left(\frac{\Delta P}{10 \cdot S_N}\%\right)^2} \cdot \sin\varphi\right] \cdot \frac{U_{2N}}{100}$$

$$= \frac{294.5}{484.9} \times \left[\frac{9700}{10 \times 1600}\% \times 0.84 + \sqrt{7.5^2 - \left(\frac{9700}{10 \times 1600}\%\right)^2} \times 0.54\right] \times \frac{3450}{100}$$

$$= 85 \text{ V}$$

2）C22 干线电缆电压损失

C22 电缆需用系数为 1，长度为 10 m，所带负荷总功率为 800 kW，平均功率因数为 0.84，功率因数角对应的正切值为 0.65。C22 选择 MCP-1.96/3.3 3×120 型电缆，每千米电阻值为 0.164 Ω，每千米电抗值为 0.056 Ω，由式（1-12）计算 C22 干线电缆的电压损失：

$$\Delta U_{C22} = \frac{K_r \cdot \sum P_N \cdot 1000 \cdot L}{U_N}(R_0 + X_0 \tan\varphi)$$

$$= \frac{1 \times 800 \times 1000 \times 0.03}{3300} \times (0.164 + 0.056 \times 0.65)$$

$$= 1.46 \text{ V}$$

3）根据支线电缆 C35 允许电压损失确定其支路极限供电距离

刮板输送机机尾电动机低压侧供电线路由电缆 C22，C35 组成。刮板输送机机尾电动机低压侧电压损失包括变压器电压损失，C22 电压损失，C35 电压损失。C35 允许电压损失：

$$\Delta U_{C35} = \sum \Delta U - \Delta U_{T2} - \Delta U_{C22} = 381 - 85 - 1.46 = 294.54 \text{ V}$$

C35 电缆需用系数为 1，所带负荷总功率为 400 kW，平均功率因数为 0.84，平均功率因数角对应的正切值为 0.65。C35 选择 MCP-1.9/3.3 3×25 型电缆，其每千米电阻值为 0.94 Ω，每千米电抗值为 0.088 Ω。由式（1-12）反向计算 C35 电缆极限供电距离。

$$\Delta U_{C35} = \frac{K_r \cdot \sum P_N \cdot 1000 \cdot L}{U_N}(R_0 + X_0 \tan\varphi)$$

$$= \frac{1 \times 400 \times 1000 \times L_{35}}{3300} \times (0.94 + 0.088 \times 0.65)$$

$$= 294.54 \text{ V}$$

$$L_{35} = 2.437 \text{ km}$$

（2）按电动机起动时允许电压损失确定支线电缆 C35 极限供电距离

刮板输送机机尾电动机低压侧供电线路由电缆 C22，C35 组成。机尾电动机起动时线路电压损失包括变压器电压损失，C22 电压损失，C35 电压损失。根据机尾电动机起动时 C35 允许电压损失确定其支路极限供电距离。

1）机尾电动机起动时变压器电压损失

变压器的短路损耗为 9700 W，额定容量为 1600 kVA，电阻压降百分数：

$$U_r\% = \frac{9700}{10 \times 1600}\% = 0.6\%$$

变压器的阻抗电压百分数为 7.5%。电抗压降百分数：

$$U_X\% = \sqrt{7.5^2 - 0.6^2}\% = 7.476\%$$

刮板输送机机尾电动机额定电流为 85 A。额定起动电流取额定电流的 6 倍,即

$$I_{QN} = 6 \times 85 = 510 \text{ A}$$

刮板输送机机尾电动机实际起动电流一般取额定起动电流的 75%,则实际起动电流：

$$I_Q = 0.75 \times 510 = 382.5 \text{ A}$$

刮板输送机机尾电动机起动时剩余负荷总电流：

$$I_{SQ} = 85 \text{ A}$$

刮板输送机机尾电动机起动时变压器实际流过的电流：

$$I_{TQ} = I_Q + K_r \times I_{SQ} = 382.5 + 85 = 467.5 \text{ A}$$

刮板输送机机尾电动机起动时,变压器二次侧实际流过的电流为 467.5 A,电动机起动时功率因数为 0.8,电动机起动时的功率因数角的正弦值为 0.6,其余负荷的加权平均功率因数角对应的正切值为 0.698。由式(1-17)计算起动时变压器电压损失：

$$\Delta U_{T1Q} = \frac{U_{2P}}{I_{2N}}[I_{TQ}U_r\%\cos\varphi_Q + U_X\%(I_Q\sin\varphi_Q + K_rI_{SQ}\tan\varphi_{TS})]$$

$$= \frac{1905}{484.9} \times [467.5 \times 0.6\% \times 0.8 + 7.476\% \times (382.5 \times 0.6 + 1 \times 85 \times 0.698)]$$

$$= 167.6 \text{ V}$$

折算到 3300 V 系统的电压损失：

$$\Delta U_{T2Q} = 167.6 \times \frac{3.45}{1.905} = 303.6 \text{ V}$$

2)刮板输送机机尾电动机起动时 C22 干线电缆电压损失

刮板输送机机尾电动机起动时,C22 电缆实际流过的电流为 467.5 A,功率因数为 0.82,截面积为 120 mm²。由式(1-14)计算截割电动机起动时 C22 干线电缆电压损失：

$$\Delta U_{C22Q} = \frac{\sqrt{3}I_{GQ}L_G\cos\varphi \cdot 10^3}{\gamma A_G} = \frac{\sqrt{3} \times 467.5 \times 0.03 \times 0.82 \times 1000}{53 \times 120} = 3.13 \text{ V}$$

3)按刮板输送机机尾电动机起动时 C35 允许电压损失确定其极限供电距离刮板输送机机尾电动机起动时,C35 允许电压损失：

$$\Delta U_{C35Q} = \sum \Delta U - \Delta U_{T2Q} - \Delta U_{C22Q} = 975 - 303.6 - 3.13 = 668.3 \text{ V}$$

刮板输送机机尾电动机时,C35 支线电缆实际流过的电流为 382.5 A,C35 截面积为 25 mm²,起动时的功率因数为 0.8。根据起动时 C35 允许电压损失,由式(1-14)反算极限供电距离。

$$\Delta U_{C35Q} = \frac{\sqrt{3}I_{GQ}L_G\cos\varphi \cdot 10^3}{\gamma A_G} = \frac{\sqrt{3} \times 382.5 \times L_{35} \times 0.8 \times 1000}{53 \times 25} = 668.3 \text{ V}$$

$$L_{35} = 1.67 \text{ km}$$

(3)按灵敏度确定 C35 线路极限供电距离

按变压器低压侧开关所保护线路最远点发生最小两相短路有不低于 1.5 灵敏系数进行逆向整定,则保护线路末端最小两相短路电流：

$$I_d^{(2)} = 1.5 \times 1180 = 1770 \text{ A}$$

本次设计,最小运行方式下系统短路容量取 $S_{s.min} = 100 \text{ MVA}$,低压侧平均电压 $U_p = 1.905 \text{ kV}$ 。折算到变压器低压侧系统电抗值:

$$X_{s.min} = \frac{U_p^2}{S_{s.min}} = \frac{1.905^2}{100} = 0.03629 \ \Omega$$

d8 点(C22 首端)短路回路总电阻为 0.0154 Ω 。

最小运行方式下,d8 点(C22 首端)短路回路总电抗:

$$X_{d8.min} = X_S + \frac{X_{12}}{K_{T2}^2} + X_{T2} = 0.03629 + \frac{0.0025}{3.03^2} + 0.17 = 0.207 \ \Omega$$

C22 电缆的长度为 10 m,每千米电阻值为 0.164 Ω ,每千米电抗值为 0.056 Ω 。C22 电缆的电阻为 0.00164 Ω ,电抗为 0.00056 Ω 。

C35 电缆的长度为 L_{35} ,每千米电阻值为 0.94 Ω ,每千米电抗值为 0.088 Ω ;C35 电缆的电阻为 0.94 L_{35} ,电抗为 0.088 L_{35} 。折算到 1.905 kV 系统,C35 电缆的电阻为 0.3132 L_{35} ,电抗为 0.02932 L_{35} 。

则 d10 点短路回路总电阻:

$$R_{d10} = R_{d8} + R_{22} + R_{35} = 0.017 + 0.3132 L_{35}$$

最小运行方式下,d10 点短路回路总电抗:

$$\sum X_{d10.min} = \sum X_{d8.min} + X_{22} + X_{35} = 0.207 + 0.0293 L_{35}$$

d10 点短路最小两相稳态短路电流:

$$I_{d10}^{(2)} = \frac{U_p}{2 \times \sqrt{\left(\sum R_{d10} \right)^2 + \left(\sum X_{d10.min} \right)^2}}$$

$$= \frac{1905}{2 \times \sqrt{(0.017 + 0.3132 L_{35})^2 + (0.207 + 0.0293 L_{35})^2}}$$

$$= 1770 \text{ A}$$

$$L_{35} = 1.467 \text{ km}$$

由上述计算结果可以看出,按正常运行允许电压损失确定的 C35 的极限供电距离为 2437 m,按起动时允许电压损失确定的 C35 的极限供电距离为 1670 m,按灵敏度确定的 C35 的极限供电距离为 1467 m。由于低压电缆要求上述三项都满足,因此 C35 的极限供电距离为 1467 m。

5.4.2.3 3#变压器所带低压电缆的极限供电距离确定

(1)按正常运行时允许电压损失确定支线极限供电距离

1#乳化液泵是 3#变压器容量最大的负荷,3#胶带输送机是 3#变压器最远端的负荷,因此只要 1#乳化液泵支路和 3#胶带输送机支路的电压损失满足要求,其他支路的电压损失一定满足要求。

1)1#乳化液泵支线极限供电距离确定

①变压器电压损失计算

变压器二次侧的负荷电流为

$$I_{T13} = \frac{K_r \sum P_N \times 1000}{\sqrt{3} \ U_N \cos\varphi} = \frac{0.51 \times 1785 \times 1000}{\sqrt{3} \times 1140 \times 0.8} = 576.3 \ A$$

由表 5-4 查得变压器的参数：$S_N = 1250 \ kVA$，$U_{2N} = 1200 \ V$，$I_{2N} = 601.4 \ A$，$\Delta P = 7400 \ W$，$U_k\% = 4.5\%$，$\cos\varphi = 0.8$，$\sin\varphi = 0.6$，利用式（1-11）计算变压器的电压损失：

$$\Delta U_{T3} = \frac{I_{T13}}{I_{2N}} \left[\frac{\Delta P}{10 \cdot S_N}\% \cdot \cos\varphi + \sqrt{U_k^2 - \left(\frac{\Delta P}{10 \cdot S_N}\% \right)^2} \cdot \sin\varphi \right] \cdot \frac{U_{2N}}{100}$$

$$= \frac{576.3}{601.4} \times \left[\frac{7400}{10 \times 1250}\% \times 0.8 + \sqrt{4.5^2 - \left(\frac{7400}{10 \cdot 1250}\% \right)^2} \times 0.6 \right] \times \frac{1200}{100}$$

$$= 30.9 \ V$$

②C23 干线电缆电压损失

C23 电缆需用系数为 0.51，长度为 1 m，所带负荷总功率为 1785 kW，平均功率因数为 0.8，功率因数角对应的正切值为 0.75。C23 选择 MYP-0.66/1.14 3×120 型电缆，每千米电阻值为 0.164 Ω，每千米电抗值为 0.056 Ω，由式（1-12）计算 C23 的电压损失：

$$\Delta U_{C23} = \frac{K_r \cdot \sum P_N \cdot 1000 \cdot L}{U_N} (R_0 + X_0 \tan\varphi)$$

$$= \frac{0.51 \times 1785 \times 1000 \times 0.001}{1140} \times (0.164 + 0.056 \times 0.65) = 0.16 \ V$$

③根据支线电缆 C37 允许电压损失确定其支路极限供电距离

1#乳化液泵低压侧供电线路由电缆 C23，C37 组成。1#乳化液泵低压侧电压损失包括变压器电压损失，C23 电压损失，C37 电压损失。C37 允许电压损失：

$$\Delta U_{C37} = \sum \Delta U - \Delta U_{T3} - \Delta U_{C23} = 140 - 30.9 - 0.16 = 108.94 \ V$$

C37 电缆需用系数为 1，所带负荷总功率为 315 kW，平均功率因数为 0.85，平均功率因数角对应的正切值为 0.62。C37 选择 MYP-0.66/1.14 3×70 型电缆，其每千米电阻值为 0.315 Ω，每千米电抗值为 0.078 Ω。由式（1-12）反向计算 C37 极限供电距离：

$$\Delta U_{C37} = \frac{K_r \cdot \sum P_N \cdot 1000 \cdot L}{U_N} (R_0 + X_0 \tan\varphi)$$

$$= \frac{1 \times 315 \times 1000 \times L_{37}}{1140} \times (0.315 + 0.078 \times 0.62) = 108.94 \ V$$

$$L_{37} = 1.083 \ km$$

按正常运行时允许电压损失确定的 C37 支线极限供电距离为 1083 m。C37 实际供电距离为 30 m<1083 m，故 C37 正常运行时电压损失满足要求。

2）3#胶带输送机支线极限供电距离确定

3#胶带输送机低压侧供电线路由电缆 C23，C45 组成。3#胶带输送机低压侧电压损失包括变压器电压损失，C23 电压损失，C45 电压损失。C45 支线电缆允许电压损失：

$$\Delta U_{C45} = \sum \Delta U - \Delta U_{T3} - \Delta U_{C23} = 140 - 30.9 - 0.16 = 108.94 \ V$$

C45 电缆需用系数为 1，所带负荷总功率为 75 kW，平均功率因数为 0.88，平均功率因数角对应的正切值为 0.54。C45 选择 MYP-0.66/1.14 3×50 型电缆，其每千米电阻值为 0.448 Ω，每千米电抗值为 0.081 Ω。由式（1-12）反向计算 C45 电缆极限供电距离：

$$\Delta U_{C37} = \frac{K_r \cdot \sum P_N \cdot 1000 \cdot L}{U_N}(R_0 + X_0 \tan\varphi)$$

$$= \frac{1 \times 75 \times 1000 \times L_{45}}{1140} \times (0.864 + 0.088 \times 0.54) = 108.94 \text{ V}$$

$$L_{45} = 1.814 \text{ km}$$

按正常运行时允许电压损失确定的 C45 支线极限供电距离为 1814 m。

（2）按电动机起动时允许电压损失确定支线电缆极限供电距离

1）1#乳化液泵支线极限供电距离确定

1#乳化液泵低压侧供电线路由电缆 C23，C37 组成。1#乳化液泵起动时低压侧电压损失包括变压器电压损失，C23 电压损失，C37 电压损失。可根据 1#乳化液泵起动时 C37 允许电压损失确定其极限供电距离。

①1#乳化液泵起动时变压器电压损失

变压器的短路损耗为 7400 W，额定容量为 1250 kVA，可得电阻压降百分数：

$$U_r\% = \frac{7400}{10 \times 1250}\% = 0.59\%$$

变压器的阻抗电压百分数为 4.5%。U_r 为 0.59。可得电抗压降百分数：

$$U_x\% = \sqrt{4.5^2 - 0.59^2}\% = 4.46\%$$

1#乳化液泵额定电流为 186 A。额定起动电流取额定电流的 6 倍，即

$$I_{QN} = 6 \times 186 = 1116 \text{ A}$$

1#乳化液泵实际起动电流，一般取额定起动电流的 75%，则 C37 实际起动电流：

$$I_Q = 0.75 \times 1116 = 837 \text{ A}$$

1#乳化液泵起动时剩余负荷的总功率为 1470 kW，其需用系数：

$$K_r = 0.4 + 0.6 \times \frac{P_{max}}{\sum P_N} = 0.4 + 0.6 \times \frac{250}{1470} = 0.5$$

1#乳化液泵起动时剩余负荷总电流：

$$I_{SQ} = 1059 - 186 = 873 \text{ A}$$

1#乳化液泵起动时变压器实际流过的电流：

$$I_{TQ} = I_Q + K_r \times I_{SQ} = 837 + 0.5 \times 873 = 1273.5 \text{ A}$$

1#乳化液泵起动时，变压器二次侧实际流过的电流为 1273.5 A，电动机起动时功率因数为 0.8，电动机起动时的功率因数角的正弦值为 0.6，其余负荷的加权平均功率因数角对应的正切值为 0.698。由式（1-17）计算起动时变压器电压损失：

$$\Delta U_{T3Q} = \frac{U_{2P}}{I_{2N}}[I_{TQ}U_r\%\cos\varphi_Q + U_x\%(I_Q\sin\varphi_Q + K_r I_{SQ}\tan\varphi_{TS})]$$

$$= \frac{1200}{601.4} \times [1273.5 \times 0.59\% \times 0.8 + 4.46\% \times (837 \times 0.6 + 0.5 \times 873 \times 0.698)]$$

$$= 84 \text{ V}$$

②1#乳化液泵起动时 C23 干线电缆电压损失

1#乳化液泵起动时，C23 电缆实际流过的电流为 1273.5 A，功率因数为 0.79，截面积

为 120 mm²。由式(1-14)计算截割电动机起动时 C23 干线电缆电压损失:

$$\Delta U_{C23Q} = \frac{\sqrt{3}\, I_{GQ} L_G \cos\varphi \cdot 10^3}{\gamma\, A_G} = \frac{\sqrt{3} \times 1273.5 \times 0.001 \times 0.79 \times 1000}{53 \times 120} = 0.27 \text{ V}$$

③按 1#乳化液泵起动时 C37 允许电压损失确定其极限供电距离

刮板输送机机尾电动机起动时,C37 允许电压损失:

$$\Delta U_{C37Q} = \sum \Delta U - \Delta U_{T3Q} - \Delta U_{C23Q} = 345 - 84 - 0.27 = 260.73 \text{ V}$$

1#乳化液泵起动时,C37 支线电缆实际流过的电流为 837 A,C37 截面积为 70 mm²,起动时的功率因数为 0.8。根据起动时 C37 允许电压损失,由式(1-14)反算极限供电距离。

$$\Delta U_{C37Q} = \frac{\sqrt{3}\, I_{GQ} L_G \cos\varphi \cdot 10^3}{\gamma\, A_G} = \frac{\sqrt{3} \times 837 \times L_{37} \times 0.8 \times 1000}{53 \times 70} = 260.73 \text{ V}$$

$$L_{37} = 0.834 \text{ km}$$

按起动时允许电压损失确定的 C37 支线极限供电距离为 834 m。C37 实际供电距离为 30 m<834 m,故 C37 起动时电压损失满足要求。

2)3#胶带输送机极限供电距离确定

3#胶带输送机低压侧供电线路由电缆 C23,C45 组成。3#胶带输送机起动时低压侧电压损失包括变压器电压损失,C23 电压损失,C45 电压损失。可根据 3#胶带输送机起动时 C45 允许电压损失确定其极限供电距离。

①3#胶带输送机起动时变压器电压损失

变压器的短路损耗为 7400 W,额定容量为 1250 kVA,可得电阻压降百分数:

$$U_r\% = \frac{7400}{10 \times 1250}\% = 0.59\%$$

变压器的阻抗电压百分数为 4.5%。U_r 为 0.59。电抗压降百分数:

$$U_x\% = \sqrt{4.5^2 - 0.59^2}\% = 4.46\%$$

3#胶带输送机额定电流为 45 A。额定起动电流取额定电流的 6 倍,即

$$I_{QN} = 6 \times 45 = 270 \text{ A}$$

3#胶带输送机实际起动电流一般取额定起动电流的 75%,则 C45 实际起动电流:

$$I_Q = 0.75 \times 270 = 202.5 \text{ A}$$

3#胶带输送机起动时剩余负荷的总功率为 1710 kW,其需用系数:

$$K_r = 0.4 + 0.6 \times \frac{P_{max}}{\sum P_N} = 0.4 + 0.6 \times \frac{315}{1710} = 0.51$$

3#胶带输送机起动时剩余负荷总电流:

$$I_{SQ} = 1059 - 45 = 1014 \text{ A}$$

3#胶带输送机起动时变压器实际流过的电流:

$$I_{TQ} = I_Q + K_r \times I_{SQ} = 202.5 + 0.51 \times 1014 = 720.3 \text{ A}$$

3#胶带输送机起动时,变压器二次侧实际流过的电流为 720.3 A,电动机起动时功率因数为 0.8,电动机起动时的功率因数角的正弦值为 0.6,其余负荷的加权平均功率因数角对应的正切值为 0.698。由式(1-17)计算起动时变压器电压损失:

$$\Delta U_{T3Q} = \frac{U_{2P}}{I_{2N}}[I_{TQ}U_r\%\cos\varphi_Q + U_x\%(I_Q\sin\varphi_Q + K_r I_{SQ}\tan\varphi_{TS})]$$

$$= \frac{1200}{601.4} \times [720.3 \times 0.59\% \times 0.8 + 4.46\% \times (202.5 \times 0.6 + 0.51 \times 1014 \times 0.698)]$$

$$= 49.7 \text{ V}$$

②3#胶带输送机起动时 C23 干线电缆电压损失

4#胶带输送机起动时,C23 电缆实际流过的电流为 1273.5 A,功率因数为 0.79,截面积为 120 mm²。由式(1-14)计算截割电动机起动时 C23 干线电缆电压损失:

$$\Delta U_{C23Q} = \frac{\sqrt{3}I_{GQ}L_G\cos\varphi \cdot 10^3}{\gamma A_G} = \frac{\sqrt{3} \times 1273.5 \times 0.001 \times 0.79 \times 1000}{53 \times 120} = 0.274 \text{ V}$$

③3#胶带输送机起动时 C45 允许电压损失确定其极限供电距离

3#胶带输送机起动时,C45 允许电压损失:

$$\Delta U_{C45Q} = \sum \Delta U - \Delta U_{T3Q} - \Delta U_{C23Q} = 345 - 49.7 - 0.274 = 295.0 \text{ V}$$

3#胶带输送机起动时,C45 支线电缆实际流过的电流为 202.5 A,C45 截面为 50 mm²,起动时的功率因数为 0.8。根据起动时 C45 允许电压损失,由式(1-14)反算极限供电距离。

$$\Delta U_{C45Q} = \frac{\sqrt{3}I_{GQ}L_G\cos\varphi \cdot 10^3}{\gamma A_G} = \frac{\sqrt{3} \times 202.5 \times L_{45} \times 0.8 \times 1000}{53 \times 50} = 295.0 \text{ V}$$

$$L_{45} = 2.786 \text{ km}$$

按起动时允许电压损失确定的 C45 支线极限供电距离为 2786 m。

(3)按灵敏度确定线路极限供电距离

按变压器低压侧开关所保护线路最远点发生最小两相短路有不低于 1.5 灵敏系数进行逆向整定,则保护线路末端最小两相短路电流:

$$I_d^{(2)} = 1.5 \times 1608 = 2412 \text{ A}$$

1)计算 d13 点(C37 电缆末端)最小两相短路电流

①计算 d13 点短路回路总电阻和最小运行方式下电抗

C13 电缆的长度为 20 m,每千米电阻值为 0.597 Ω,每千米电抗值为 0.099 Ω;电缆 C13 的电阻为 0.012 Ω,电抗为 0.0012 Ω。

最小运行方式下系统短路容量为 $S_{s.min} = 100$ MVA,低压侧平均电压为 $U_p = 1.2$ kV。折算到变压器低压侧系统电抗值:

$$X_{s.min} = \frac{U_p^2}{S_{s.min}} = \frac{1.2^2}{100} = 0.0144 \text{ Ω}$$

折算到低压侧的变压器短路电阻:

$$\Delta P = 3 \times I_{2N}^2 R_{T1}$$

$$R_T = \frac{7400}{3 \times 601.4 \times 601.4} = 0.0068 \text{ Ω}$$

折算到低压侧的变压器短路阻抗:

$$Z_T = Z_{T1}^* Z_{2N} = 4.5\% \times \frac{1200}{\sqrt{3} \times 601.4} = 0.052 \text{ Ω}$$

折算到低压侧的变压器短路电抗：

$$X_{\mathrm{T}} = \sqrt{Z_{\mathrm{T}}^2 - R_{\mathrm{T}}^2} = \sqrt{0.052^2 - 0.0068^2} = 0.052\ \Omega$$

则 d13 点短路回路总电阻：

$$\sum R_{\mathrm{d13}} = \frac{R_{13}}{k_3^2} + R_{\mathrm{T3}} = \frac{0.012}{8.3^2} + 0.0068 = 0.007\ \Omega$$

最小运行方式下，d13 点短路回路总电抗：

$$\sum X_{\mathrm{d13.\,min}} = X_{\mathrm{s.\,min}} + \frac{X_{13}}{k_3^2} + X_{\mathrm{T3}} = 0.0144 + \frac{0.0012}{8.3^2} + 0.051 = 0.065\ \Omega$$

C23 电缆的长度为 1 m，每千米电阻值为 0.164 Ω，每千米电抗值为 0.056 Ω。C23 电缆的电阻为 0.000164 Ω，电抗为 0.000056 Ω。

C37 电缆的长度为 L_{37}，每千米电阻值为 0.315 Ω，每千米电抗值为 0.078 Ω；C37 电缆的电阻为 $0.315L_{37}$，电抗为 $0.078L_{37}$。

则 d15 点短路回路总电阻：

$$\sum R_{\mathrm{d15}} = \sum R_{\mathrm{d13}} + R_{23} + R_{37} = 0.00716 + 0.315L_{37}$$

最小运行方式下，d15 点短路回路总电抗：

$$\sum X_{\mathrm{d15.\,min}} = \sum X_{\mathrm{d13.\,min}} + X_{23} + X_{37} = 0.0659 + 0.078L_{37}$$

②d15 点短路最小两相稳态短路电流：

$$
\begin{aligned}
I_{\mathrm{d15}}^{(2)} &= \frac{U_{\mathrm{p}}}{2 \times \sqrt{\left(\sum R_{\mathrm{d15}}\right)^2 + \left(\sum X_{\mathrm{d15.\,min}}\right)^2}} \\
&= \frac{1200}{2 \times \sqrt{\left(0.00716 + 0.315L_{37}\right)^2 + \left(0.0659 + 0.078L_{37}\right)^2}} \\
&= 2412\ \mathrm{A}
\end{aligned}
$$

$$L_{37} = 0.672\ \mathrm{km}$$

按灵敏度确定的 C37 支线极限供电距离为 672 m。C37 实际供电距离为 30 m < 672 m，故 C37 支路末端发生最小两相短路时灵敏系数满足要求。

2）计算 d16 点（C45 电缆末端）最小两相短路电流

①计算 d16 点短路回路总电阻和最小运行方式下电抗

C13 电缆的长度为 20 m，每千米电阻值为 0.597 Ω，每千米电抗值为 0.099 Ω；C13 电缆的电阻为 0.012 Ω，电抗为 0.0012 Ω。

最小运行方式下系统短路容量为 $S_{\mathrm{s.\,min}} = 100\ \mathrm{MVA}$，低压侧平均电压为 $U_{\mathrm{p}} = 1.2\ \mathrm{kV}$。折算到变压器低压侧系统电抗值：

$$X_{\mathrm{s.\,min}} = \frac{U_{\mathrm{p}}^2}{S_{\mathrm{s.\,min}}} = \frac{1.2^2}{100} = 0.0144\ \Omega$$

折算到低压侧的变压器短路电阻：

$$\Delta P = 3 \times I_{\mathrm{2N}}^2 R_{\mathrm{T}}$$

$$R_{\mathrm{T}} = \frac{7400}{3 \times 601.4 \times 601.4} = 0.0068\ \Omega$$

折算到低压侧的变压器短路阻抗：

$$Z_{\mathrm{T}} = Z_{\mathrm{T}}^{*} Z_{2\mathrm{N}} = 4.5\% \times \frac{1200}{\sqrt{3} \times 601.4} = 0.052 \ \Omega$$

折算到低压侧的变压器短路电抗：

$$X_{\mathrm{T}} = \sqrt{Z_{\mathrm{T}}^{2} - R_{\mathrm{T}}^{2}} = \sqrt{0.052^{2} - 0.0068^{2}} = 0.052 \ \Omega$$

则 d13 点短路回路总电阻：

$$\sum R_{\mathrm{d}13} = \frac{R_{13}}{k_{3}^{2}} + R_{\mathrm{T}3} = \frac{0.012}{8.3^{2}} + 0.0068 = 0.007 \ \Omega$$

最小运行方式下, d13 点短路回路总电抗：

$$\sum X_{\mathrm{d}13.\min} = X_{\mathrm{s.min}} + \frac{X_{13}}{k_{3}^{2}} + X_{\mathrm{T}3} = 0.0144 + \frac{0.0012}{8.3^{2}} + 0.051 = 0.065 \ \Omega$$

C23 电缆的长度为 1 m, 每千米电阻值为 0.164 Ω, 每千米电抗值为 0.056 Ω。C23 电缆的电阻为 0.000164 Ω, 电抗为 0.000056 Ω。

C45 电缆的长度为 L_{45}, 每千米电阻值为 0.864 Ω, 每千米电抗值为 0.088 Ω；C45 电缆的电阻为 0.864L_{45}, 电抗为 0.088L_{45}。

则 d16 点短路回路总电阻：

$$\sum R_{\mathrm{d}16} = \sum R_{\mathrm{d}13} + R_{23} + R_{45} = 0.00716 + 0.864L_{45}$$

最小运行方式下, d16 点短路回路总电抗：

$$\sum X_{\mathrm{d}16.\min} = \sum X_{\mathrm{d}13.\min} + X_{23} + X_{45} = 0.0659 + 0.088L_{45}$$

②d16 点短路最小两相稳态短路电流：

$$
\begin{aligned}
I_{\mathrm{d}16}^{(2)} &= \frac{U_{\mathrm{p}}}{2 \times \sqrt{\left(\sum R_{\mathrm{d}16}\right)^{2} + \left(\sum X_{\mathrm{d}16.\min}\right)^{2}}} \\
&= \frac{1200}{2 \times \sqrt{(0.00716 + 0.864L_{45})^{2} + (0.0659 + 0.088L_{45})^{2}}} \\
&= 2412 \ \mathrm{A}
\end{aligned}
$$

$$L_{45} = 0.487 \ \mathrm{km}$$

按灵敏度确定的 C45 支线极限供电距离为 487 m。

为使 C45 支路末端发生最小两相短路有不小于 1.5 的灵敏系数, 需要增加 C45 电缆截面或增加变压器容量。按灵敏度确定了 C45 在不同变压容量、不同电缆截面下的极限供电距离, 计算结果列于表 5-9 中。

表 5-9　按灵敏度确定的胶带输送机支路 C45 极限供电距离

编号	负荷	变压器型号	电缆型号	极限供电距离/m
C45	胶带输送机	KBSGZY-1250/10	MYP-0.66/1.14 3×50	487
		KBSGZY-1250/10	MYP-0.66/1.14 3×70	672
		KBSGZY-1250/10	MYP-0.66/1.14 3×95	884
		KBSGZY-1250/10	MYP-0.66/1.14 3×120	1231
		KBSGZY-1250/10	MYP-0.66/1.14 3×150	1399
		KBSGZY-1250/10	MYP-0.66/1.14 3×185	1413
		KBSGZY-1600/10	MYP-0.66/1.14 3×50	497
		KBSGZY-1600/10	MYP-0.66/1.14 3×70	687
		KBSGZY-1600/10	MYP-0.66/1.14 3×95	907
		KBSGZY-1600/10	MYP-0.66/1.14 3×120	1262
		KBSGZY-1600/10	MYP-0.66/1.14 3×150	1439
		KBSGZY-1600/10	MYP-0.66/1.14 3×185	1464

5.5　高、低压开关选择与整定计算

5.5.1　隔爆型高压开关的选择

5.5.1.1　1#隔爆型高压开关的选择与整定计算

（1）根据长时工作电流初选型号

隔爆型高压开关长时工作电流：

$$I_{\text{cal}} = \frac{S_{\text{cal}}}{\sqrt{3}\ U_{\text{N}}} = \frac{1447.5}{\sqrt{3} \times 10} = 83.6\ \text{A}$$

隔爆型高压开关额定电流必须大于它的长时工作电流，故选择 PJG-100/10Y 型配电箱。

（2）按分段能力校验

PJG-100/10Y 隔爆型高压开关额定开断电流为 12.5 kA。最大运行方式下三相短路电流为 7153 A，小于 12.5 kA，分段能力校验合格。

（3）按动稳定性校验

$$i_{\text{sh}} = 2.55 \times I_{\text{d1}}^{(3)} = 2.55 \times 7153.9 = 18242\ \text{A}$$

流过隔爆型高压开关的电流峰值为 18242 A。18242 A 小于设备极限峰值电流 31500 A。动稳定性校验合格。

（4）按热稳定性校验

短路电流假想作用时间取 1.5 s。在 2 s 内流过开关的热稳定电流：

$$I_{ss} = I_{d1}^{(3)} \sqrt{\frac{t_i}{t}} = 7153.9 \times \sqrt{\frac{1.5}{2.0}} = 6195.5 \text{ A}$$

流过隔爆型高压开关的热稳定电流为 6195.5 A。6195.5 A 小于设备热稳定电流 12.5 kA。热稳定性校验合格。

5.5.1.2　1#隔爆型高压开关的整定计算

负荷侧的额定电流为 92.4 A。电流互感器变比为 20。过载整定值:

$$I_{gz} = \frac{I_{1N}}{K_i} = 92.4 \div 20 = 4.62 \text{ A}$$

隔爆型高压开关过载整定值取 4.6。

隔爆型高压开关过流整定值按过载值的 5 倍整定。

$$I_{gl} = 5 \times 4.6 = 23 \text{ A}$$

隔爆型高压开关过流整定值取 23。

短路整定值按躲过最大容量电动机起动时的最大负荷电流整定。

剩余电动机的额定电流:

$$I_{s1} = 54 + 34 \times 2 = 122 \text{ A}$$

最大容量电动机起动时剩余负荷的需用系数:

$$K_r = 0.4 + 0.6 \times \frac{P_{max}}{\sum P} = 0.4 + 0.6 \times \frac{250}{570} = 0.66$$

最大容量单台电动机为截割电动机,其额定电流为 87 A,额定起动电流取额定电流的 6 倍,即 522 A;C31 额定起动电流:

$$I_{C31Q} = 522 + 12.3 \times 2 + 6 \times 87 = 639.6 \text{ A}$$

剩余电动机的额定电流为 122 A;最大容量电动机起动时剩余负荷的需用系数为 0.66,变压器变比为 2.9;电流互感器变比为 20。电流互感器检测到的最大电流:

$$I_z = \frac{1.2}{2.9 \times 20} \times (639.6 + 0.66 \times 122) = 14.9 \text{ A}$$

短路整定值按躲过变压器励磁涌流整定:

$$I_{op} = \frac{4 \times 92.4}{20} = 18.48 \text{ A}$$

隔爆型高压开关的短路整定值取 18.5。

隔爆型高压开关短路保护保护至变压器低压侧,故需要校验变压器低压侧母线上发生最小两相短路的灵敏度是否满足要求。

本次设计,最小运行方式下系统短路容量取 $S_{s.min} = 100$ MVA ,低压侧平均电压 $U_p = 3.45$ kV 。折算到变压器低压侧系统电抗值:

$$X_{s.min} = \frac{U_p^2}{S_{s.min}} = \frac{3.45^2}{100} = 0.119 \text{ Ω}$$

最小运行方式下,d3 点(C21 首端)短路回路总电抗:

$$\sum X_{d3.min} = X_s + \frac{X_1}{K_{T1}^2} + X_{T1} = 0.119 + \frac{0.0025}{2.9^2} + 0.37 = 0.489 \text{ Ω}$$

最小运行方式,d3 点三相稳态短路电流[变压器低压侧(C21 首端)]:

$$I_{d3}^{(2)} = \frac{U_p}{2 \times \sqrt{\left(\sum R_{d3}\right)^2 + \left(\sum X_{d3.\,min}\right)^2}} = \frac{3450}{2 \times \sqrt{0.041^2 + 0.489^2}} = 3515.3 \text{ A}$$

变压器低压侧母线上的最小两相短路电流为 3515.3 A，变压器变比为 2.9，短路整定值为 18.5，电流互感器变比为 20。灵敏度为

$$\frac{3515.3}{2.9 \times 20 \times 18.5} = 3.28 > 1.5$$

1#隔爆型高压开关的灵敏度校验合格。隔爆型高压开关选择与整定计算结果见表 5-10。

表 5-10　1#隔爆型高压开关整定计算结果

型号	短路整定值	过流整定值	过载整定值	两相短路电流/A	灵敏度
PJG-100/10Y	18.5	23	4.6	3515.3	3.28

5.5.1.3　2#隔爆型高压开关的选择

（1）根据长时工作电流初选型号

2#隔爆型高压开关长时工作电流：

$$I_{ca2} = \frac{S_{ca2}}{\sqrt{3}\,U_N} = \frac{952.4}{\sqrt{3} \times 10} = 55 \text{ A}$$

隔爆型高压开关额定电流必须大于它的长时工作电流，故选择 PJG-75/10Y 型配电箱。

（2）按分段能力校验

PJG-75/10Y 隔爆型高压开关额定开断电流为 12.5 kA。最大运行方式下三相短路电流为 7153.9 A，小于 12.5 kA。分段能力校验合格。

（3）按动稳定性校验

$$i_{sh} = 2.55 \times I_{d1}^{(3)} = 2.55 \times 7153.9 = 18242 \text{ A}$$

流过隔爆型高压开关的电流峰值为 18242 A。18242 A 小于设备极限峰值电流 31500 A。动稳定性校验合格。

（4）按热稳定性校验

短路电流假想作用时间取 1.5 s。在 2 s 内流过开关的热稳定电流：

$$I_{ss} = I_{d1}^{(3)} \sqrt{\frac{t_i}{t}} = 7153.9 \times \sqrt{\frac{1.5}{2.0}} = 6195.5 \text{ A}$$

流过隔爆型高压开关的热稳定电流为 6195.5 A。6195.5 A 小于设备热稳定电流 12.5 kA。热稳定性校验合格。

5.5.1.4　2#隔爆型高压开关的整定计算

负荷侧的额定电流为 92.4 A。电流互感器变比为 15。过载整定值：

$$I_{gz} = \frac{I_{1N}}{K_i} = \frac{92.4}{15} = 6.16 \text{ A}$$

隔爆型高压开关过载整定值取 6.2。

隔爆型高压开关过流整定值按过载值的 5 倍整定。

$$I_{gl} = 5 \times 6.2 = 31 \text{ A}$$

2#隔爆型高压开关过流整定值取 31。

短路整定值按躲过最大容量电动机起动时的最大负荷电流整定。

剩余电动机的额定电流为 85 A；最大容量电动机起动时剩余负荷的需用系数为 1，变压器变比为 2.9；电流互感器变比为 15。电流互感器检测到的最大电流：

$$I_z = \frac{1.2}{3.03 \times 15} \times (510 + 1 \times 85) \times \frac{3.3}{1.905} = 27.2 \text{ A}$$

短路整定值按躲过变压器励磁涌流整定：

$$I_{op} = \frac{4 \times 92.4}{15} = 24.6 \text{ A}$$

2#隔爆型高压开关的短路整定值取 27。

隔爆型高压开关短路保护保护至变压器低压侧，故需要校验变压器低压侧母线上发生最小两相短路的灵敏度是否满足要求。

本次设计，最小运行方式下系统短路容量取 $S_{s.min} = 100 \text{ MVA}$，低压侧平均电压 $U_p = 1.905 \text{ kV}$。折算到变压器低压侧系统电抗值：

$$X_{s.min} = \frac{U_p^2}{S_{s.min}} = \frac{1.905^2}{100} = 0.03629 \ \Omega$$

最小运行方式下，d8 点（C22 首端）短路回路总电抗：

$$\sum X_{d8.min} = X_{s.min} + \frac{X_{12}}{K_{T2}^2} + X_{T2} = 0.03629 + \frac{0.0025}{3.03^2} + 0.17 = 0.207 \ \Omega$$

最小运行方式，d8 点三相稳态短路电流［变压器低压侧（C22 首端）］为

$$I_{d8}^{(2)} = \frac{U_p}{2 \times \sqrt{\left(\sum R_{d8}\right)^2 + \left(\sum X_{d8.min}\right)^2}} = \frac{1905}{2 \times \sqrt{0.0154^2 + 0.207^2}} = 4608.4 \text{ A}$$

变压器低压侧母线上的最小两相短路电流为 4608.4 A，变压器变比为 3.03，短路整定值为 27，电流互感器变比为 15。灵敏度为

$$\frac{4608.4}{3.03 \times 15 \times 27} = 3.75 > 1.5$$

2#隔爆型高压开关的灵敏度校验合格。2#隔爆型高压开关选择与整定计算结果见表 5-11。

表 5-11　2#隔爆型高压开关整定计算结果

型号	短路整定值	过流整定值	过载整定值	两相短路电流/A	灵敏度
PJG-100/10Y	27	31	6.2	4608.4	3.75

5.5.1.5 3#隔爆型高压开关的选择

（1）根据长时工作电流初选型号

3#隔爆型高压开关长时工作电流：

$$I_{ca3} = \frac{S_{ca3}}{\sqrt{3}\ U_N} = \frac{1128.8}{\sqrt{3} \times 10} = 65.2\ A$$

隔爆型高压开关额定电流必须大于它的长时工作电流，故选择 PJG–75/10Y 型配电箱。

（2）按分段能力校验

PJG–75/10Y 隔爆型高压开关额定开断电流为 12.5 kA。最大运行方式下三相短路电流 7153 A 小于 12.5 kA。分段能力校验合格。

（3）按动稳定性校验

$$i_{sh} = 2.55 \times I_{d1}^{(3)} = 2.55 \times 7153.9 = 18242\ A$$

流过隔爆型高压开关的电流峰值为 18242 A。18242 A 小于设备极限峰值电流 31500 A。动稳定性校验合格。

（4）按热稳定性校验

短路电流假想作用时间取 1.5 s。在 2 s 内流过开关的热稳定电流：

$$I_{ss} = I_{d1}^{(3)} \sqrt{\frac{t_i}{t}} = 7153.9 \times \sqrt{\frac{1.5}{2.0}} = 6195.5\ A$$

流过隔爆型高压开关的热稳定电流为 6195.5 A。6195.5 A 小于设备热稳定电流 12.5 kA。热稳定性校验合格。

5.5.1.6 3#隔爆型高压开关的整定计算

负荷侧的额定电流为 72.2 A。电流互感器变比为 15。过载整定值：

$$I_{gz} = \frac{I_{1N}}{K_i} = \frac{72.2}{15} = 4.81\ A$$

3#隔爆型高压开关过载整定值取 4.8。

隔爆型高压开关过流整定值按过载值的 5 倍整定。

$$I_{gl} = 5 \times 4.8 = 24\ A$$

3#隔爆型高压开关过流整定值取 24。

短路整定值按躲过最大容量电动机起动时的最大负荷电流整定。

剩余电动机的额定电流为 873 A；最大容量电动机起动时剩余负荷的需用系数为 0.5，变压器变比为 8.3；电流互感器变比为 15。电流互感器检测到的最大电流：

$$I_z = \frac{1.2}{8.3 \times 15} \times (1116 + 0.5 \times 873) = 14.9\ A$$

短路整定值按躲过变压器励磁涌流整定：

$$I_{op} = \frac{4 \times 72.2}{15} = 19.25\ A$$

3#隔爆型高压开关的短路整定值取 20。

隔爆型高压开关短路保护保护至变压器低压侧，故需要校验变压器低压侧母线上发生最小两相短路的灵敏度是否满足要求。

本次设计,最小运行方式下系统短路容量取 $S_{s.min} = 100$ MVA ,低压侧平均电压为 $U_p = 1.2$ kV 。折算到变压器低压侧系统电抗值:

$$X_{s.min} = \frac{U_p^2}{S_{s.min}} = \frac{1.2^2}{100} = 0.0144 \ \Omega$$

最小运行方式下,d13 点(C23 首端)短路回路总电抗:

$$\sum X_{d13.min} = X_{s.min} + \frac{X_{13}}{K_{T3}^2} + X_{T3} = 0.0144 + \frac{0.002}{8.3^2} + 0.051 = 0.066 \ \Omega$$

最小运行方式,d13 点三相稳态短路电流[变压器低压侧(C23 首端)]为

$$I_{d13}^{(2)} = \frac{U_p}{2 \times \sqrt{\left(\sum R_{d13}\right)^2 + \left(\sum X_{d13.min}\right)^2}} = \frac{1200}{2 \times \sqrt{0.007^2 + 0.066^2}} = 9065 \ A$$

变压器低压侧母线上的最小两相短路电流为 9065 A,变压器变比为 8.3,短路整定值为 20,电流互感器变比为 15。灵敏度为

$$\frac{9065}{8.3 \times 15 \times 20} = 3.62 > 1.5$$

3#隔爆型高压开关的灵敏度校验合格。3#隔爆型高压开关选择与整定计算结果见表 5-12。

表 5-12　3#隔爆型高压开关选择与整定计算表

型号	短路整定值	过流整定值	过载整定值	两相短路电流/A	灵敏度
PJG-100/10Y	20	24	4.8	9065	3.62

5.5.2　移动变电站高压真空开关的整定计算

(1)1#移动变电站高压真空开关的整定计算

负荷侧的额定电流为 92.4 A,电流互感器变比为 40。利用式(1-47)计算高压真空开关的过载整定值:

$$I_{gz} = \frac{92.4}{40} = 2.31 \ A$$

1#移动变电站高压真空开关过载整定值取 2.3。

移动变电站高压真空开关过流整定值按过载值的 5 倍整定。

$$I_{gl} = 5 \times 2.3 = 11.5 \ A$$

1#移动变电站高压真空开关过流整定值取 11.5。

移动变电站高压真空开关短路整定值按躲过最大容量电动机起动时的最大负荷电流整定。

最大容量电动机起动时,C31 起动电流为 720.5 A;剩余电动机的额定电流为 122 A;最大容量电动机起动时剩余负荷的需用系数为 0.66,变压器变比为 2.9;电流互感器变比为 40。电流互感器检测到的最大电流:

$$I_z = \frac{1.2}{2.9 \times 40} \times (639.6 + 0.66 \times 122) = 7.45 \text{ A}$$

短路整定值按躲过变压器励磁涌流整定：

$$I_{op} = \frac{4 \times 92.4}{40} = 9.24 \text{ A}$$

1#移动变电站高压真空开关短路整定值取 10。

变压器低压侧母线的最小两相短路电流为 3513.9 A，变压器变比为 2.9，短路整定值为 10，电流互感器变比为 40。灵敏度：

$$\frac{3513.9}{2.9 \times 40 \times 10} = 3.03 > 1.5$$

1#移动变电站高压真空开关的灵敏度校验合格。1#移动变电站高压开关选择与整定计算结果见表 5-13。

表 5-13　1#移动变电站高压开关选择与整定计算结果

型号	短路整定值	过流整定值	过载整定值	两相短路电流/A	灵敏度
KBSGZY-1600/10/3.45 KBG-200/10Y 或 KJG-200/10Y	10	11.5	2.3	3513.9	3.03

（2）2#移动变电站高压真空开关的整定计算

负荷侧的额定电流为 92.4 A，需用系数为 1。电流互感器变比为 40。利用式（1-47）计算高压真空开关的过载整定值：

$$I_{gz} = 1 \times 92.4 \div 40 = 2.3 \text{ A}$$

2#移动变电站高压真空开关过载整定值取 2.3。

移动变电站高压真空开关过流整定值按过载值的 5 倍整定。

$$I_{gl} = 5 \times 2.3 = 11.5 \text{ A}$$

2#移动变电站高压真空开关过流整定值取 11.5。

移动变电站高压真空开关短路整定值按躲过最大容量电动机起动时的最大负荷电流整定。刮板输送机机尾电动机起动电流按额定起动电流计算，起动时变压器二次侧流过的电流为 595 A。电流互感器检测到的最大电流：

$$I_z = \frac{1.2}{3.03 \times 40} \times (510 + 1 \times 85) \times \frac{3.3}{1.905} = 10.2 \text{ A}$$

短路整定值按躲过变压器励磁涌流整定：

$$I_{op} = \frac{4 \times 92.4}{40} = 9.24 \text{ A}$$

2#移动变电站高压真空开关短路整定值取 10。

变压器低压侧母线的最小两相短路电流为 4608.4 A，变压器变比为 3.03，短路整定值为 10，电流互感器变比为 40。灵敏度：

$$\frac{4608.4}{3.03 \times 40 \times 10} = 3.8 > 1.5$$

综采工作面远距离供电系统分类设计与案例

2#移动变电站高压真空开关的灵敏度校验合格。2#移动变电站高压开关选择与整定计算结果见表5-14。

表5-14 2#移动变电站高压开关选择与整定计算结果

型号	短路整定值	过流整定值	过载整定值	两相短路电流/A	灵敏度
KBSGZY-1600/10/3.45 KBG-200/10Y 或 KJG-200/10Y	10	11.5	2.3	4608.4	3.8

（3）3#移动变电站高压真空开关的整定计算

负荷侧的额定电流为72.2 A，电流互感器变比为20。利用式（1-47）计算高压真空开关的过载整定值：

$$I_{gz} = \frac{72.2}{20} = 3.61 \text{ A}$$

3#移动变电站高压真空开关过载整定值取3.6。

移动变电站高压真空开关过流整定值按过载值的5倍整定。

$$I_{gl} = 5 \times 3.6 = 18 \text{ A}$$

3#移动变电站高压真空开关过流整定值取18。

移动变电站高压真空开关短路整定值按躲过最大容量电动机起动时的最大负荷电流整定。1#乳化液泵起动电流按额定起动电流计算，起动时变压器二次侧流过的电流为873 A。电流互感器检测到的最大电流：

$$I_z = \frac{1.2}{8.3 \times 20} \times (1116 + 0.51 \times 873) = 11.24 \text{ A}$$

短路整定值按躲过变压器励磁涌流整定：

$$I_{op} = \frac{4 \times 72.2}{20} = 14.4 \text{ A}$$

3#移动变电站高压真空开关短路整定值取14.5。

变压器低压侧母线的最小两相短路电流为9065 A，变压器变比为8.3，短路整定值为14.5，电流互感器变比为20。灵敏度：

$$\frac{9065}{8.3 \times 20 \times 14.5} = 3.77 > 1.5$$

3#移动变电站高压真空开关的灵敏度校验合格。3#移动变电站高压开关选择与整定计算结果见表5-15。

表5-15 3#移动变电站高压开关选择与整定计算结果

型号	短路整定值	过流整定值	过载整定值	两相短路电流/A	灵敏度
KBSGZY-1250/10 KBG-100/10Y 或 KJG-100/10Y	14.5	18	3.6	9065	3.77

5.5.3　移动变电站低压保护箱的整定计算

（1）1#移动变电站低压保护箱的整定计算

利用式（1-52）计算低压保护箱的过载整定值

$$I_{gz} = 0.772 \times 326.6 = 252.1 \ A$$

低压保护箱的过载整定值取 252。

移动变电站低压保护箱短路整定值按躲过最大容量电动机起动时的最大负荷电流整定。

$$I_z = 639.6 + 0.66 \times 122 = 720.1 \ A$$

移动变电站低压保护箱短路整定值取过载整定值的 3 倍，即 756 A。按变压器低压侧开关所保护线路最远点发生最小两相短路有不低于 1.5 灵敏系数进行逆向整定，则保护线路末端最小两相短路电流：

$$I_d^{(2)} = 1.5 \times 756 = 1134 \ A$$

（2）2#移动变电站低压保护箱的整定计算

利用式（1-52）计算低压保护箱的过载整定值

$$I_{gz} = 1 \times 170 \times 3.3 \div 1.905 = 294.5 \ A$$

低压保护箱的过载整定值取 295。

移动变电站低压保护箱短路整定值按躲过最大容量电动机起动时的最大负荷电流整定。

$$I_z = (510 + 1 \times 85) \times \frac{3.3}{1.905} = 1030 \ A$$

移动变电站低压保护箱短路整定值取过载整定值的 4 倍，即 1180 A。按变压器低压侧开关所保护线路最远点发生最小两相短路有不低于 1.5 灵敏系数进行逆向整定，则保护线路末端最小两相短路电流：

$$I_d^{(2)} = 1.5 \times 1180 = 1770 \ A$$

（3）3#移动变电站低压保护箱的整定计算

利用式（1-52）计算低压保护箱的过载整定值

$$I_{gz} = 0.51 \times 1059 = 540.09 \ A$$

低压保护箱的过载整定值取 540。

移动变电站低压保护箱短路整定值按躲过最大容量电动机起动时的最大负荷电流整定。

$$I_z = 1116 + 0.5 \times 873 = 1553 \ A$$

移动变电站低压保护箱短路整定值取过载整定值的 3 倍，即 1608 A。按变压器低压侧开关所保护线路最远点发生最小两相短路有不低于 1.5 灵敏系数进行逆向整定，则保护线路末端最小两相短路电流：

$$I_d^{(2)} = 1.5 \times 1608 = 2412 \ A$$

根据上述计算结果，将按运行时允许电压损失，起动时允许电压损失和灵敏度分别计算的各支路供电距离列于表 5-16 中。

表 5-16　赵固一矿 16051 工作面低压电缆计算选择结果

编号	负荷	电缆型号	额定电压/V	长度/m	根数	空气中允许载流量/A	长时工作电流/A
C21	采煤机、转载机和破碎机	MCP-1.9/3.3 3×95	3300	2471	1	260	253.3
C22	刮板输送机	MCP-1.9/3.3 3×50	3300	10	1	173	170
C23	乳化液泵、喷雾泵、胶带输送机和张紧车	MYP-0.66/1.14 3×120	3300	1	2	620	571.7
C31	采煤机	MCPT-0.66/1.14 3×70	3300	180	1	215	204.6
C32	转载机	MCP-0.66/1.14 3×10	3300	30	1	64	54
C33	破碎机	MCP-0.66/1.14 3×10	3300	20	1	64	34
C34	破碎机	MCP-0.66/1.14 3×10	3300	20	1	64	34
C35	刮板输送机机尾电动机	MCP-0.66/1.14 3×25	3300	1467	1	113	85
C36	刮板输送机机头电动机	MCP-0.66/1.14 3×25	3300	1467	1	113	85
C37	1#乳化液泵	MYP-0.66/1.14 3×70	1140	30	1	215	186
C38	2#乳化液泵	MYP-0.66/1.14 3×70	1140	25	1	215	186
C39	3#乳化液泵	MYP-0.66/1.14 3×50	1140	50	1	173	149
C40	4#乳化液泵	MYP-0.66/1.14 3×50	1140	45	1	173	149
C41	1#胶带输送机	MYP-0.66/1.14 3×50	1140	229	1	173	118
C42	2#胶带输送机	MYP-0.66/1.14 3×50	1140	227	1	173	118
C43	1#喷雾泵	MYP-0.66/1.14 3×50	1140	40	1	173	27
C44	2#喷雾泵	MYP-0.66/1.14 3×50	1140	35	1	173	27
C45	3#胶带输送机	MYP-0.66/1.14 3×25	1140	331	1	173	45
C46	4#胶带输送机	MYP-0.66/1.14 3×25	1140	331	1	173	45
C47	张紧车	MYP-0.66/1.14 3×25	1140	331	1	173	4.5
C48	张紧车	MYP-0.66/1.14 3×50	1140	226	1	173	4.5

5.6　第三类工作面供电系统设计数据库

通过增加变压器容量和电缆截面可以增加供电距离。根据前述的第一类和第二类典型工作面设计结论可知,通过增加变压器容量增加供电距离的效果有限,因此计算出赵固一矿 16051 工作面各支路在不同电缆型号下的极限供电距离,结果列于表 5-17 中。

表 5-17　赵固一矿 16051 工作面各支路在不同电缆型号下的计算选择结果

编号	负荷	电缆型号	额定电压/V	长度/m	根数	空气中允许载流量/A	长时工作电流/A
C21	采煤机、转载机和破碎机	MCP-1.9/3.3 3×95	3300	2471	1	260	253.3
C21	采煤机、转载机和破碎机	MCP-1.9/3.3 3×120	3300	3638	1	260	253.3
C21	采煤机、转载机和破碎机	MCP-1.9/3.3 3×150	3300	4129	1	260	253.3
C21	采煤机、转载机和破碎机	MCP-1.9/3.3 3×185	3300	5428	1	260	253.3
C22	刮板输送机	MCP-1.9/3.3 3×50	3300	10	1	173	170
C23	乳化液泵、喷雾泵、胶带输送机和张紧车	MYP-0.66/1.14 3×120	3300	1	2	620	571.7
C31	采煤机	MCPT-0.66/1.14 3×70	3300	180	1	215	204.6
C32	转载机	MCPT-0.66/1.14 3×10	3300	30	1	64	54
C33	破碎机	MCPT-0.66/1.14 3×10	3300	20	1	64	34
C34	破碎机	MCPT-0.66/1.14 3×10	3300	20	1	64	34
C35	刮板输送机机尾电动机	MCPT-0.66/1.14 3×25	3300	1467	1	113	85
C36	刮板输送机机头电动机	MCPT-0.66/1.14 3×25	3300	1467	1	113	85
C35	刮板输送机机尾电动机	MCPT-0.66/1.14 3×35	3300	2068	1	113	85
C36	刮板输送机机头电动机	MCPT-0.66/1.14 3×35	3300	2068	1	113	85
C35	刮板输送机机尾电动机	MCPT-0.66/1.14 3×50	3300	2824	1	113	85
C36	刮板输送机机头电动机	MCPT-0.66/1.14 3×50	3300	2824	1	113	85
C35	刮板输送机机尾电动机	MCPT-0.66/1.14 3×70	3300	3895	1	113	85
C36	刮板输送机机头电动机	MCPT-0.66/1.14 3×70	3300	3895	1	113	85

续表 5-17

编号	负荷	电缆型号	额定电压/V	长度/m	根数	空气中允许载流量/A	长时工作电流/A
C35	刮板输送机机尾电动机	MCPT-0.66/1.14 3×95	3300	5240	1	113	85
C36	刮板输送机机头电动机	MCPT-0.66/1.14 3×95	3300	5240	1	113	85
C35	刮板输送机机尾电动机	MCPT-0.66/1.14 3×120	3300	7730	1	113	85
C36	刮板输送机机头电动机	MCPT-0.66/1.14 3×120	3300	7730	1	113	85
C35	刮板输送机机尾电动机	MCPT-0.66/1.14 3×150	3300	8754	1	113	85
C36	刮板输送机机头电动机	MCPT-0.66/1.14 3×150	3300	8754	1	113	85
C35	刮板输送机机尾电动机	MCPT-0.66/1.14 3×185	3300	11435	1	113	85
C36	刮板输送机机头电动机	MCPT-0.66/1.14 3×185	3300	11435	1	113	85
C37	1#乳化液泵	MYP-0.66/1.14 3×70	1140	30	1	215	186
C38	2#乳化液泵	MYP-0.66/1.14 3×70	1140	25	1	215	186
C39	3#乳化液泵	MYP-0.66/1.14 3×50	1140	50	1	173	149
C40	4#乳化液泵	MYP-0.66/1.14 3×50	1140	45	1	173	149
C41	1#胶带输送机	MYP-0.66/1.14 3×50	1140	229	1	173	118
C42	2#胶带输送机	MYP-0.66/1.14 3×50	1140	227	1	173	118
C43	1#喷雾泵	MYP-0.66/1.14 3×50	1140	40	1	173	27
C44	2#喷雾泵	MYP-0.66/1.14 3×50	1140	35	1	173	27
C45	3#胶带输送机	MYP-0.66/1.14 3×50	1140	487	1	173	45
C45	3#胶带输送机	MYP-0.66/1.14 3×70	1140	672	1	173	45
C45	3#胶带输送机	MYP-0.66/1.14 3×95	1140	884	1	173	45
C45	3#胶带输送机	MYP-0.66/1.14 3×120	1140	1231	1	173	45
C45	3#胶带输送机	MYP-0.66/1.14 3×150	1140	1399	1	173	45
C45	3#胶带输送机	MYP-0.66/1.14 3×185	1140	1413	1	173	45
C46	4#胶带输送机	MYP-0.66/1.14 3×50	1140	487	1	173	45

编号	负荷	电缆型号	额定电压/V	长度/m	根数	空气中允许载流量/A	长时工作电流/A
C47	张紧车	MYP-0.66/1.14 3×50	1140	226	1	173	4.5
C48	张紧车	MYP-0.66/1.14 3×50	1140	487	1	173	4.5

5.7　焦作煤业(集团)有限责任公司赵固一矿 16051 综采工作面设计示例

赵固一矿 16051 综采工作面概况如表 2-8 所示。综合考虑煤层的厚度,倾角及煤的物理机械性质、地质条件等煤层情况、开采规模以及采煤工艺,巷道布置情况,16051 工作面选择的综采设备及布置情况如表 5-18 所示。

表 5-18　赵固一矿 16051 主要设备配置及布置情况

设备名称	供电距离(电缆长度)/m	设备数量/台	额定功率/kW	额定电压/V
采煤机	2105	1	930	3300
转载机	1955	1	250	3300
破碎机	1950	2	160	3300
刮板输送机尾电动机	2085	1	400	3300
刮板输送机头电动机	1935	1	400	3300
1#乳化液泵	30	1	315	1140
2#乳化液泵	25	1	315	1140
3#乳化液泵	50	1	250	1140
4#乳化液泵	45	1	250	1140
1#喷雾泵	40	1	45	1140
2#喷雾泵	35	1	45	1140
1#张紧车	226	1	7.5	1140
1#胶带输送机	229	1	200	1140
2#胶带输送机	227	1	200	1140
3#胶带输送机	1452	1	75	1140
4#胶带输送机	1450	1	75	1140
2#张紧车	1460	1	7.5	1140

由表5-1和表5-18可知,该工作面的负荷分配如表5-19所示。

表5-19 赵固一矿16051工作面负荷统计表

变压器编号	所带负荷总功率/kW	设备名称	安装数量	额定功率/kW	额定电压/V
1	1500	采煤机	1	930	3300
		转载机	1	250	3300
		破碎机	2	160	3300
2	800	刮板输送机机尾电动机	1	400	3300
		刮板输送机机头电动机	1	400	3300
3	1620	乳化液泵	2	315	1140
		乳化液泵	2	250	1140
		喷雾泵	2	45	1140
		胶带输送机	2	200	1140
4	165	胶带输送机	2	75	1140
		张紧车	2	7.5	1140

采煤机实际供电距离为2105 m,1#隔爆型高压开关至1#移动变电站段长度为25 m,采煤机支路C31段180 m,因此1#移动变电站至C31首端(C21)长度为1900 m。查表5-16,干线电缆C21选择MCP-1.9/3.3 3×95。在1#变压器选择KBSGZY-1600/10/3.45移动变电站,C11选择MYPTJ-8.7/10 3×35,C31选择MCPT-0.66/1.14 3×70时,干线电缆选择C21MCP-1.9/3.3 3×95对应的极限供电距离为2471 m>1900 m,此时满足供电要求。C32~C34选择见表5-17。

刮板输送机机尾电动机支路实际供电距离为2085 m,2#隔爆型高压开关至2#移动变电站段长度为25 m,2#移动变电站至C35首端(C22)长度为10 m,刮板输送机机尾电动机支路C35段2050 m。查表5-16,C35支线选择MCP-1.9/3.3 3×25型电缆。在2#变压器选择KBSGZY-1600/10/3.45移动变电站,C12选择MYPTJ-8.7/10 3×25,C22选择MCP-0.66/1.14 3×50时,支线电缆选择C35MCP-1.9/3.3 3×35对应的极限供电距离为2201 m>2050 m,此时满足供电要求。

3#变压器所带负荷为1620 kW,最大负荷为315 kW的乳化液泵,该系统高压侧电压为10 kV,低压侧电压为1.14 kV。由于3#变压器负荷及其布置情况与表5-17中的1.14 kV系统相近,因此可参考典型设计方案。3#变压器选择KBSGZY-1250/10移动变电站,C23选择MYP-0.66/1.14 3×120型电缆时,C37~C44选择见表5-17。

5.7.1　4#变压器所带负荷的供电设计

（1）4#变压器选择与计算

根据表 5-19 得知，4#变压器总负荷为 165 kW，由于其供电距离比较长，选择容量较大的变压器 KBSGZY-630/10，主要参数如表 5-20 所示。

表 5-20　KBSGZY-630/10 变压器参数

变压器型号	额定容量/kVA	空载损耗/W	短路损耗/W	空载电流/%	短路电压百分数/%	一次/二次额定电流/A	一次/二次额定电压/kV
KBSGZY-630/10	630	2000	4100	1.5	4	36.4/303.1	10/1.2

（2）4#隔爆型高压开关所带电缆选择与计算

根据 1.4 节电缆选择的一般原则，采区变电所隔爆型高压开关至工作面移动变电站高压线路应选用 MYPTJ 型电缆。MYPTJ 型电缆为煤矿用移动金属屏蔽型铜芯橡套软电缆，由表 1-2 查得其经济电流密度 J 为 2.25 A/mm^2。

1）根据长时允许电流选择电缆截面

电缆 C14 为采区变电所 4#隔爆型高压开关至工作面移动变电站段高压线路。所带负荷为两台胶带输送机及两台张紧车。其中，胶带输送机的额定电流为 45 A，张紧车额定电流为 4.5 A，通过 C14 持续工作电流：

$$I_{ca4} = (45 \times 2 + 4.5 \times 2)/8.3 = 11.9 \text{ A}$$

查电缆参数表得知，MYPTJ-8.7/10 3×16 型电缆长时载流量为 80 A>11.9 A，满足要求。

2）按电缆短路时热稳定性校验电缆截面

本次设计，最大运行方式下的系统短路容量取 130.1 MVA，最小运行方式下的系统短路容量取 100 MVA；高压侧平均电压 $U_p = 10.5$ kV。

最大运行方式下，d17 点（C14 电缆首端）电抗值：

$$X_{s.max} = \frac{U_p^2}{S_{s.max}} = \frac{10.5^2}{130.1} = 0.847 \ \Omega$$

最大运行方式下，d17 点（C14 电缆首端）三相稳态短路电流：

$$I_{d1}^{(3)} = \frac{U_p}{\sqrt{3} \times \sqrt{(X_{s.max} + 0)^2 + 0^2}} = \frac{10500}{\sqrt{3} \times \sqrt{(0.847 + 0)^2 + 0^2}} = 7153.9 \text{ A}$$

3）热稳定性校验

d17 点（C14 电缆首端）最大三相短路电流为 7153.9 A，热稳定系数 C 取 141，短路电流作用的假想时间 t_f 取 0.25 s。满足热稳定要求的最小截面：

$$S_{min} = I_{d17}^{(3)} \frac{\sqrt{t_f}}{C} \geqslant 7153.9 \times \frac{\sqrt{0.25}}{141} = 25.4 \text{ mm}^2$$

$S_{min} > 16$ mm^2，故选用的 MYPT-8.7/10 3×16 型电缆不满足热稳定性要求，应选择

MYPT-8.7/10 3×35 型电缆。

4）按允许电压损失校验电缆截面

根据《煤矿电工手册》的规定，正常运行时，10 kV 电网的电压损失不允许超过额定电压的 7%，其允许电压损失：

$$\Delta U = 10500 - 10000 \times (1-7\%) = 1200 \text{ V}$$

查电缆参数表得知，MYPT-8.7/10 3×35 型电缆的每千米电阻值为 0.597 Ω，每千米电抗值为 0.099 Ω；长度为 20 m 的电缆的电阻值为 0.012 Ω，电抗值为 0.002 Ω。C14 电缆所输送的总有功功率为 165 kW，$\cos\varphi$ 为 0.84，$\tan\varphi$ 为 0.65，额定电压为 10 kV，利用式（1-7）可计算出 C14 电缆的实际电压损失：

$$\Delta U = \frac{P \times (R + X\tan\varphi)}{U_N} = \frac{165 \times (0.012 + 0.002 \times 0.65)}{10} = 0.22 \text{ V} < 1200 \text{ V}$$

由于实际电压损失小于允许电压损失，故电压损失校验合格。

C14 高压电缆的选择及校验结果表明，所选的 MYPT-8.7/10 3×35 型电缆满足要求，其计算结果如表 5-21 所示。

表 5-21　3300 V 系统高压电缆选择计算结果

编号	电缆型号	额定电压/V	长度/m	根数	空气中允许载流量/A	长时工作电流/A
C14	MYPTJ-8.7/10 3×35	10000	20	1	135	11.9

（3）4#变压器所带低压电缆选择

1）根据长时允许电流选择电缆截面

C24 干线电缆为 4#变压器低压侧至组合开关段的供电线路，向所有负荷供电，C24 电缆长时载流：

$$I_{c24} = 45 \times 2 + 4.5 \times 2 = 99 \text{ A}$$

C24 干线电缆选择型号为 MYP-0.6/1.14 3×25 的电缆。查电缆参数表得知，MYP-0.6/1.14 3×25 型电缆的额定载流量为 113 A> 99 A，满足要求。

C45 支线电缆所带负荷为 3#胶带输送机。查 DSJ-100/80/2×75 型胶带输送机产品说明书可知，其额定电流为 45 A。故选择型号为 MYP-0.66/1.14 3×6 的电缆。查电缆参数表得知，MYP-0.66/1.14 3×6 型电缆的额定载流为 46 A>45 A，满足要求。

C46 支线电缆所带负荷为 4#胶带输送机，其额定电流为 45 A。故选择型号为 MYP-0.66/1.14 3×6 的电缆。查电缆参数表得知，MYP-0.66/1.14 3×6 型电缆的额定载流为 46 A>45 A，满足要求。

C47 支线电缆所带负荷为张紧车，其额定电流为 4.5 A。故选择型号为 MYP-0.66/1.14 3×4 的电缆。查电缆参数表得知，MYP-0.66/1.14 3×4 型电缆的额定载流为 36 A>4.5 A，满足要求。

C48 支线电缆所带负荷为张紧车，其额定电流为 4.5 A。故选择型号为 MYP-0.66/1.14 3×4 的电缆。查电缆参数表得知，MYP-0.66/1.14 3×4 型电缆的额定载流为 36 A>

4.5 A,满足要求。

2)按电缆短路时热稳定性校验电缆截面

最大运行方式下系统短路容量为 $S_{s.max} = 130.1\ MVA$,低压侧平均电压为 $U_p = 1.2\ kV$ 。折算到变压器低压侧系统电抗值:

$$X_{s.max} = \frac{U_p^2}{S_{s.max}} = \frac{1.2^2}{130.1} = 0.011\ \Omega$$

C14 选择 MYPT-8.7/10 3×35 型电缆,其每千米电阻值为 0.597 Ω,每千米电抗值为 0.099 Ω;长度为 20 m 的电缆的电阻值为 0.012 Ω,电抗值为 0.002 Ω。

折算到低压侧的变压器短路电阻:

$$\Delta P = 3 \times I_{2N}^2 R_T$$

$$R_T = \frac{4100}{3 \times 303.1 \times 303.1} = 0.015\ \Omega$$

折算到低压侧的变压器短路阻抗:

$$Z_T = Z_T^* Z_{2N} = 4\% \times \frac{1200}{\sqrt{3} \times 303.1} = 0.091\ \Omega$$

折算到低压侧的变压器短路电抗:

$$X_T = \sqrt{Z_T^2 - R_T^2} = \sqrt{0.091^2 - 0.0068^2} = 0.09\ \Omega$$

d19 点(C24 首端)短路回路总电阻:

$$\sum R_{d19} = \frac{R_{14}}{K_T^2} + R_T = \frac{0.012}{8.3^2} + 0.015 = 0.015\ \Omega$$

最大运行方式下,d19 点(C24 首端)短路回路总电抗:

$$\sum X_{d19.max} = X_S + \frac{X_{14}}{K_T^2} + X_T = 0.011 + \frac{0.002}{8.3^2} + 0.09 = 0.101\ \Omega$$

最大运行方式下,d19 点(C24 首端)三相稳态短路电流:

$$I_{d19}^{(3)} = \frac{U_p}{\sqrt{3} \times \sqrt{(\sum R_{d19})^2 + (\sum X_{d19.max})^2}} = \frac{1200}{\sqrt{3} \times \sqrt{0.015^2 + 0.101^2}} = 6764.8\ A$$

低压电缆 C24 首端最大三相短路电流为 6764.8 A。热稳定系数 C 取 141。短路电流作用假想时间 t_f 取 0.25 s。满足热稳定要求的最小截面:

$$S_{min} = I_{d19}^{(3)} \frac{\sqrt{t_f}}{C} \geqslant 6764.8 \times \frac{\sqrt{0.25}}{141} = 24\ mm^2$$

$S_{min} < 25\ mm^2$,故 C24 选择 MYP-0.66/1.14 3×25 型电缆满足热稳定性要求。

C24 所选择 MYPT-8.7/10 3×25 型电缆的每千米电阻值为 0.864 Ω,每千米电抗值为 0.088 Ω;长度为 1 m 的电缆的电阻值为 0.000864 Ω,电抗值为 0.000088 Ω。

d20 点(C43 ~ C48 首端)短路回路总电阻:

$$\sum R_{d20} = \sum R_{d19} + R_{24} = 0.000864 + 0.015 = 0.0159\ \Omega$$

最大运行方式下,d20 点(C43 ~ C48 首端)短路回路总电抗:

$$\sum X_{d20.max} = \sum X_{d19.max} + X_{24} = 0.101 + 0.000088 = 0.101\ \Omega$$

最大运行方式下,d20 点(C24 首端)三相稳态短路电流:

$$I_{d20}^{(3)} = \frac{U_p}{\sqrt{3} \times \sqrt{\left(\sum R_{d20}\right)^2 + \left(\sum X_{d20.max}\right)^2}} = \frac{1200}{\sqrt{3} \times \sqrt{0.0159^2 + 0.101^2}}$$
$$= 6750.5 \text{ A}$$

C43～C48 电缆首端最大三相短路电流为 6750.5 A。热稳定系数 C 取 141。短路电流作用 t_f 取 0.25 s。满足热稳定要求的最小截面为：

$$S_{min} = I_{d20}^{(3)} \frac{\sqrt{t_f}}{C} \geq 6750.5 \times \frac{\sqrt{0.25}}{141} = 23.99 \text{ mm}^2$$

$S_{min} > 6 \text{ mm}^2$，故 C45 选择 MYP-0.66/1.14 3×6 型电缆不满足热稳定性要求，应选用 MYP-0.66/1.14 3×25 型电缆。

$S_{min} > 6 \text{ mm}^2$，故 C46 选择 MYP-0.66/1.14 3×6 型电缆不满足热稳定性要求，应选用 MYP-0.66/1.14 3×25 型电缆。

$S_{min} > 4 \text{ mm}^2$，故 C47 选择 MYP-0.66/1.14 3×4 型电缆不满足热稳定性要求，应选用 MYP-0.66/1.14 3×25 型电缆。

$S_{min} > 4 \text{ mm}^2$，故 C48 选择 MYP-0.66/1.14 3×4 型电缆不满足热稳定性要求，应选用 MYP-0.66/1.14 3×25 型电缆。

上述按长时允许电流初选截面，按电缆短路时热稳定性要求校验电缆截面，4#变压器所带低压电缆初步计算选择结果如表 5-22 所示。

表 5-22　赵固一矿 16051 工作面低压电缆初步计算选择结果

编号	负荷	电缆型号	额定电压/V	长度/m	根数	空气中允许载流量/A	长时工作电流/A
C24	胶带输送机和张紧车	MYP-0.66/1.14 3×25	1140	1	1	113	99
C45	3#胶带输送机	MYP-0.66/1.14 3×25	1140	1452	1	113	45
C46	4#胶带输送机	MYP-0.66/1.14 3×25	1140	1450	1	113	45
C47	张紧车	MYP-0.66/1.14 3×25	1140	1460	1	113	4.5
C48	张紧车	MYP-0.66/1.14 3×25	1140	226	1	113	4.5

3）按正常运行时允许电压损失校验电缆截面

胶带输送机是 4#变压器最远端、容量最大的负荷，因此只要胶带输送机支路的电压损失满足要求，其他支路的电压损失一定满足要求。

①变压器电压损失计算

变压器二次侧的负荷电流为 99 A。由表 5-20 查得变压器的参数：$S_N = 630$ kVA，$U_{2N} = 1200$ V，$I_{2N} = 303.1$ A，$\Delta P = 4100$ W，$U_k\% = 4\%$，$\cos\varphi = 0.84$，$\sin\varphi = 0.54$，利用式 (1-11) 计算变压器的电压损失：

$$\Delta U_{T4} = \frac{I_{T14}}{I_{2N}} \left[\frac{\Delta P}{10 \cdot S_N}\% \cdot \cos\varphi + \sqrt{U_k^2 - \left(\frac{\Delta P}{10 \cdot S_N}\%\right)^2} \cdot \sin\varphi \right] \cdot \frac{U_{2N}}{100}$$

$$= \frac{99}{303.1} \times \left[\frac{4100}{10 \times 630}\% \times 0.84 + \sqrt{4^2 - \left(\frac{4100}{10 \cdot 630\%}\right)^2} \times 0.54 \right] \times \frac{1200}{100}$$

$$= 8.49 \text{ V}$$

②C24 干线电缆电压损失

C24 电缆需用系数为 1,长度为 1 m,所带负荷总功率为 165 kW,平均功率因数为 0.84,功率因数角对应的正切值为 0.65。C24 选择 MYP-0.66/1.14 3×25 型电缆,每千米电阻值为 0.864 Ω,每千米电抗值为 0.088 Ω,由式(1-12)计算 C24 的电压损失:

$$\Delta U_{C24} = \frac{K_r \cdot \sum P_N \cdot 1000 \cdot L}{U_N}(R_0 + X_0 \tan\varphi)$$

$$= \frac{1 \times 165 \times 1000 \times 0.001}{1140} \times (0.864 + 0.088 \times 0.65) = 0.133 \text{ V}$$

③C45 支线电缆电压损失

C45 电缆需用系数为 1,所带负荷为 45 kW,平均功率因数为 0.88,平均功率因数角对应的正切值为 0.54。C45 选择 MYP-0.66/1.14 3×25 型电缆,其每千米电阻值为 0.864 Ω,每千米电抗值为 0.088 Ω。由式(1-12)反向计算 C45 电缆电压损失:

$$\Delta U_{C45} = \frac{K_r \cdot \sum P_N \cdot 1000 \cdot L}{U_N}(R_0 + X_0 \tan\varphi)$$

$$= \frac{1 \times 45 \times 1000 \times 1.452}{1140} \times (0.864 + 0.088 \times 0.54) = 87.07 \text{ V}$$

④C45 支路总电压损失

$$\sum \Delta U = \Delta U_{T4} + \Delta U_{C24} + \Delta U_{C45} = 8.53 + 0.133 + 87.07 = 95.74 < 140 \text{ V}$$,满足要求。

4)按起动时允许电压损失校验电缆截面

胶带输送机是 4#变压器最远端、容量最大的负荷,因此只要胶带输送机支路起动时电压损失满足要求,其他支路起动时电压损失一定满足要求。

①胶带输送机起动时变压器电压损失

变压器的短路损耗为 4100 W,额定容量为 630 kVA,可得电阻压降百分数:

$$U_r\% = \frac{4100}{10 \times 630}\% = 0.65\%$$

变压器的阻抗电压百分数为 4%。U_r 为 0.65。可得电抗压降百分数:

$$U_X\% = \sqrt{4^2 - 0.65^2}\% = 3.94\%$$

胶带输送机额定电流为 45 A。额定起动电流取额定电流的 6 倍,则额定起动电流:

$$I_{QN} = 6 \times 45 = 270 \text{ A}$$

胶带输送机实际起动电流一般取额定起动电流的 75%,则 C44 实际起动电流:

$$I_Q = 0.75 \times 270 = 202.5 \text{ A}$$

胶带输送机起动时剩余负荷的电流:

$$I_{SQ} = 45 + 4.5 + 4.5 = 54 \text{ A}$$

胶带输送机起动时变压器实际流过的电流:

$$I_{TQ} = I_Q + K_r \times I_{SQ} = 202.5 + 1 \times 54 = 256.5 \text{ A}$$

胶带输送机起动时,变压器二次侧实际流过的电流为 256.5 A,电动机起动时功率因数为 0.8,电动机起动时的功率因数角的正弦值为 0.6,其余负荷的加权平均功率因数角对应的正切值为 0.698。由式(1-17)计算起动时变压器电压损失:

$$\Delta U_{T4Q} = \frac{U_{2P}}{I_{2N}} \left[I_{TQ} U_r\% \cos\varphi_Q + U_X\% (I_Q \sin\varphi_Q + K_r I_{SQ} \tan\varphi_{TS}) \right]$$

$$= \frac{1200}{303.1} \times \left[256.5 \times 0.65\% \times 0.8 + 3.94\% \times (202.5 \times 0.6 + 1 \times 54 \times 0.698) \right]$$

$$= 24.6 \text{ V}$$

②胶带输送机起动时 C24 干线电缆电压损失

胶带输送机起动时,C24 电缆实际流过的电流为 256.5 A,功率因数为 0.82,截面积为 25 mm²。由式(1-14)计算胶带输送机起动时 C24 干线电缆电压损失:

$$\Delta U_{C24Q} = \frac{\sqrt{3} I_{GQ} L_G \cos\varphi \cdot 10^3}{\gamma A_G} = \frac{\sqrt{3} \times 256.5 \times 0.001 \times 0.82 \times 1000}{53 \times 25} = 0.27 \text{ V}$$

③胶带输送机起动时 C45 支线电缆电压损失

胶带输送机起动时,C45 支线电缆实际流过的电流为 202.5 A,截面积为 25 mm²,起动时的功率因数为 0.8,由式(1-14)计算起动时 C45 电压损失。

$$\Delta U_{C45Q} = \frac{\sqrt{3} I_{GQ} L_G \cos\varphi \cdot 10^3}{\gamma A_G} = \frac{\sqrt{3} \times 202.5 \times 1.452 \times 0.8 \times 1000}{53 \times 25} = 307.5 \text{ V}$$

④胶带输送机起动时 C45 支路总电压损失

$$\sum \Delta U = \Delta U_{T4Q} + \Delta U_{C24Q} + \Delta U_{C44Q} = 24.6 + 0.27 + 307.5 = 332.3 \text{ V} < 345 \text{ V}$$

故起动时电压损失满足要求。

5)按短路热稳定性校验电缆截面

最大运行方式下系统短路容量为 $S_{s.min} = 100 \text{ MVA}$,低压侧平均电压为 $U_p = 1.2 \text{ kV}$。折算到变压器低压侧系统电抗值:

$$X_{s.max} = \frac{U_p^2}{S_{s.min}} = \frac{1.2^2}{100} = 0.0144 \text{ }\Omega$$

d20 点(C45 ~ C48 首端)短路回路总电阻:

$$\sum R_{d20} = \sum R_{d19} + R_{24} = 0.000864 + 0.015 = 0.0159 \text{ }\Omega$$

最小运行方式下,d20 点(C45 ~ C48 首端)短路回路总电抗:

$$\sum X_{d20.min} = \sum X_{d19.min} + X_{24} = 0.105 + 0.000088 = 0.105 \text{ }\Omega$$

由于 C45 张紧车支路供电距离最远,其电缆截面积与胶带输送机支路相同,因此只要 C45 张紧车支路灵敏度满足要求,C44 胶带输送机支路一定满足要求。下面校验 C45 支路发生最小两相短路时的灵敏性。C45 选择 MYP-0.66/1.14 3×25 型电缆,每千米电阻值为 0.864 Ω,每千米电抗值为 0.088 Ω。C45 长度为 1462 m,其电阻为 1.26 Ω,电抗为 0.13 Ω。

d22 点(C47 末端)短路回路总电阻:

$$\sum R_{d22} = \sum R_{d20} + R_{45} = 0.0159 + 1.26 = 1.2759 \text{ }\Omega$$

最小运行方式下,d22 点(C47 末端)短路回路总电抗:

$$\sum X_{d22.min} = \sum X_{d20.min} + X_{45} = 0.105 + 0.13 = 0.235 \text{ }\Omega$$

最小运行方式下,d22 点两相稳态短路电流:

$$I_{d22}^{(2)} = \frac{U_p}{2 \times \sqrt{\left(\sum R_{d22}\right)^2 + \left(\sum X_{d22.min}\right)^2}} = \frac{1200}{\sqrt{3} \times \sqrt{1.2759^2 + 0.235^2}} = 532.9 \text{ A}$$

低压保护箱短路整定值为 300,最小运行方式下最远支路末端发生两相短路电流为 461.5 A,灵敏度:

$$\frac{532.9}{300} = 1.77 > 1.5$$

故灵敏度满足要求。

根据上述计算结果,将赵固一矿 16051 工作面变压器及电缆选择结果列于表 5-23 中。

表 5-23　赵固一矿 16051 工作面 4#变压器及电缆选型结果

编号	负荷	型号	额定电压/V	长度/m	根数	空气中允许载流量/A	长时工作电流/A
T4	胶带输送机和张紧车	KBSGZY-630/10	10000/1140	—		—	99
C14	胶带输送机和张紧车	MYPTJ-8.7/10 3×35	10000	20	1	135	11.9
C24	胶带输送机和张紧车	MYP-0.66/1.14 3×25	1140	1	1	113	99
C45	3#胶带输送机	MYP-0.66/1.14 3×25	1140	1452	1	113	45
C46	4#胶带输送机	MYP-0.66/1.14 3×25	1140	1450	1	113	45
C47	张紧车	MYP-0.66/1.14 3×25	1140	1460	1	113	4.5
C48	张紧车	MYP-0.66/1.14 3×25	1140	226	1	113	4.5

5.7.2　4#隔爆型高压开关的选择与整定计算

(1)4#隔爆型高压开关的选择

1)根据长时工作电流初选型号

隔爆型高压开关长时工作电流:

$$I_{ca4} = \frac{99}{8.3} = 11.9 \text{ A}$$

隔爆型高压开关额定电流必须大于它的长时工作电流,故选择 PJG-50/10Y 型配电箱。

2)按分段能力校验

PJG-50/10Y 隔爆型高压开关额定开断电流为 12.5 kA。最大运行方式下三相短路电流为 7153 A,小于 12.5 kA。分断能力校验合格。

3)按动稳定性校验

$$i_{sh} = 2.55 \times I_{d1}^{(3)} = 2.55 \times 7153.9 = 18242 \text{ A}$$

流过隔爆型高压开关的电流峰值为 18242 A。18242 A 小于设备极限峰值电流 31500 A。动稳定性校验合格。

4）按热稳定性校验

短路电流假想作用时间取 1.5 s。在 2 s 内流过开关的热稳定电流：

$$I_{ss} = I_{d1}^{(3)} \sqrt{\frac{t_i}{t}} = 7153.9 \times \sqrt{\frac{1.5}{2.0}} = 6195.4 \text{ A}$$

流过隔爆型高压开关的热稳定电流为 6195.4 A。6195.4 A 小于设备热稳定电流 12.5 kA。热稳定性校验合格。

（2）4#隔爆型高压开关的整定计算

负荷侧的额定电流为 36.4 A。电流互感器变比 10。过载整定值：

$$I_{gz} = \frac{I_{1N}}{K_i} = \frac{36.4}{10} = 3.64 \text{ A}$$

隔爆型高压开关过载整定值取 3.6。

隔爆型高压开关过流整定值按过载值的 5 倍整定。

$$I_{gl} = 5 \times 3.6 = 18 \text{ A}$$

隔爆型高压开关过流整定值取 18。

短路整定值按躲过最大容量电动机起动时的最大负荷电流整定。

剩余电动机的额定电流为 54 A；最大容量电动机起动时剩余负荷的需用系数为 1，变压器变比为 8.3；电流互感器变比为 10。电流互感器检测到的最大电流：

$$I_z = \frac{1.2}{8.3 \times 10} \times (270 + 1 \times 54) = 4.68 \text{ A}$$

短路整定值按躲过变压器励磁涌流整定：

$$I_{op} = \frac{4 \times 36.4}{10} = 14.56 \text{ A}$$

隔爆型高压开关的短路整定值取 15。

隔爆型高压开关短路保护保护至变压器低压侧，故需要校验变压器低压侧母线上发生最小两相短路的灵敏度是否满足要求。

最小运行方式下，d19 点两相稳态短路电流［变压器低压侧（C24 首端）］为

$$I_{d19}^{(2)} = \frac{U_p}{2 \times \sqrt{\left(\sum R_{d19}\right)^2 + \left(\sum X_{d19.min}\right)^2}} = \frac{1200}{2 \times \sqrt{0.015^2 + 0.105^2}} = 5656.85 \text{ A}$$

变压器低压侧母线上的最小两相短路电流为 5656.85 A，变压器变比为 8.3，短路整定值为 15，电流互感器变比为 10。灵敏度：

$$\frac{5656.85}{8.3 \times 15 \times 10} = 4.54 > 1.5$$

隔爆型高压开关的灵敏度校验合格。隔爆型高压开关选择与整定计算结果见表5-24。

表 5-24　隔爆型高压开关选择与整定计算结果

型号	短路 整定值	过流 整定值	过载 整定值	两相短路 电流/A	灵敏度
PJG-50/10Y	15	18	3.6	5656.85	4.54

（3）4#移动变电站高压真空开关整定计算

负荷侧的额定电流为36.4 A，需用系数为1，电流互感器变比20。利用式（1-47）计算高压真空开关的过载整定值：

$$I_{gz} = 1 \times 36.4 \div 20 = 1.82 \ A$$

移动变电站高压真空开关过载整定值取1.8。

移动变电站高压真空开关过流整定值按过载值的5倍整定。

$$I_{gl} = 5 \times 1.8 = 9 \ A$$

移动变电站高压真空开关过流整定值取9。

移动变电站高压真空开关短路整定值按躲过最大容量电动机起动时的最大负荷电流整定。

最大容量电动机起动时，C45起动电流为270；剩余电动机的额定电流为54 A；最大容量电动机起动时剩余负荷的需用系数为1，变压器变比为8.3；电流互感器变比为20。电流互感器检测到的最大电流：

$$I_z = \frac{1.2}{8.3 \times 20} \times (202.5 + 1 \times 54) = 1.85 \ A$$

短路整定值按躲过变压器励磁涌流整定：

$$I_{op} = \frac{4 \times 36.4}{20} = 7.28 \ A$$

移动变电站高压真空开关短路整定值取7.2。

变压器低压侧母线的最小两相短路电流为5656.85 A，变压器变比为8.3，短路整定值为7.2，电流互感器变比为20。灵敏度：

$$\frac{5656.85}{8.3 \times 20 \times 7.2} = 4.73 > 1.5$$

移动变电站高压真空开关的灵敏度校验合格。4#移动变电站高压开关选择与整定计算结果见表5-25。

表5-25　4#移动变电站高压开关选择与整定计算结果

型号	短路整定值	过流整定值	过载整定值	两相短路电流/A	灵敏度
KBSGZY-630/10 KBG-100/10Y 或 KJG-100/10Y	7.2	9	1.8	5656.85	4.73

（4）4#移动变电站低压保护箱的整定计算

利用式（1-52）计算低压保护箱的过载整定值

$$I_{gz} = 1 \times 99 = 99 \ A$$

低压保护箱的过载整定值取100。

移动变电站低压保护箱短路整定值按躲过最大容量电动机起动时的最大负荷电流整定。

$$I_z = 270 + 1 \times 54 = 324 \ A$$

移动变电站低压保护箱短路整定值取过载整定值3倍，即300 A。

第6章　第四类典型工作面供电系统设计与分析

6.1　负荷统计及供电系统拟定

第四类综采工作面的负荷资料如表6-1所示。

表6-1　第四类典型综采工作面采煤机及其配套设备统计表

变压器编号	所带负荷总功率/kW	设备名称	安装数量	额定功率/kW	额定电压/V
1	3150	采煤机	1	2320	3300
		1#乳化液泵	1	315	3300
		2#乳化液泵	1	315	3300
		小破碎机	1	200	3300
2	2000	刮板输送机机尾电动机	1	1000	3300
		刮板输送机机头电动机	1	1000	3300
3	1680	3#乳化液泵	1	315	3300
		4#乳化液泵	1	315	3300
		转载机高速/低速	1	525/263	3300
		大破碎机高速/低速	1	525/263	3300

根据表6-1的负荷资料初步拟定的第四类工作面供电系统如图6-1所示。电源电压为10 kV,高压供电线路选用MYPTJ-8.7/10 kV型电缆。第四类典型综采工作面采煤机及其配套设备额定电压为3.3 kV,故1#变压器和2#变压器低压侧供电电压为3.3 kV。3#变压器通过变频器给刮板输送机机尾电动机和机头电动机供电,变频器电源侧的额定电压为1.905 kV,故3#变压器低压侧额定电压为2×1.905 kV。低压供电线路选用MCP-1.9/3.3 kV型电缆。

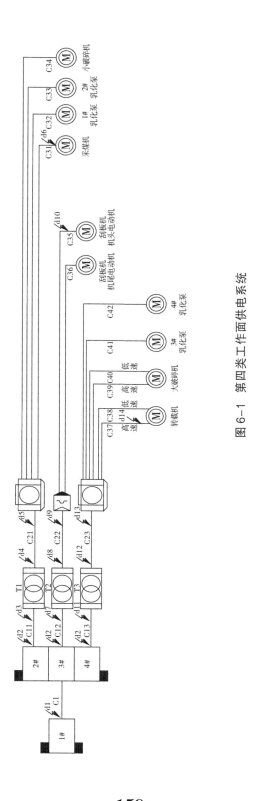

图 6-1　第四类工作面供电系统

6.2 负荷计算及变压器的选择

6.2.1 1#变压器选择与计算

根据表6-1可知,第四类综采工作面1#变压器所带负荷为3150 kW,最大负荷为一套2320 kW 的采煤机。利用式(1-2)计算该工作面的需用系数:

$$K_{r1} = 0.4 + 0.6 \times \frac{P_{max}}{\sum P_N} = 0.4 + 0.6 \times \frac{2320}{3150} = 0.84$$

根据《煤矿井下供配电设计规范》,综采工作面的平均功率因数取 0.7～0.9。本设计功率因数取0.85,利用式(1-1)计算该工作面的负荷:

$$S_{ca1} = \frac{K_{r1} \sum P_N}{\cos\varphi} = \frac{0.84 \times 3150 \times 1}{0.85} = 3120 \text{ kVA}$$

根据计算结果,第四类综采工作面1#变压器选择 KBSGZY-3150/10/3.45 移动变电站,主要参数如表6-2所示。

表6-2 KBSGZY-3150/10/3.45 变压器参数

变压器型号	额定容量/kVA	空载损耗/W	短路损耗/W	空载电流/%	短路电压百分数/%	一次/二次额定电流/A	一次/二次额定电压/kV
KBSGZY-3150/10/3.45	3150	6100	12800	0.7	5.5	181.9/527.2	10/3.45

6.2.2 2#变压器选择与计算

根据表6-1可知,第四类综采工作面2#变压器所带负荷为刮板输送机的机头电动机和机尾电动机,总功率为2000 kW。由于刮板输送机的机头电动机和机尾电动机同时运行,故需用系数为1。

根据《煤矿井下供配电设计规范》,综采工作面的平均功率因数取 0.7～0.9。本设计功率因数取0.88,利用式(1-1)计算该工作面的负荷:

$$S_{ca2} = \frac{K_{r2} \sum P_N}{\cos\varphi} = \frac{1 \times 2000 \times 1}{0.88} = 2272.7 \text{ kVA}$$

根据计算结果,第四类综采工作面2#变压器选择 KBSGZY-2500/10/2×1.905 移动变电站,主要参数如表6-3所示。

表6-3 KBSGZY-2500/10/2×1.905 变压器参数

变压器型号	额定容量/kVA	空载损耗/W	短路损耗/W	空载电流/%	短路电压百分数/%	一次/二次额定电流/A	一次/二次额定电压/kV
KBSGZY-2500/10/2×1.905	2500	6100	10800	0.7	8.26	144.3/757.7	10/1.905

6.2.3　3#变压器选择与计算

根据表 6-1 可知，第四类综采工作面 3#变压器所带负荷为 1680 kW，最大负荷为 525 kW。利用式(1-2)计算该工作面的需用系数：

$$K_{r3} = 0.4 + 0.6 \times \frac{P_{max}}{\sum P_N} = 0.4 + 0.6 \times \frac{525}{1680} = 0.59$$

根据《煤矿井下供配电设计规范》，综采工作面的平均功率因数取 0.7~0.9。本设计功率因数 0.85，利用式(1-1)计算该工作面的负荷：

$$S_{ca3} = \frac{K_{r3} \sum P_N}{\cos\varphi} = \frac{0.59 \times 1680 \times 1}{0.85} = 1161 \text{ kVA}$$

根据计算结果，第四类综采工作面 3#变压器选择 KBSGZY-1600/10/3.45 移动变电站，主要参数如表 6-4 所示。

表 6-4　KBSGZY-1600/10/3.45 变压器参数

变压器型号	额定容量/kVA	空载损耗/W	短路损耗/W	空载电流/%	短路电压百分数/%	一次/二次额定电流/A	一次/二次额定电压/kV
KBSGZY-1600/10/3.45	1600	3800	8500	1	5	92.4/267.8	10/3.45

6.3　高压电缆选择与计算

高压电缆截面按经济电流密度选择，按长时允许负荷电流、正常运行时允许电压损失和短路热稳定性要求进行校验，所选高压电缆必须满足上述所有条件。

6.3.1　1#隔爆型高压开关所带电缆选择与计算

(1)根据经济电流密度初选电缆截面

电缆 C1 为配电点 1#隔爆型高压开关至 2#、3#及 4#隔爆型高压开关段高压线路。C1 所带负荷为 1#变压器~3#变压器的所有负荷，根据 6.2 节负荷计算结果，其总功率：

$$S_{c1} = S_{ca1} + S_{ca2} + S_{ca3} = 3120 + 2272.7 + 1161 = 6553.7 \text{ kVA}$$

通过 C1 持续工作电流：

$$I_{c1} = \frac{S_{c1}}{\sqrt{3} \, U_N} = \frac{6553.7}{\sqrt{3} \times 10} = 378.4 \text{ A}$$

根据 1.4 节电缆选择的一般原则，采区变电所隔爆型高压开关至工作面移动变电站段的高压线路应选用 MYPTJ 型电缆。MYPTJ 型电缆为煤矿用移动金属屏蔽型铜芯橡套软电缆，由表 1-2 查得其经济电流密度 J 为 2.25 A/mm²。

按经济电流密度计算出的经济截面：

$$S_{ec} = \frac{I_{ca1}}{n \cdot J} = \frac{378.3}{1 \times 2.25} = 168.1 \text{ mm}^2$$

式中, n 为并列敷设的电缆根数。

按经济电流密度计算出的经济截面为 168.1 mm², 故初选 MYPTJ-8.7/10 3×150 型金属屏蔽型橡套软电缆。

（2）根据长时允许电流校验电缆截面

查电缆参数表得知, MYPTJ-8.7/10 3×150 型电缆长时载流量为 320 A<378.3 A, 不满足要求。故 C1 应选择 MYPTJ-8.7/10 3×185 型电缆, 其长时载流量为 413 A > 378.3 A, 满足要求。

（3）按电缆短路时热稳定性校验电缆截面

1）d1 点短路电流计算

本次设计, 最大运行方式下的系统短路容量取 124.5 MVA, 最小运行方式下的系统短路容量取 119.3 MVA; 高压侧平均电压 $U_p = 10.5$ kV。

最大运行方式下, d1 点（C1 电缆首端）电抗值:

$$X_{s.max} = \frac{U_p^2}{S_{s.max}} = \frac{10.5^2}{124.5} = 0.886 \ \Omega$$

最大运行方式下, d1 点（C1 电缆首端）三相稳态短路电流:

$$I_{d1}^{(3)} = \frac{U_p}{\sqrt{3} \times \sqrt{(X_{s.max} + 0)^2 + 0^2}} = \frac{10500}{\sqrt{3} \times \sqrt{(0.886 + 0)^2 + 0^2}} = 6842 \ A$$

2）热稳定性校验

d1 点（C1 电缆首端）最大三相短路电流为 6842 A, 热稳定系数 C 取 141, 短路电流作用的假想时间 t_f 取 0.25 s。满足热稳定要求的最小截面:

$$S_{min} = I_{d1}^{(3)} \frac{\sqrt{t_f}}{C} \geq 6842 \times \frac{\sqrt{0.25}}{141} = 24.3 \ mm^2$$

$S_{min} < 185$ mm², 故选用的 MYPTJ-8.7/10 3×185 型电缆满足热稳定性要求。

（4）按允许电压损失校验电缆截面

根据《煤矿电工手册》的规定, 正常运行时, 10 kV 电网的电压损失不允许超过额定电压的 7%, 其允许电压损失:

$$\Delta U = 10500 - 10000 \times (1 - 7\%) = 1200 \ V$$

查电缆参数表得知, MYPTJ-8.7/10 3×185 型电缆的每千米电阻值为 0.114 Ω, 每千米电抗值为 0.0959 Ω; 长度为 915 m 的电缆的电阻值为 0.104 Ω, 电抗值为 0.0877 Ω。C1 电缆所输送的总有功功率为 6830 kW, $\cos\varphi$ 为 0.85, $\tan\varphi$ 为 0.62, 额定电压为 10 kV, 利用式（1-7）可计算出 C1 电缆的实际电压损失:

$$\Delta U = \frac{P \times (R + X\tan\varphi)}{U_N} = \frac{6830 \times (0.104 + 0.0877 \times 0.62)}{10} = 108.4 \ V < 1200 \ V$$

由于实际电压损失小于允许电压损失, 故电压损失校验合格。

C1 高压电缆的选择及校验结果表明, 所选的 MYPTJ-8.7/10 3×185 型电缆满足要求, 其计算结果如表 6-5 所示。

6.3.2　2#隔爆型高压开关所带电缆选择与计算

（1）根据经济电流密度初选电缆截面

电缆 C11 为 2#隔爆型高压开关至工作面移动变电站段高压线路。根据负荷计算结果，C11 所带负荷的视在功率为 3120 kVA，通过 C12 持续工作电流：

$$I_{ca1} = \frac{S_{cal}}{\sqrt{3}\ U_N} = \frac{3120}{\sqrt{3} \times 10} = 180.1\ \text{A}$$

按经济电流密度计算出的经济截面：

$$S_{ec} = \frac{I_{ca1}}{n \cdot J} = \frac{180.1}{1 \times 2.25} = 80\ \text{mm}^2$$

式中，n 为并列敷设的电缆根数。

应选择标准截面小于经济截面的电缆，故初选 MYPTJ-8.7/10 3×70 型金属屏蔽型橡套软电缆。

（2）根据长时允许电流校验电缆截面

查电缆参数表可知，MYPTJ-8.7/10 3×70 型电缆长时载流量为 200 A>180.1 A，满足要求。

（3）按电缆短路时热稳定性校验电缆截面

1）d2 点短路电流计算

最大运行方式下系统电抗值为 0.886 Ω。

C1 电阻值为 0.104 Ω，电抗值为 0.0877 Ω。

d2 点（C11 电缆首端）电阻值：

$$R_{d2} = R_1 = 0.104\ \Omega$$

最大运行方式下，d2 点（C11 电缆首端）电抗值：

$$X_{d2.\,max} = X_{s.\,max} + X_1 = 0.886 + 0.0877 = 0.9737\ \Omega$$

最大运行方式下，d2 点（C11 电缆首端）三相稳态短路电流：

$$I_{d2}^{(3)} = \frac{U_p}{\sqrt{3} \times \sqrt{X_{d2.\,max}^2 + R_{d2}^2}} = \frac{10500}{\sqrt{3} \times \sqrt{0.104^2 + 0.9737^2}} = 6193.3\ \text{A}$$

2）热稳定性校验

d2 点（C11 电缆首端）最大三相短路电流为 6193.3 A，热稳定系数 C 取 141，短路电流作用的假想时间 t_f 取 0.25 s。满足热稳定要求的最小截面：

$$S_{min} = I_{d2}^{(3)} \frac{\sqrt{t_f}}{C} \geqslant 6193.3 \times \frac{\sqrt{0.25}}{141} = 21.96\ \text{mm}^2$$

$S_{min} < 70\ \text{mm}^2$，故选用的 MYPTJ-8.7/10 3×70 型电缆满足热稳定性要求。

（4）按允许电压损失校验电缆截面

查电缆参数表可知，MYPT-8.7/10 3×70 型电缆的每千米电阻值为 0.305 Ω，每千米电抗值为 0.089 Ω；长度为 35 m 的电缆的电阻值为 0.0107 Ω，电抗值为 0.0031 Ω。C11 电缆所输送的总有功功率为 3150 kW，$\cos\varphi$ 为 0.85，$\tan\varphi$ 为 0.62，额定电压为 10 kV，利用式（1-7）可计算出 C11 电缆的实际电压损失：

$$\Delta U = \frac{P \times (R + X\tan\varphi)}{U_N} = \frac{3150 \times (0.0107 + 0.0031 \times 0.62)}{10} = 3.98 \text{ V} < 1200 \text{ V}$$

C11 线路末端总电压损失包括 C1 干线电缆的电压损失和 C11 支线电缆的电压损失。C11 线路总电压损失：

$$\Delta U = 108.4 + 3.98 = 112.4 < 1200 \text{ V}$$

由于实际电压损失小于允许电压损失，故电压损失校验合格。

C11 高压电缆的选择及校验结果表明，所选的 MYPT-8.7/10 3×70 型电缆满足要求，其计算结果如表 6-5 所示。

表 6-5　第四类工作面高压电缆选择计算结果

编号	电缆型号	额定电压/V	长度/m	根数	空气中允许载流量/A	长时工作电流/A
C1	MYPTJ-8.7/10 3×185	10000	915	1	413	378.3
C11	MYPTJ-8.7/10 3×70	10000	35	1	200	180.1
C12	MYPTJ-8.7/10 3×50	10000	10	1	165	131.2
C13	MYPTJ-8.7/10 3×25	10000	20	1	110	67

6.3.3　3#隔爆型高压开关所带电缆选择与计算

（1）根据经济电流密度初选电缆截面

电缆 C12 为 3#隔爆型高压开关至工作面移动变电站段高压线路。根据负荷计算结果，C12 所带负荷的视在功率为 2272.7 kVA，通过 C12 持续工作电流：

$$I_{ca2} = \frac{S_{ca2}}{\sqrt{3}\ U_N} = \frac{2272.7}{\sqrt{3} \times 10} = 131.2 \text{ A}$$

按经济电流密度计算出的经济截面：

$$S_{ec} = \frac{I_{ca2}}{n \cdot J} = \frac{131.2}{1 \times 2.25} = 58.3 \text{ mm}^2$$

式中，n 为并列敷设的电缆根数。

应选择标准截面小于经济截面的电缆，故初选 MYPTJ-8.7/10 3×50 型金属屏蔽型橡套软电缆。

（2）根据长时允许电流校验电缆截面

查电缆参数表得知，MYPTJ-8.7/10 3×50 型电缆长时载流量为 165 A>131.2 A，满足要求。

（3）按电缆短路时热稳定性校验电缆截面

d2 点（C12 电缆首端）最大三相短路电流为 6193.3 A，热稳定系数 C 取 141，短路电流作用的假想时间 t_f 取 0.25 s。满足热稳定要求的最小截面：

$$S_{min} = I_{d2}^{(3)} \frac{\sqrt{t_f}}{C} \geq 6193.3 \times \frac{\sqrt{0.25}}{141} = 21.96 \text{ mm}^2$$

$S_{\min} < 50 \text{ mm}^2$，故选用的 MYPTJ-8.7/10 3×50 型电缆满足热稳定性要求。

（4）按允许电压损失校验电缆截面

查电缆参数表可知，MYPTJ-8.7/10 3×50 型电缆的每千米电阻值为 0.441 Ω，每千米电抗值为 0.094 Ω；长度为 10 m 的电缆的电阻值为 0.00441 Ω，电抗值为 0.00094 Ω。C12 电缆所输送的总有功功率为 2000 kW，$\cos\varphi$ 为 0.88，$\tan\varphi$ 为 0.54，额定电压为 10 kV，利用式（1-7）可计算出 C12 电缆的实际电压损失：

$$\Delta U = \frac{P \times (R + X\tan\varphi)}{U_N} = \frac{2000 \times (0.00441 + 0.00094 \times 0.54)}{10} = 0.984 \text{ V} < 1200 \text{ V}$$

C12 线路末端总电压损失包括 C1 干线电缆的电压损失和 C12 支线电缆的电压损失。C12 线路总电压损失：

$$\Delta U = 108.4 + 0.984 = 109.4 \text{ V} < 1200 \text{ V}$$

由于实际电压损失小于允许电压损失，故电压损失校验合格。

C12 高压电缆的选择及校验结果表明，所选的 MYPTJ-8.7/10 3×50 型电缆满足要求，其计算结果如表 6-5 所示。

6.3.4　4#隔爆型高压开关所带电缆选择与计算

（1）根据经济电流密度初选电缆截面

电缆 C13 为 4#隔爆型高压开关至工作面移动变电站段高压线路。根据负荷计算结果，C13 所带负荷的视在功率为 1161.2 kVA，通过 C13 持续工作电流：

$$I_{ca3} = \frac{S_{ca3}}{\sqrt{3}\, U_N} = \frac{1161.2}{\sqrt{3} \times 10} = 67 \text{ A}$$

按经济电流密度计算出的经济截面：

$$S_{ec} = \frac{I_{ca3}}{n \cdot J} = \frac{67}{1 \times 2.25} = 29.8 \text{ mm}^2$$

式中，n 为并列敷设的电缆根数。

应选择标准截面小于经济截面的电缆，故初选 MYPTJ-8.7/10 3×25 型金属屏蔽型橡套软电缆。

（2）根据长时允许电流校验电缆截面

查电缆参数表得知，MYPTJ-8.7/10 3×25 型电缆长时载流量为 110 A>67 A，满足要求。

（3）按电缆短路时热稳定性校验电缆截面

d2 点（C13 电缆首端）最大三相短路电流为 6193.3 A，热稳定系数 C 取 141，短路电流作用的假想时间 t_f 取 0.25 s。满足热稳定要求的最小截面：

$$S_{\min} = I_{d2}^{(3)} \frac{\sqrt{t_f}}{C} \geq 6193.3 \times \frac{\sqrt{0.25}}{141} = 21.96 \text{ mm}^2$$

$S_{\min} < 25 \text{ mm}^2$，故选用的 MYPTJ-8.7/10 3×25 型电缆满足热稳定性要求。

（4）按允许电压损失校验电缆截面

查电缆参数表得知，MYPTJ-8.7/10 3×25 型电缆的每千米电阻值为 0.828 Ω，每千米电抗值为 0.105 Ω；长度为 20 m 的电缆的电阻值为 0.0166 Ω，电抗值为 0.0021 Ω。C13

电缆所输送的总有功功率为 1680 kW, cosφ 为 0.85, tanφ 为 0.62, 额定电压为 10 kV, 利用式 (1-7) 可计算出 C11 电缆的实际电压损失:

$$\Delta U = \frac{P \times (R + X\tan\varphi)}{U_N} = \frac{1680 \times (0.0166 + 0.0021 \times 0.62)}{10} = 3 \text{ V} < 1200 \text{ V}$$

C13 线路末端总电压损失包括 C1 干线电缆的电压损失和 C13 支线电缆的电压损失。C13 线路总电压损失:

$$\Delta U = 108.4 + 3 = 111.4 \text{ V} < 1200 \text{ V}$$

由于实际电压损失小于允许电压损失, 故电压损失校验合格。

C13 高压电缆的选择及校验结果表明, 所选的 MYPTJ-8.7/10 3×25 型电缆满足要求, 其计算结果如表 6-5 所示。

6.4 低压电缆选择与计算

低压电缆选择按长时允许电流初选截面, 再按正常运行时允许电压损失、起动时允许电压损失和短路热稳定性进行校验, 所选低压电缆必须满足上述所有条件。具体选择思路: 为了确定极限供电距离, 首先按长时允许电流初选截面; 然后按电缆短路时热稳定性校验电缆截面; 接着按正常运行时允许电压损失、起动时允许电压损失、按保证线路末端最小运行方式下发生两相短路有不小于 1.5 的灵敏系数分别计算极限供电距离。对于长干线供电方式, 需要确定极限供电距离后, 再进行支线电缆的短路热稳定性校验。

6.4.1 低压电缆初选

6.4.1.1 1#变压器所带低压电缆初选

(1) 根据长时允许电流选择电缆截面

C21 干线电缆为 1#变压器低压侧至组合开关段的供电线路, 向采煤机、乳化液泵和小破碎机供电, 其需用系数为 0.84, 负荷总功率为 3150 kW, 本设计二次侧平均功率因数为 0.85。C21 电缆长时载流:

$$I_{21} = \frac{K_r \sum P_N \times 1000}{\sqrt{3} \ U_N \cos\varphi} = \frac{0.84 \times 3150 \times 1000}{\sqrt{3} \times 3300 \times 0.85} = 544.6 \text{ A}$$

C21 干线选择 2 根型号为 MCP-1.9/3.3 3×120 的电缆并列敷设。查电缆参数表可知, MCP-1.9/3.3 3×120 型电缆的额定载流量为 310 A。2 根 MCP-1.9/3.3 3×120 型电缆并列敷设总的额定载流量为 620 A> 544.6 A, 满足要求。

C31 支线电缆所带负荷为采煤机, 负载为两台截割电动机, 两台牵引电动机和两台泵电动机。查 MG900/2320GWD 型采煤机产品说明书得知, 截割电动机额定电流为 189.2 A, 牵引电动机额定电流为 31.5 A, 一台泵电动机电流为 38 A, 一台泵电动机电流为 9.2 A。C31 电缆长时载流:

$$I_{31} = 189.2 \times 2 + 31.5 \times 2 + 38 + 9.2 = 488.6 \text{ A}$$

C31 干线选择 2 根型号为 MCP-1.9/3.3 3×95 的电缆并列敷设。查电缆参数表可知, MCP-1.9/3.3 3×95 型电缆的额定载流量为 260 A。2 根 MCP-1.9/3.3 3×95 型电缆并列敷设总的额定载流量为 520 A> 488.6 A, 满足要求。

C32 支线电缆所带负荷为 1#乳化液泵。查 BRW500/31.5 型乳化液泵产品说明书可知,其额定电流为 68 A,故选择型号为 MCP-1.9/3.3 3×16 的电缆。查电缆参数表得知,MCP-1.9/3.3 3×16 型电缆的额定载流为 85 A>68 A,满足要求。

C33 支线电缆所带负荷为 2#乳化液泵,其额定电流为 68 A,故选择型号为 MCP-1.9/3.3 3×16 的电缆。查电缆参数表可知,MCP-1.9/3.3 3×16 型电缆的额定载流85 A>68 A,满足要求。

C34 支线电缆所带负荷为小破碎机。查 PLM2000 型破碎机产品说明书可知,其额定电流为 43 A,故选择型号为 MCP-1.9/3.3 3×10 的电缆。查电缆参数表可知,MCP-1.9/3.3 3×10 型电缆的额定载流为 64 A>43 A,满足要求。

(2)按电缆短路时热稳定性校验电缆截面

最大运行方式下系统短路容量为 $S_{\text{s.max}} = 124.5 \text{ MVA}$,低压侧平均电压为 $U_{\text{p}} = 3.45 \text{ kV}$。折算到变压器低压侧系统电抗值:

$$X_{\text{s.max}} = \frac{U_{\text{p}}^2}{S_{\text{s.max}}} = \frac{3.45^2}{124.5} = 0.0956 \ \Omega$$

折算到低压侧的变压器短路电阻:

$$\Delta P = 3 \times I_{2N}^2 R_{\text{T}}$$

$$R_{\text{T}} = \frac{12800}{3 \times 527.2 \times 527.2} = 0.0154 \ \Omega$$

折算到低压侧的变压器短路阻抗:

$$Z_{\text{T}} = Z_{\text{T}}^* Z_{2N} = 5.5\% \times \frac{3450}{\sqrt{3} \times 527.2} = 0.2078 \ \Omega$$

折算到低压侧的变压器短路电抗:

$$X_{\text{T}} = \sqrt{Z_{\text{T}}^2 - R_{\text{T}}^2} = \sqrt{0.2078^2 - 0.0154^2} = 0.2072 \ \Omega$$

C1 电阻值为 0.104 Ω,电抗值为 0.0877 Ω。

C11 电阻值为 0.0107 Ω,电抗值为 0.0031 Ω。

d4 点(C21 电缆首端)电阻值:

$$R_{\text{d4}} = \frac{R_1 + R_{11}}{k^2} + R_{\text{T}} = \frac{0.104 + 0.0107}{2.9^2} + 0.0154 = 0.029 \ \Omega$$

最大运行方式下,d4 点(C21 电缆首端)电抗值:

$$X_{\text{d4.max}} = X_{\text{s.max}} + \frac{X_1 + X_{11}}{k^2} + X_{\text{T}} = 0.0956 + \frac{0.0877 + 0.0031}{2.9^2} + 0.2072 = 0.314 \ \Omega$$

最大运行方式下,d4 点(C21 电缆首端)三相稳态短路电流:

$$I_{\text{d4}}^{(3)} = \frac{U_{\text{p}}}{\sqrt{3} \times \sqrt{X_{\text{d4.max}}^2 + R_{\text{d4}}^2}} = \frac{3450}{\sqrt{3} \times \sqrt{0.314^2 + 0.029^2}} = 6316.6 \text{ A}$$

低压电缆 C21 首端最大三相短路电流为 6316.6 A。热稳定系数 C 取 141。短路电流作用假想时间 t_{f} 取 0.25 s。满足热稳定要求的最小截面:

$$S_{\min} = I_{\text{d4}}^{(3)} \frac{\sqrt{t_{\text{f}}}}{C} \geqslant 6316.6 \times \frac{\sqrt{0.25}}{141} = 22.4 \text{ mm}^2$$

$S_{\min} < 240 \text{ mm}^2$,故 C21 选择 2 根型号为 MCP-1.9/3.3 3×120 的电缆并列敷设满足

热稳定性要求。

C21 选择 2 根型号为 MCP-1.9/3.3 3×120 的电缆并列敷设。查电缆参数表可知,MCP-1.9/3.3 3×120 型电缆的每千米电阻值为 0.164 Ω,每千米电抗值为 0.056 Ω。C21 长度为 30 m,其电阻值为 0.00246 Ω,电抗值为 0.00084 Ω。

d5 点(C31 ~ C34 首端)电阻值:

$$R_{d5} = R_{d4} + R_{21} = 0.029 + 0.00246 = 0.0315 \ \Omega$$

最大运行方式下,d5 点(C31 ~ C34 首端)电抗值:

$$X_{d5.max} = X_{d4.max} + X_{21} = 0.314 + 0.00084 = 0.3148 \ \Omega$$

最大运行方式下,d5 点(C31 ~ C34 首端)三相稳态短路电流:

$$I_{d5}^{(3)} = \frac{U_p}{\sqrt{3} \times \sqrt{X_{d5.max}^2 + R_{d5}^2}} = \frac{3450}{\sqrt{3} \times \sqrt{0.3148^2 + 0.0315^2}} = 6301.9 \ \text{A}$$

低压电缆 C31 ~ C34 首端最大三相短路电流为 6301.9 A。热稳定系数 C 取 141。短路电流作用假想时间 t_f 取 0.25 s。满足热稳定要求的最小截面:

$$S_{min} = I_{d5}^{(3)} \frac{\sqrt{t_f}}{C} \geq 6301.9 \times \frac{\sqrt{0.25}}{141} = 22.3 \ \text{mm}^2$$

$S_{min} < 190 \ \text{mm}^2$,故 C31 选择 2 根型号为 MCP-1.9/3.3 3×95 型电缆并列敷设满足热稳定性要求型电缆。

$S_{min} > 16 \ \text{mm}^2$,故 C32 选择 MCP-1.9/3.3 3×16 型电缆不满足热稳定性要求,应选择 MCP-1.9/3.3 3×25 型电缆。

$S_{min} > 16 \ \text{mm}^2$,故 C33 选择 MCP-1.9/3.3 3×16 型电缆不满足热稳定性要求,应选择 MCP-1.9/3.3 3×25 型电缆。

$S_{min} > 10 \ \text{mm}^2$,故 C34 选择 MCP-1.9/3.3 3×10 的电缆不满足热稳定性要求,应选择 MCP-1.9/3.3 3×25 型电缆。

上述按长时允许电流初选截面,按电缆短路时热稳定性要求校验电缆截面,初步计算选择 2#变压器所带低压电缆结果如表 6-6 所示。

6.4.1.2 2#变压器所带低压电缆初选

（1）根据长时允许电流选择电缆截面

C22 干线电缆为 2#变压器低压侧至变频器段的供电线路,向刮板输送机机头电动机和机尾电动机供电。查 PLM2000 型刮板输送机产品说明书可知,其机尾电动机和机头电动机的额定电流为 203 A,额定电压为 3300 V。C22 线路电压为 1905 V,其长时载流:

$$I_{22} = 406 \times 3.3 \div 1.905 = 703.3 \ \text{A}$$

C22 干线选择 2 根型号为 MCP-1.9/3.3 3×185 的电缆并列敷设。查电缆参数表可知,MCP-1.9/3.3 3×185 型电缆的额定载流量为 413 A。2 根 MCP-1.9/3.3 3×185 型电缆并列敷设总的额定载流量为 826 A> 703.3 A,满足要求。

C35 支线电缆所带负荷为刮板输送机机尾电动机,其额定电流为 203 A,故选择 2 根型号为 MCP-1.9/3.3 3×70 的电缆并列敷设。查电缆参数表可知,MCP-1.9/3.3 3×70 型电缆并列敷设总的额定载流量为 215 A> 203 A,满足要求。

C36 支线电缆所带负荷为刮板输送机机头电动机,其额定电流为 203 A,故选择 2 根型号为 MCP-1.9/3.3 3×70 的电缆并列敷设。查电缆参数表可知,MCP-1.9/3.3 3×70 型电缆并列敷设总的额定载流量为 215 A> 203 A,满足要求。

(2)按电缆短路时热稳定性校验电缆截面

最大运行方式下系统短路容量为 $S_{\text{s.max}} = 124.5 \text{ MVA}$,低压侧平均电压为 $U_{\text{p}} = 1.905 \text{ kV}$ 。折算到变压器低压侧系统电抗值:

$$X_{\text{s.max}} = \frac{U_{\text{p}}^2}{S_{\text{s.max}}} = \frac{1.905^2}{124.5} = 0.0291 \ \Omega$$

折算到低压侧的变压器短路电阻:

$$\Delta P = 3 \times I_{2N}^2 R_{\text{T}}$$

$$R_{\text{T}} = \frac{10800}{3 \times 757.7 \times 757.7} = 0.0063 \ \Omega$$

折算到低压侧的变压器短路阻抗:

$$Z_{\text{T}} = Z_{\text{T}}^* Z_{2N} = 8.26\% \times \frac{1905}{\sqrt{3} \times 757.7} = 0.1199 \ \Omega$$

折算到低压侧的变压器短路电抗:

$$X_{\text{T}} = \sqrt{Z_{\text{T}}^2 - R_{\text{T}}^2} = \sqrt{0.1199^2 - 0.0063^2} = 0.1197 \ \Omega$$

C1 电阻值为 0.104 Ω,电抗值为 0.0877 Ω。

C12 电阻值为 0.00441 Ω,电抗值为 0.00094 Ω。

d8 点(C22 电缆首端)电阻值:

$$R_{\text{d8}} = \frac{R_1 + R_{12}}{k^2} + R_{\text{T}} = \frac{0.104 + 0.00441}{3.03^2} + 0.0063 = 0.0181 \ \Omega$$

最大运行方式下,d8 点(C22 电缆首端)电抗值:

$$X_{\text{d8.max}} = X_{\text{s.max}} + \frac{X_1 + X_{12}}{k^2} + X_{\text{T}} = 0.0291 + \frac{0.0877 + 0.00094}{3.03^2} + 0.1197 = 0.1585 \ \Omega$$

最大运行方式下,d8 点(C22 电缆首端)三相稳态短路电流:

$$I_{\text{d8}}^{(3)} = \frac{U_{\text{p}}}{\sqrt{3} \times \sqrt{X_{\text{d8.max}}^2 + R_{\text{d8}}^2}} = \frac{1905}{\sqrt{3} \times \sqrt{0.0181^2 + 0.1585^2}} = 6894.3 \text{ A}$$

低压电缆 C22 首端最大三相短路电流为 6894.3 A。热稳定系数 C 取 141。短路电流作用假想时间 t_{f} 取 0.25 s。满足热稳定要求的最小截面:

$$S_{\text{min}} = I_{\text{d8}}^{(3)} \frac{\sqrt{t_{\text{f}}}}{C} \geqslant 6894.3 \times \frac{\sqrt{0.25}}{141} = 24.4 \text{ mm}^2$$

$S_{\text{min}} < 370 \text{ mm}^2$,故 C22 选择 2 根型号为 MCP-1.9/3.3 3×185 的电缆并列敷设满足热稳定性要求。

C22 选择 2 根型号为 MCP-1.9/3.3 3×185 的电缆并列敷设。查电缆参数表可知,MCP-1.9/3.3 3×185 型电缆的每千米电阻值为 0.114 Ω,每千米电抗值为 0.056 Ω。C22 长度为 50 m,其电阻值为 0.0041 Ω,电抗值为 0.0014 Ω。

d9 点(C35 ~ C36 首端)电阻值:

$$R_{\text{d9}} = R_{\text{d8}} + R_{22} = 0.0181 + 0.0041 = 0.0222 \ \Omega$$

最大运行方式下,d9 点(C35 ~ C36 首端)电抗值:

$$X_{d9.max} = X_{d8.max} + X_{22} = 0.1585 + 0.0014 = 0.1599 \ \Omega$$

最大运行方式下，d9 点（C35 ~ C36 首端）三相稳态短路电流：

$$I_{d9}^{(3)} = \frac{U_p}{\sqrt{3} \times \sqrt{X_{d9.max}^2 + R_{d9}^2}} = \frac{1905}{\sqrt{3} \times \sqrt{0.0222^2 + 0.1599^2}} = 6813 \ A$$

6813 A 为 1905 V 系统 d9 点的最大三相短路电流，折算到 3300 V 系统的短路电流：

$$I_{d9}^{(3)} = 6813 \times 1905 \div 3300 = 3933 \ A$$

低压电缆 C35 ~ C36 首端最大三相短路电流为 3933 A。热稳定系数 C 取 141。短路电流作用假想时间 t_f 取 0.25 s。满足热稳定要求的最小截面：

$$S_{min} = I_{d9}^{(3)} \frac{\sqrt{t_f}}{C} \geqslant 3933 \times \frac{\sqrt{0.25}}{141} = 13.9 \ mm^2$$

$S_{min} < 70 \ mm^2$，故 C35 选择 MCP-1.9/3.3 3×70 的电缆满足热稳定性要求。

$S_{min} < 70 \ mm^2$，故 C36 选择 MCP-1.9/3.3 3×70 的电缆满足热稳定性要求。

上述按长时允许电流初选截面，按电缆短路时热稳定性要求校验电缆截面，初步计算选择 2#变压器所带低压电缆结果如表 6-6 所示。

6.4.1.3 3#变压器所带低压电缆初选

（1）根据长时允许电流选择电缆截面

C23 干线电缆为 3#变压器低压侧至组合开关段的供电线路，向乳化液泵、转载机和大破碎机供电，其需用系数为 0.59，负荷总功率为 1680 kW，本设计二次侧平均功率因数为 0.85。C23 电缆长时载流：

$$I_{23} = \frac{K_r \sum P_N \times 1000}{\sqrt{3} \ U_N \cos\varphi} = \frac{0.59 \times 1680 \times 1000}{\sqrt{3} \times 3300 \times 0.85} = 204 \ A$$

C23 干线电缆选择型号为 MCP-1.9/3.3 3×95 的电缆。查电缆参数表得知，MCP-1.9/3.3 3×95 型电缆的额定载流量为 260 A，故 2 根并列敷设电缆的额定载流为 520 A>204 A，满足要求。

C37 支线电缆所带负荷为高速运行的转载机。查 SZZ1200/525 型号的转载机说明书得知高速运行的转载机的额定电流为 115 A，故选择型号为 MCP-1.9/3.3 3×35 的电缆。查电缆参数表可知，MCP-1.9/3.3 3×35 型电缆的额定载流为 138 A>115 A，满足要求。

C38 支线电缆所带负荷为低速运行的转载机。查 SZZ1200/525 型号的转载机说明书得知低速运行的转载机的额定电流为 80 A，故选择型号为 MCP-1.9/3.3 3×16 的电缆。查电缆参数表可知，MCP-1.9/3.3 3×16 型电缆的额定载流为 85 A>80 A，满足要求。

C39 支线电缆所带负荷为高速运行的破碎机（大破碎机）。查 PLM4000 型号的破碎机说明书得知高速运行的破碎机的额定电流为 115 A，故选择型号为 MCP-1.9/3.3 3×35 的电缆。查电缆参数表可知，MCP-1.9/3.3 3×35 型电缆的额定载流为 138 A>115 A，满足要求。

C40 支线电缆所带负荷为低速运行的破碎机（大破碎机）。查 PLM4000 型号的破碎机说明书得知低速运行的破碎机的额定电流为 80 A，故选择型号为 MCP-1.9/3.3 3×16 的电缆。查电缆参数表可知，MCP-1.9/3.3 3×16 型电缆的额定载流为 85 A>80 A，满足要求。

C41 支线电缆所带负荷为 3#乳化液泵。查 BRW500/31.5 型乳化液泵产品说明书可知,其额定电流为 68 A。故选择型号为 MCP-1.9/3.3 3×16 的电缆。查电缆参数表可知,MCP-1.9/3.3 3×16 型电缆的额定载流为 85 A>68 A,满足要求。

C42 支线电缆所带负荷为 4#乳化液泵,其额定电流为 68 A,故选择型号为 MYP-0.66/1.14 3×16 的电缆。查电缆参数表得知,MYP-0.66/1.14 3×16 型电缆的额定载流为 85 A>68 A,满足要求。

（2）按电缆短路时热稳定性校验电缆截面

最大运行方式下系统短路容量为 $S_{s.max} = 124.5 \text{ MVA}$,低压侧平均电压 $U_p = 3.45 \text{ kV}$ 。折算到变压器低压侧系统电抗值:

$$X_{s.max} = \frac{U_p^2}{S_{s.max}} = \frac{3.45^2}{124.5} = 0.0956 \ \Omega$$

折算到低压侧的变压器短路电阻:

$$\Delta P = 3 \times I_{2N}^2 R_T$$

$$R_T = \frac{8500}{3 \times 267.8 \times 267.8} = 0.0395 \ \Omega$$

折算到低压侧的变压器短路阻抗:

$$Z_T = Z_T^* Z_{2N} = 5\% \times \frac{3450}{\sqrt{3} \times 267.8} = 0.372 \ \Omega$$

折算到低压侧的变压器短路电抗:

$$X_T = \sqrt{Z_T^2 - R_T^2} = \sqrt{0.372^2 - 0.0395^2} = 0.37 \ \Omega$$

C1 电阻值为 0.104 Ω,电抗值为 0.0877 Ω。

C13 电阻值为 0.0166 Ω,电抗值为 0.0032 Ω。

d12 点（C21 电缆首端）电阻值:

$$R_{d12} = \frac{R_1 + R_{13}}{k^2} + R_T = \frac{0.104 + 0.0166}{2.9^2} + 0.0395 = 0.0538 \ \Omega$$

最大运行方式下,d12 点（C23 电缆首端）电抗值:

$$X_{d12.max} = X_{s.max} + \frac{X_1 + X_{13}}{k^2} + X_T = 0.0956 + \frac{0.0877 + 0.0032}{2.9^2} + 0.37 = 0.4884 \ \Omega$$

最大运行方式下,d12 点（C23 电缆首端）三相稳态短路电流:

$$I_{d12}^{(3)} = \frac{U_p}{\sqrt{3} \times \sqrt{X_{d12.max}^2 + R_{d12}^2}} = \frac{3450}{\sqrt{3} \times \sqrt{0.4884^2 + 0.0538^2}} = 4053.9 \text{ A}$$

低压电缆 C23 首端最大三相短路电流为 4053.9 A。热稳定系数 C 取 141。短路电流作用假想时间 t_f 取 0.25 s。满足热稳定要求的最小截面:

$$S_{min} = I_{d12}^{(3)} \frac{\sqrt{t_f}}{C} \geq 4053.9 \times \frac{\sqrt{0.25}}{141} = 14.4 \text{ mm}^2$$

$S_{min} < 95 \text{ mm}^2$,故 C23 选择型号为 MCP-1.9/3.3 3×95 的电缆满足热稳定性要求。

C23 选择型号为 MCP-1.9/3.3 3×95 的电缆。查电缆参数表可知,MCP-1.9/3.3 3×95 型电缆的每千米电阻值为 0.247 Ω,每千米电抗值为 0.075 Ω。C23 长度为 10 m,其电阻值为 0.00247 Ω,电抗值为 0.00075 Ω。

d13 点(C37 ~ C42 首端)电阻值:

$$R_{d13} = R_{d12} + R_{23} = 0.0539 + 0.00247 = 0.0564 \ \Omega$$

最大运行方式下,d13 点(C37 ~ C42 首端)电抗值:

$$X_{d13.max} = X_{d12.max} + X_{23} = 0.4884 + 0.00075 = 0.489 \ \Omega$$

最大运行方式下,d13 点(C37 ~ C42 首端)三相稳态短路电流:

$$I_{d13}^{(3)} = \frac{U_p}{\sqrt{3} \times \sqrt{X_{d13.max}^2 + R_{d13}^2}} = \frac{3450}{\sqrt{3} \times \sqrt{0.489^2 + 0.0564^2}} = 4046.5 \ \text{A}$$

低压电缆 C37 ~ C42 首端最大三相短路电流为 4046.5 A。热稳定系数 C 取 141。短路电流作用假想时间 t_f 取 0.25 s。满足热稳定要求的最小截面:

$$S_{min} = I_{d13}^{(3)} \frac{\sqrt{t_f}}{C} \geq 4046.5 \times \frac{\sqrt{0.25}}{141} = 14.3 \ \text{mm}^2$$

$S_{min} < 35 \ \text{mm}^2$,故 C37 选择型号为 MCP-1.9/3.3 3×35 的电缆满足热稳定性要求。

$S_{min} < 16 \ \text{mm}^2$,故 C38 选择型号为 MCP-1.9/3.3 3×16 的电缆满足热稳定性要求。

$S_{min} < 35 \ \text{mm}^2$,故 C39 选择型号为 MCP-1.9/3.3 3×35 的电缆满足热稳定性要求。

$S_{min} < 16 \ \text{mm}^2$,故 C40 选择型号为 MCP-1.9/3.3 3×16 的电缆满足热稳定性要求。

$S_{min} < 16 \ \text{mm}^2$,故 C41 选择型号为 MCP-1.9/3.3 3×16 的电缆满足热稳定性要求。

$S_{min} < 16 \ \text{mm}^2$,故 C42 选择型号为 MCP-1.9/3.3 3×16 的电缆满足热稳定性要求。

上述按长时允许电流初选截面,按电缆短路时热稳定性要求校验电缆截面,初步计算选择 3#变压器所带低压电缆的结果如表 6-6 所示。

表 6-6　第四类工作面低压电缆选择与计算结果

编号	负荷	电缆型号	额定电压/V	长度/m	根数	空气中允许载流量/A	长时工作电流/A
C21	采煤机、乳化液泵和小破碎机	MCP-1.9/3.3 3×120	3300	30	2	620	545.9
C22	刮板输送机	MCP-1.9/3.3 3×185	3300	50	2	826	703.3
C23	乳化液泵、转载机和破碎机	MCP-1.9/3.3 3×95	3300	10	1	260	203.2
C31	采煤机	MCP-1.9/3.3 3×95	3300	待定	2	520	488.6
C32	1#乳化液泵	MCP-1.9/3.3 3×16	3300	26	1	85	68
C33	2#乳化液泵	MCP-1.9/3.3 3×16	3300	33	1	85	68
C34	小破碎机	MCP-1.9/3.3 3×10	3300	待定	1	64	43
C35	刮板输送机机尾电动机	MCP-1.9/3.3 3×70	3300	待定	1	215	203
C36	刮板输送机机头电动机	MCP-1.9/3.3 3×70	3300	待定	1	215	203

编号	负荷	电缆型号	额定电压/V	长度/m	根数	空气中允许载流量/A	长时工作电流/A
C37	高速运行的转载机	MCP-1.9/3.3 3×35	1140	待定	1	138	115
C38	低速运行的转载机	MCP-1.9/3.3 3×16	1140	待定	1	85	80
C39	高速运行的破碎机(大破碎机)	MCP-1.9/3.3 3×35	1140	待定	1	138	115
C40	低速运行的破碎机(大破碎机)	MCP-1.9/3.3 3×16	1140	待定	1	85	80
C41	3#乳化液泵	MCP-1.9/3.3 3×16	1140	45	1	85	68
C42	4#乳化液泵	MCP-1.9/3.3 3×16	1140	50	1	85	68

6.4.2　基于所选供电设备的极限供电距离确定

6.4.2.1　1#变压器所带低压电缆的极限供电距离确定

（1）按正常运行时允许电压损失确定支线电缆 C31 极限供电距离

由于采煤机是 1#变压器最远端、容量最大的负荷,因此只要采煤机支路的电压损失满足要求,其他支路的电压损失一定满足要求。下面根据采煤机支路运行时允许电压损失确定支线 C31 极限供电距离。

1）变压器电压损失计算

变压器二次侧的负荷电流:

$$I_{T2} = \frac{K_r \sum P_N \times 1000}{\sqrt{3}\, U_N \cos\varphi} = \frac{0.84 \times 3150 \times 1000}{\sqrt{3} \times 3300 \times 0.85} = 544.6\ \text{A}$$

由表 6-2 查得变压器的参数: $S_N = 3150$ kVA, $U_{2N} = 3450$ V, $I_{2N} = 527.2$ A, $\Delta P = 12800$ W, $U_k\% = 5.5\%$, $\cos\varphi = 0.85$, $\sin\varphi = 0.53$,利用式(1-11)计算变压器的电压损失:

$$\Delta U_{T1} = \frac{I_{T12}}{I_{2N}}\left[\frac{\Delta P}{10 \cdot S_N}\% \cdot \cos\varphi + \sqrt{U_k^2 - \left(\frac{\Delta P}{10 \cdot S_N}\%\right)^2} \cdot \sin\varphi\right] \cdot \frac{U_{2N}}{100}$$

$$= \frac{544.6}{527.2} \times \left[\frac{12800}{10 \times 3150}\% \times 0.8 + \sqrt{5.5^2 - \left(\frac{12800}{10 \cdot 3150}\%\right)^2} \times 0.6\right] \times \frac{3450}{100}$$

$$= 104.3\ \text{V}$$

2）干线电缆 C21 电压损失

C21 电缆需用系数为 0.84,所带负荷总功率为 3150 kW,平均功率因数为 0.85,平均功率因数角对应的正切值为 0.62。C21 选择 2 根 MCP-1.9/3.3 3×120 型电缆并列敷设,其每千米电阻值为 0.082 Ω,每千米电抗值为 0.028 Ω。由式(1-12)计算 C21 电压损失:

$$\Delta U_{C21} = \frac{K_r \cdot \sum P_N \cdot 1000 \cdot L}{U_N}(R_0 + X_0 \tan\varphi)$$

$$= \frac{0.84 \times 3150 \times 1000 \times 0.03}{3300} \times (0.082 + 0.028 \times 0.62) = 2.4 \text{ V}$$

3）根据支线电缆 C31 允许电压损失确定其极限供电距离

采煤机低压侧供电线路由电缆 C21，C31 组成。采煤机低压侧电压损失包括变压器电压损失，C21 电压损失，C31 电压损失。C31 支线电缆允许电压损失：

$$\Delta U_{C31} = \sum \Delta U - \Delta U_{T1} - \Delta U_{C21} = 381 - 104.3 - 2.4 = 274.3 \text{ V}$$

C31 电缆需用系数为 1，所带负荷总功率为 2320 kW，平均功率因数为 0.85，功率因数角对应的正切值为 0.62。C31 选择 2 根 MCP-1.96/3.3 3×95 型电缆并列敷设，每千米电阻值为 0.247/2 Ω，每千米电抗值为 0.075/2 Ω，由式（1-12）反向计算支线电缆 C31 的极限供电距离：

$$\Delta U_{C31} = \frac{K_r \cdot \sum P_N \cdot 1000 \cdot L}{U_N}(R_0 + X_0 \tan\varphi)$$

$$= \frac{1 \times 2320 \times 1000 \times L_{31}}{3300} \times (0.124 + 0.0375 \times 0.62) = 274.3 \text{ V}$$

$$L_{31} = 2.659 \text{ km}$$

（2）按电动机起动时允许电压损失确定支线电缆 C31 极限供电距离

1）截割电动机起动时变压器电压损失

变压器的短路损耗为 12800 W，额定容量为 3150 kVA，可得电阻压降百分数：

$$U_r\% = \frac{12800}{10 \times 3150}\% = 0.41\%$$

变压器的阻抗电压百分数为 5.5%。U_r 为 0.41。可得电抗压降百分数：

$$U_X\% = \sqrt{5.5^2 - 0.41^2}\% = 5.48\%$$

截割电动机额定电流为 189.2 A。额定起动电流取额定电流的 6 倍，即

$$I_{QN} = 6 \times 189.2 = 1135.2 \text{ A}$$

截割电动机实际起动电流一般取额定起动电流的 75%，则实际起动电流：

$$I_Q = 0.75 \times 1135.2 = 851.4 \text{ A}$$

截割电动机起动时采煤机支路 C31 电流：

$$I_{C31Q} = 851.4 + 189.2 + 31.5 \times 2 + 38 + 9.2 = 1150.8 \text{ A}$$

截割电动机起动时剩余负荷的总功率为 2250 kW，剩余负荷中最大负荷的功率为 900 kW，其需用系数：

$$K_r = 0.4 + 0.6 \times \frac{P_{max}}{\sum P_N} = 0.4 + 0.6 \times \frac{900}{2250} = 0.64$$

截割电动机起动时剩余负荷总电流：

$$I_{SQ} = 488.6 + 68 \times 2 + 43 - 189.2 = 478.4 \text{ A}$$

截割电动机起动时变压器实际流过的电流：

$$I_{TQ} = I_Q + K_r \times I_{SQ} = 851.4 + 0.64 \times 478.4 = 1157.6 \text{ A}$$

采煤机截割电动机起动时,变压器二次侧实际流过的电流为 1157.6 A,电动机起动时功率因数为 0.8,电动机起动时的功率因数角的正弦值为 0.6,其余负荷的加权平均功率因数角对应的正切值为 0.65。由式(1—17)计算起动时变压器电压损失:

$$\Delta U_{T1Q} = \frac{U_{2P}}{I_{2N}} \left[I_{TQ} U_r\% \cos\varphi_Q + U_X\% \left(I_Q \sin\varphi_Q + K_r I_{SQ} \tan\varphi_{TS} \right) \right]$$

$$= \frac{3450}{527.2} \times \left[1157.6 \times 0.41\% \times 0.8 + 5.48\% \times (851.4 \times 0.6 + 0.64 \times 478.4 \times 0.65) \right]$$

$$= 279 \text{ V}$$

2)截割电动机起动时 C21 干线电缆电压损失

截割电动机起动时,C21 干线电缆实际流过的电流为 1157.6 A,C21 长度为 30 m,截面积为 240 mm²,起动时的功率因数为 0.84。由式(1—14)计算截割电动机起动时 C21 干线电缆电压损失:

$$\Delta U_{C21Q} = \frac{\sqrt{3} I_{GQ} L_G \cos\varphi \cdot 10^3}{\gamma A_G} = \frac{\sqrt{3} \times 1157.6 \times 0.03 \times 0.84 \times 1000}{53 \times 240} = 3.97 \text{ V}$$

3)按截割电动机起动时 C31 支线电缆允许电压损失确定其极限供电距离

采煤机支路低压侧供电线路由电缆 C21,C31 组成。采煤机截割电动机起动时线路电压损失包括变压器电压损失,C21 电压损失,C31 电压损失。根据截割电动机起动时 C31 允许电压损失确定其极限供电距离。

根据《煤矿井下供配电设计规范》,最远端最大容量电动机起动时其端电压不得低于电网电压的 75%,3300 V 系统最大电动机起动时允许电压损失:

$$\sum \Delta U_Q = 3450 - 3300 \times 75\% = 975 \text{ V}$$

截割电动机起动时,C31 支线电缆允许电压损失:

$$\Delta U_{C31Q} = \sum \Delta U - \Delta U_{T1Q} - \Delta U_{C21Q} = 975 - 279 - 3.97 = 692 \text{ V}$$

截割电动机起动时,C31 电缆实际流过的电流为 1150.8 A,功率因数为 0.82,截面积为 190 mm²。根据起动时 C31 电缆允许电压损失,由式(1—14)反算极限供电距离。

$$\Delta U_{C31Q} = \frac{\sqrt{3} I_{GQ} L_G \cos\varphi \cdot 10^3}{\gamma A_G} = \frac{\sqrt{3} \times 1150.8 \times L_{31} \times 0.82 \times 1000}{53 \times 190} = 692 \text{ V}$$

$$L_{31} = 4.264 \text{ km}$$

(3)按灵敏度确定 C34 线路极限供电距离

按变压器低压侧开关所保护线路最远点发生最小两相短路有不低于 1.5 灵敏系数进行逆向整定,则保护线路末端最小两相短路电流:

$$I_d^{(2)} = 1.5 \times 1686 = 2529 \text{ A}$$

计算 d6 点(C31 电缆末端)最小两相短路电流,先计算 d6 点短路回路总电阻和最小运行方式下电抗。

最小运行方式下系统短路容量取 $S_{s.min} = 119.3$ MVA,低压侧平均电压为 $U_p = 3.45$ kV。折算到变压器低压侧系统电抗值:

$$X_{s.min} = \frac{U_p^2}{S_{s.min}} = \frac{3.45^2}{119.3} = 0.0998 \text{ Ω}$$

C1 电阻值为 0.104 Ω,电抗值为 0.0877 Ω。

C11 电阻值为 0.0107 Ω,电抗值为 0.0031 Ω。

d4 点(C21 电缆首端)电阻值:

$$R_{d4} = \frac{R_1 + R_{11}}{k^2} + R_T = \frac{0.104 + 0.0107}{2.9^2} + 0.0154 = 0.029 \ \Omega$$

最小运行方式下,d4 点(C21 首端)短路回路总电抗:

$$X_{d4.min} = X_S + \frac{X_1 + X_{12}}{K_{T2}^2} + X_{T2} = 0.0998 + \frac{0.0877 + 0.0031}{2.9^2} + 0.2072 = 0.318 \ \Omega$$

C21 电阻值为 0.00246 Ω,电抗值为 0.00084 Ω。

d5 点(C21 电缆末端)电阻值:

$$R_{d5} = R_{d4} + R_{21} = 0.029 + 0.00246 = 0.0315 \ \Omega$$

最小运行方式下,d5 点(C21 电缆末端)短路回路总电抗:

$$X_{d5.min} = X_{d4.min} + X_{21} = 0.318 + 0.00084 = 0.319 \ \Omega$$

C31 电缆的长度为 L_{31},每千米电阻值为 0.1235 Ω,每千米电抗值为 0.0375 Ω。C31 电缆的电阻为 $0.1235L_{31}$,电抗为 $0.0375L_{31}$。

d61 点(C31 电缆末端)电阻值:

$$R_{d61} = R_{d5} + R_{31} = 0.0315 + 0.1235L_{31}$$

最小运行方式下,d61 点(C31 电缆末端)短路回路总电抗:

$$X_{d61.min} = X_{d5.min} + X_{31} = 0.319 + 0.0375L_{31}$$

d61 点最小两相短路电流:

$$
\begin{aligned}
I_{d61}^{(2)} &= \frac{U_p}{2 \times \sqrt{R_{d61}^2 + X_{d61.min}^2}} \\
&= \frac{3450}{2 \times \sqrt{(0.0315 + 0.1235L_{31})^2 + (0.319 + 0.0375L_{31})^2}} \\
&= 2529 \ \text{A}
\end{aligned}
$$

$$L_{31} = 3.811 \ \text{km}$$

由上述计算结果可以看出,按正常运行允许电压损失确定的 C31 的极限供电距离为 2659 m,按起动时允许电压损失确定的 C31 的极限供电距离为 4264 m,按灵敏度确定的 C31 的极限供电距离为 3811 m。由于低压电缆要求上述三项都满足要求,因此 C31 的极限供电距离为 2659 m。

由于 C34 线路最长,但电缆截面积最小,故该线路末端发生两相短路时短路回路阻抗最大,对应的两相短路电流最小。因此需要按 C34 线路末端发生最小两相短路时有不低于 1.5 的灵敏系数反向计算其极限供电距离。

C34 电缆的长度为 L_{34},每千米电阻值为 2.18 Ω,每千米电抗值为 0.092 Ω。C34 电缆的电阻为 $2.18L_{34}$,电抗为 $0.092L_{34}$。

d62 点(C34 电缆末端)电阻值:

$$R_{d62} = R_{d5} + R_{34} = 0.0315 + 2.18L_{34}$$

最小运行方式下,d62 点(C34 电缆末端)短路回路总电抗:

$$X_{d62.min} = X_{d5.min} + X_{34} = 0.319 + 0.092L_{34}$$

d62 点最小两相短路电流：

$$I_{k62}^{(2)} = \frac{U_p}{2 \times \sqrt{R_{k62}^2 + X_{k62.min}^2}}$$

$$= \frac{3450}{2 \times \sqrt{(0.0315 + 2.18L_{34})^2 + (0.319 + 0.092L_{34})^2}}$$

$$= 2529 \text{ A}$$

$$L_{34} = 0.256 \text{ km}$$

按灵敏度确定的 C34 的极限供电距离为 256 m。为进一步增加供电距离，需要增大电缆 C34 电缆截面积，不同电缆截面下的供电距离如表 6-7 所示。

表 6-7 第四类工作面低压电缆选择计算结果

编号	负荷	电缆型号	额定电压/V	长度/m	根数	空气中允许载流量/A	长时工作电流/A
C34	小破碎机	MCP-1.9/3.3 3×10	3300	256	1	64	43
		MCP-1.9/3.3 3×70	3300	1437	1	64	43
		MCP-1.9/3.3 3×95	3300	1905	1	64	43
		MCP-1.9/3.3 3×120	3300	2792	1	64	43
		MCP-1.9/3.3 3×150	3300	3084	1	64	43
		MCP-1.9/3.3 3×185	3300	4207	1	64	43

6.4.2.2 2#变压器所带低压电缆的极限供电距离

（1）按正常运行时允许电压损失确定支线极限供电距离

一般情况下，刮板输送机机尾电动机供电距离等于机头电动机供电距离加工作面切眼的长度，故刮板输送机机尾电动机是 2#变压器最远端、容量最大的负荷，因此只要刮板输送机机尾电动机支路的电压损失满足要求，机头电动机的电压损失一定满足要求。下面根据刮板输送机机尾电动机支路运行时允许的电压损失确定支线极限供电距离。

1）变压器电压损失计算

变压器二次侧的负荷电流：

$$I_{T2} = (203 + 203) \times 3.3 \div 1.905 = 703.3 \text{ A}$$

由表 6-3 查得变压器的参数：$S_N = 2500$ kVA，$U_{2N} = 1905$ V，$I_{2N} = 757.7$ A，$\Delta P = 10800$ W，$U_k\% = 8.26\%$，$\cos\varphi = 0.88$，$\sin\varphi = 0.47$，利用式（1-11）计算变压器的电压损失：

$$\Delta U_{T1} = \frac{I_{T12}}{I_{2N}} \left[\frac{\Delta P}{10 \cdot S_N}\% \cdot \cos\varphi + \sqrt{U_k^2 - \left(\frac{\Delta P}{10 \cdot S_N}\%\right)^2} \cdot \sin\varphi \right] \cdot \frac{U_{2N}}{100}$$

$$= \frac{703.3}{757.7} \times \left[\frac{10800}{10 \times 2500}\% \times 0.88 + \sqrt{8.26^2 - \left(\frac{10800}{10 \times 2500}\%\right)^2} \times 0.47 \right] \times$$

$$\frac{1905}{100} \times \frac{3.45}{1.905} = 124.4 \text{ V}$$

2）C22 干线电缆电压损失

C22 电缆需用系数为 1，长度为 50 m，所带负荷总功率为 2000 kW，平均功率因数为 0.88，功率因数角对应的正切值为 0.54。C22 选择 2 根 MCP-1.96/3.3 3×185 型电缆并列敷设，每千米电阻值为 0.0585 Ω，每千米电抗值为 0.01405 Ω，由式（1-12）计算 C22 干线电缆的电压损失：

$$\Delta U_{C22} = \frac{K_r \cdot \sum P_N \cdot 1000 \cdot L}{U_N}(R_0 + X_0 \tan\varphi)$$

$$= \frac{1 \times 2000 \times 1000 \times 0.05}{1905} \times (0.0585 + 0.01405 \times 0.54) \times \frac{3.45}{1.905} = 6.3 \text{ V}$$

3）根据支线电缆 C35 允许电压损失确定其支路极限供电距离

刮板输送机机尾电动机低压侧供电线路由电缆 C22，C35 组成。刮板输送机机尾电动机低压侧电压损失包括变压器电压损失，C22 电压损失，C35 电压损失。C35 允许电压损失：

$$\Delta U_{C35} = \sum \Delta U - \Delta U_{T2} - \Delta U_{C22} = 381 - 124.4 - 6.3 = 250.3 \text{ V}$$

C35 电缆需用系数为 1，所带负荷总功率为 1000 kW，平均功率因数为 0.88，平均功率因数角对应的正切值为 0.54。C35 选择 MCP-1.9/3.3 3×25 型电缆，其每千米电阻值为 0.94 Ω，每千米电抗值为 0.088 Ω。由式（1-12）反向计算 C35 电缆极限供电距离：

$$\Delta U_{C35} = \frac{K_r \cdot \sum P_N \cdot 1000 \cdot L}{U_N}(R_0 + X_0 \tan\varphi)$$

$$= \frac{1 \times 1000 \times 1000 \times L_{35}}{3300} \times (0.346 + 0.078 \times 0.54) = 250.3 \text{ V}$$

$$L_{35} = 2.082 \text{ km}$$

（2）按电动机起动时允许电压损失确定支线电缆 C35 极限供电距离

刮板输送机机尾电动机低压侧供电线路由电缆 C22，C35 组成。机尾电动机起动时线路电压损失包括变压器电压损失，C22 电压损失，C35 电压损失。根据机尾电动机起动时 C35 允许电压损失确定其支路极限供电距离。

1）机尾电动机起动时变压器电压损失

变压器的短路损耗为 10800 W，额定容量为 2500 kVA，可得电阻压降百分数：

$$U_r\% = \frac{10800}{10 \times 2500}\% = 0.43\%$$

变压器的阻抗电压百分数为 8.26%。U_r 为 0.43。可得电抗压降百分数：

$$U_x\% = \sqrt{8.26^2 - 0.43^2}\% = 8.25\%$$

刮板输送机机尾电动机额定电流为 203 A。额定起动电流取额定电流的 6 倍，即

$$I_{QN} = 6 \times 203 = 1218 \text{ A}$$

刮板输送机机尾电动机实际起动电流一般取额定起动电流的 0.75%，则实际起动电流为

$$I_Q = 0.75 \times 1218 = 913.5 \text{ A}$$

刮板输送机机尾电动机起动时剩余负荷总电流：

$$I_{SQ} = 203 \text{ A}$$

刮板输送机机尾电动机起动时变压器实际流过的电流：

$$I_{TQ} = I_Q + K_r \times I_{SQ} = 913.5 + 1 \times 203 = 1116.5 \text{ A}$$

刮板输送机机尾电动机起动时，变压器二次侧实际流过的电流为 1116.5 A，电动机起动时功率因数为 0.8，电动机起动时的功率因数角的正弦值为 0.6，其余负荷的加权平均功率因数角对应的正切值为 0.65。由式(1−17)计算起动时变压器电压损失：

$$\Delta U_{T2Q} = \frac{U_{2P}}{I_{2N}} \left[I_{TQ} U_r \% \cos\varphi_Q + U_X \% \left(I_Q \sin\varphi_Q + K_r I_{SQ} \tan\varphi_{TS} \right) \right]$$

$$= \frac{1905}{757.7} \times \left[1116.5 \times 0.43\% \times 0.8 + 8.25\% \times \left(913.5 \times 0.6 + 1 \times 203 \times 0.65 \right) \right] \times \frac{3.45}{1.905}$$

$$= 272.9 \text{ V}$$

折算到 3300 V 系统的电压损失：

$$\Delta U_{T2Q} = 272.7 \times \frac{3.45}{1.905} = 493.8 \text{ V}$$

2)刮板输送机机尾电动机起动时 C22 干线电缆电压损失

刮板输送机机尾电动机起动时，C22 电缆实际流过的电流为 1116.5 A，功率因数为 0.84，长度为 50 m，截面积为 185 mm^2。由式(1−14)计算截割电动机起动时折算到 3300 V 系统 C22 干线电缆电压损失：

$$\Delta U_{C22Q} = \frac{\sqrt{3} I_{GQ} L_G \cos\varphi \cdot 10^3}{\gamma A_G}$$

$$= \frac{\sqrt{3} \times 1116.5 \times 0.01 \times 0.84 \times 1000}{53 \times 370} \times \left(\frac{3.3}{1.905} \right)^2$$

$$= 12.4 \text{ V}$$

3)按刮板输送机机尾电动机起动时 C35 允许电压损失确定其极限供电距离

刮板输送机机尾电动机起动时，C35 允许电压损失：

$$\Delta U_{C35Q} = \sum \Delta U - \Delta U_{T2Q} - \Delta U_{C22Q} = 975 - 493.8 - 12.4 = 468.8 \text{ V}$$

刮板输送机机尾电动机时，C35 支线电缆实际流过的电流为 913.5 A，C35 截面积为 70 mm^2，起动时的功率因数为 0.8。根据起动时 C35 允许电压损失，由式(1−14)反算极限供电距离。

$$\Delta U_{C35Q} = \frac{\sqrt{3} I_{GQ} L_G \cos\varphi \cdot 10^3}{\gamma A_G} = \frac{\sqrt{3} \times 913.5 \times L_{35} \times 0.8 \times 1000}{53 \times 70} = 468.8 \text{ V}$$

$$L_{35} = 1.394 \text{ km}$$

（3）按灵敏度确定 C35 线路极限供电距离

按变压器低压侧开关所保护线路最远点发生最小两相短路有不低于 1.5 灵敏系数进行逆向整定，则保护线路末端最小两相短路电流：

$$I_d^{(2)} = 1.5 \times 2820 = 4230 \text{ A}$$

d8 点(C22 电缆首端)电阻值：

$$R_{d8} = \frac{R_1 + R_{11}}{k^2} + R_T = \frac{0.104 + 0.0107}{3.03^2} + 0.0063 = 0.019\ \Omega$$

最小运行方式下, d8 点(C22 首端)短路回路总电抗:

$$X_{d8.min} = X_S + \frac{X_1 + X_{12}}{K_{T2}^2} + X_{T2} = 0.0304 + \frac{0.0877 + 0.0031}{3.03^2} + 0.1197 = 0.16\ \Omega$$

C22 电缆需用系数为 1, 长度为 50 m, 每千米电阻值为 0.117/2 Ω, 每千米电抗值为 0.0281/2 Ω。电缆 C22 的电阻为 0.0029 Ω, 电抗为 0.0007 Ω。

C35 电缆的长度为 L_{35}, 每千米电阻值为 0.346 Ω, 每千米电抗值为 0.078 Ω; C35 电缆的电阻为 $0.346L_{35}$, 电抗为 $0.078L_{35}$。折算到 1.905 kV 系统, C35 电缆的电阻为 $0.1153L_{35}$, 电抗为 $0.026L_{35}$。

d10 点(C35 电缆末端)电阻值:

$$R_{d10} = R_{d8} + R_{22} + R_{35} = 0.021 + 0.1153L_{35}$$

最小运行方式下, d10 点(C35 电缆末端)短路回路总电抗:

$$X_{d10} = X_{d8} + X_{22} + X_{35} = 0.161 + 0.026L_{35}$$

d10 点短路最小两相稳态短路电流:

$$
\begin{aligned}
I_{d10}^{(2)} &= \frac{U_p}{2 \times \sqrt{R_{d10}^2 + X_{d10.min}^2}} \\
&= \frac{1905}{2 \times \sqrt{(0.021 + 0.1153L_{35})^2 + (0.161 + 0.026L_{35})^2}} \\
&= 4230\ \text{A}
\end{aligned}
$$

$$L_{35} = 0.933\ \text{km}$$

有上述计算结果可以看出, 按正常运行允许电压损失确定的 C35 的极限供电距离为 2082 m, 按起动时允许电压损失确定的 C35 的极限供电距离为 1394 m, 按灵敏度确定的 C35 的极限供电距离为 933 m。由于低压电缆要求上述三项都满足要求, 因此 C35 的极限供电距离为 933 m。

6.4.2.3 3#变压器所带低压电缆的极限供电距离确定

(1)按正常运行时允许电压损失确定支线电缆 C37 极限供电距离

由于转载机(高速)是3#变压器最远端、容量最大的负荷, 因此只要转载机(高速)支路的电压损失满足要求, 其他支路的电压损失一定满足要求。下面根据转载机(高速)支路运行时允许电压损失确定支线 C37 极限供电距离。

1)变压器电压损失计算

变压器二次侧的负荷电流:

$$I_{T2} = \frac{K_r \sum P_N \times 1000}{\sqrt{3}\ U_N \cos\varphi} = \frac{0.59 \times 1680 \times 1000}{\sqrt{3} \times 3300 \times 0.85} = 204\ \text{A}$$

由表 6-4 查得变压器的参数: $S_N = 1600$ kVA, $U_{2N} = 3450$ V, $I_{2N} = 267.8$ A, $\Delta P = 8500$ W, $U_k\% = 5\%$, $\cos\varphi = 0.85$, $\sin\varphi = 0.53$, 利用式(1-11)计算变压器的电压损失:

$$\Delta U_T = \frac{I_{T2}}{I_{2N}} \left[\frac{\Delta P}{10 \cdot S_N}\% \cdot \cos\varphi + \sqrt{U_k^2 - \left(\frac{\Delta P}{10 \cdot S_N}\%\right)^2} \cdot \sin\varphi \right] \cdot \frac{U_{2N}}{100}$$

$$= \frac{204}{267.8} \times \left[\frac{8500}{10 \times 1600}\% \times 0.85 + \sqrt{5^2 - \left(\frac{8500}{10 \cdot 1600}\%\right)^2} \times 0.53 \right] \times \frac{3450}{100}$$

$$= 69 \text{ V}$$

2）干线电缆 C23 电压损失

C23 电缆需用系数为 0.85，所带负荷总功率为 1680 kW，平均功率因数为 0.85，平均功率因数角对应的正切值为 0.62。C23 选择 MCP-1.9/3.3 3×95 型电缆，其每千米电阻值为 0.247 Ω，每千米电抗值为 0.075 Ω。由式（1-12）计算 C23 电压损失：

$$\Delta U_{C23} = \frac{K_r \cdot \sum P_N \cdot 1000 \cdot L}{U_N}(R_0 + X_0 \tan\varphi)$$

$$= \frac{0.59 \times 1680 \times 1000 \times 0.01}{3300} \times (0.247 + 0.085 \times 0.62) = 0.90 \text{ V}$$

3）根据支线电缆 C37 允许电压损失确定其极限供电距离

转载机低压侧供电线路由电缆 C23，C37 组成。转载机低压侧电压损失包括变压器电压损失，C23 电压损失，C37 电压损失。C37 支线电缆允许电压损失：

$$\Delta U_{C37} = \sum \Delta U - \Delta U_T - \Delta U_{C23} = 381 - 69 - 0.90 = 311.1 \text{ V}$$

C37 电缆需用系数为 1，所带负荷总功率为 525 kW，平均功率因数为 0.85，功率因数角对应的正切值为 0.62。C37 选择 MCP-1.96/3.3 3×35 型电缆，每千米电阻值为 0.683 Ω，每千米电抗值为 0.084 Ω，由式（1-12）反向计算支线电缆 C37 的极限供电距离：

$$\Delta U_{C37} = \frac{K_r \cdot \sum P_N \cdot 1000 \cdot L}{U_N}(R_0 + X_0 \tan\varphi)$$

$$= \frac{1 \times 525 \times 1000 \times L_{37}}{3300} \times (0.683 + 0.084 \times 0.62) = 311.1 \text{ V}$$

$$L_{37} = 2.659 \text{ km}$$

（2）按电动机起动时允许电压损失确定支线电缆 C37 极限供电距离

1）转载机起动时变压器电压损失

变压器的短路损耗为 8500 W，额定容量为 1600 kVA，可得电阻压降百分数：

$$U_r\% = \frac{8500}{10 \times 1600}\% = 0.53\%$$

变压器的阻抗电压百分数为 5%。U_r 为 0.53。可得电抗压降百分数：

$$U_X\% = \sqrt{5^2 - 0.53^2}\% = 4.97\%$$

转载机额定电流为 115 A，额定起动电流取额定电流的 6 倍，即

$$I_{QN} = 6 \times 115 = 690 \text{ A}$$

转载机实际起动电流一般取额定起动电流的 75%，则实际起动电流：

$$I_Q = 0.75 \times 690 = 517.5 \text{ A}$$

转载机起动时剩余负荷的总功率为 1155 kW，剩余负荷中最大负荷的功率为 525 kW，其需用系数：

$$K_r = 0.4 + 0.6 \times \frac{P_{max}}{\sum P_N} = 0.4 + 0.6 \times \frac{525}{1155} = 0.67$$

转载机起动时剩余负荷总电流：

$$I_{SQ} = 115 + 68 + 68 = 251 \text{ A}$$

转载机起动时变压器实际流过的电流：

$$I_{TQ} = I_Q + K_r \times I_{SQ} = 517.5 + 0.67 \times 251 = 686.4 \text{ A}$$

转载机起动时，变压器二次侧实际流过的电流为 686.4 A，电动机起动时功率因数为 0.8，电动机起动时的功率因数角的正弦值为 0.6，其余负荷的加权平均功率因数角对应的正切值为 0.62。由式（1-17）计算起动时变压器电压损失：

$$\begin{aligned} \Delta U_{TQ} &= \frac{U_{2P}}{I_{2N}} [I_{TQ} U_r\% \cos\varphi_Q + U_X\% (I_Q \sin\varphi_Q + K_r I_{SQ} \tan\varphi_{TS})] \\ &= \frac{3450}{267.8} \times [686.4 \times 0.53\% \times 0.8 + 4.97\% \times (517.5 \times 0.6 + 0.67 \times 251 \times \\ & \quad 0.62)] \\ &= 303.5 \text{ V} \end{aligned}$$

2）转载机起动时 C23 干线电缆电压损失

转载机起动时，C23 干线电缆实际流过的电流为 686.4 A，C23 长度为 10 m，截面积为 95 mm^2，起动时的功率因数为 0.8。由式（1-14）计算转载机起动时 C23 干线电缆电压损失：

$$\Delta U_{C23Q} = \frac{\sqrt{3} I_{GQ} L_G \cos\varphi \cdot 10^3}{\gamma A_G} = \frac{\sqrt{3} \times 686.4 \times 0.01 \times 0.8 \times 1000}{53 \times 95} = 1.89 \text{ V}$$

③按转载机起动时 C37 支线电缆允许电压损失确定其极限供电距离

转载机支路低压侧供电线路由电缆 C23，C37 组成。转载机起动时线路电压损失包括变压器电压损失，C23 电压损失，C37 电压损失。根据转载机起动时 C37 允许电压损失确定其极限供电距离。

根据《煤矿井下供配电设计规范》，最远端最大容量电动机起动时其端电压不得低于电网电压的 75%，3300 V 系统最大电动机起动时允许电压损失：

$$\sum \Delta U_Q = 3450 - 3300 \times 75\% = 975 \text{ V}$$

转载机起动时，C37 支线电缆允许电压损失：

$$\Delta U_{C37Q} = \sum \Delta U - \Delta U_{TQ} - \Delta U_{C23Q} = 975 - 303.5 - 1.89 = 669.6 \text{ V}$$

转载机起动时，C37 电缆实际流过的电流为 517.5 A，功率因数为 0.8，截面积为 35 mm^2。根据起动时 C37 电缆允许电压损失，由式（1-14）反算极限供电距离。

$$\Delta U_{C37Q} = \frac{\sqrt{3} I_{GQ} L_G \cos\varphi \cdot 10^3}{\gamma A_G} = \frac{\sqrt{3} \times 517.5 \times L_{37} \times 0.8 \times 1000}{53 \times 35} = 669.6 \text{ V}$$

$$L_{37} = 1.732 \text{ km}$$

（3）按灵敏度确定 C37 线路极限供电距离

按变压器低压侧开关所保护线路最远点发生最小两相短路有不低于 1.5 灵敏系数进行逆向整定，则保护线路末端最小两相短路电流：

$$I_d^{(2)} = 1.5 \times 860 = 1290 \text{ A}$$

由于 C37 线路最长，故该线路末端发生两相短路时短路回路阻抗最大，对应的两相短路电流最小。因此,只要 C37 线路末端发生最小两相短路灵敏系数大于 1.5,其他线路灵敏度一定满足要求。下面通过 C37 的灵敏度反向计算其极限供电距离。

d12 点(C23 电缆首端)电阻值:

$$R_{d12} = \frac{R_1 + R_{13}}{k^2} + R_T = \frac{0.104 + 0.017}{2.9^2} + 0.0395 = 0.0539 \ \Omega$$

最小运行方式下,d12 点(C23 首端)短路回路总电抗:

$$X_{d12.min} = X_S + \frac{X_1 + X_{12}}{K_{T2}^2} + X_{T2} = 0.0998 + \frac{0.0877 + 0.0021}{2.9^2} + 0.37 = 0.48 \ \Omega$$

C23 电阻值为 0.00247 Ω,电抗值为 0.00075 Ω。

C37 电缆的长度为 L_{37},每千米电阻值为 0.683 Ω,每千米电抗值为 0.084 Ω。C2 电缆的电阻为 $0.683L_{37}$,电抗为 $0.084L_{37}$。

d13 点(C37 电缆末端)电阻值:

$$R_{d13} = R_{d12} + R_{23} + R_{37} = 0.0564 + 0.683L_{37}$$

最小运行方式下,d13 点(C37 电缆末端)短路回路总电抗:

$$X_{d13.min} = X_{d12.min} + X_{23} + X_{37} = 0.4933 + 0.084L_{37}$$

最小运行方式,d13 点三相稳态短路电流(C37 电缆末端):

$$
\begin{aligned}
I_{d13}^{(2)} &= \frac{U_p}{2 \times \sqrt{R_{d13}^2 + X_{d13.min}^2}} \\
&= \frac{3450}{2 \times \sqrt{(0.0564 + 0.683L_{37})^2 + (0.4933 + 0.084 \ L_{37})^2}} \\
&= 1290 \ \text{A}
\end{aligned}
$$

$$L_{37} = 1.643 \ \text{km}$$

由上述计算结果可以看出,按正常运行允许电压损失确定的 C37 的极限供电距离为 2659 m,按起动时允许电压损失确定的 C37 的极限供电距离为 1732 m,按灵敏度确定的 C37 的极限供电距离为 1643 m。由于低压电缆要求上述三项都满足要求,因此 C37 的极限供电距离为 1643 m。

6.5　高、低压开关选择与整定计算

6.5.1　隔爆型高压开关的选择与整定计算

6.5.1.1　1#隔爆型高压开关的选择

(1)根据长时工作电流初选型号

隔爆型高压开关长时工作电流为 378.3 A,具体计算过程见 5.3 节。

隔爆型高压开关额定电流必须大于它的长时工作电流,故选择 PBG-400/10Y 型配电箱。

(2)按分段能力校验

PBG-400/10Y 隔爆型高压开关额定开断电流为 12.5 kA。最大运行方式下三相短

路电流 6846 A 小于 12.5 kA。分段能力校验合格。

（3）按动稳定性校验

$$i_{sh} = 2.55 \times I_{d1}^{(3)} = 2.55 \times 6846 = 17457 \text{ A}$$

流过隔爆型高压开关的电流峰值为 17457 A。17457 A 小于设备极限峰值电流 31500 A。动稳定性校验合格。

（4）按热稳定性校验

短路电流假想作用时间取 1.5 s。在 2 s 内流过开关的热稳定电流：

$$I_{ss} = I_{d1}^{(3)} \sqrt{\frac{t_i}{t}} = 6846 \times \sqrt{\frac{1.5}{2.0}} = 5928.8 \text{ A}$$

流过隔爆型高压开关的热稳定电流为 5928.7 A。5928.7 A 小于设备热稳定电流 12.5 kA。热稳定性校验合格。

6.5.1.2　1#隔爆型高压开关的整定计算

短路整定值按躲过本线路末端最大三相短路电流整定

$$I_{op} = \frac{1.2 \times 6195.1}{80} = 92.93 A$$

本次设计，最小运行方式下系统短路容量取 $S_{s.min} = 119.3 \text{ MVA}$，高压侧平均电压为 $U_p = 10.5 \text{ kV}$。高压侧系统电抗值为

$$X_{s.min} = \frac{U_p^2}{S_{s.min}} = \frac{10.5^2}{119.3} = 0.924 \ \Omega$$

d1 点（C1 首端）电阻值为 0。最小运行方式下，d1 点短路回路总电抗为

$$X_{d1.min} = X_{s.min} = 0.924 \ \Omega$$

最小运行方式，d1 点两相稳态短路电流为

$$I_{d1}^{(2)} = \frac{U_p}{2 \times \sqrt{R_{d1}^2 + X_{d1.min}^2}} = \frac{10500}{2 \times \sqrt{0^2 + 0.924^2}} = 5681 \text{ A}$$

C1 首端的最小两相短路电流为 5681 A，短路整定值为 92.93，电流互感器变比为 80。灵敏度为

$$\frac{5681}{80 \times 92.93} = 0.76 < 1.5$$

由上述计算结果可以看出，短路整定值按躲过本线路末端最大三相短路电流整定的灵敏度不满足要求，故按 C1 首端发生最小运行方式下两相短路有不小于 1.5 的灵敏系数进行逆向整定。

$$I_{op} = \frac{5681}{80 \times 1.5} = 47.34 \text{ A}$$

1#隔爆型高压开关短路整定值取 47.3。

负荷侧的额定电流为 181.9A。电流互感器变比为 80。过载整定值为

$$I_{gz} = \frac{I_{1N}}{K_i} = 181.9 \div 80 = 4.55 \text{ A}$$

1#隔爆型高压开关过载整定值取 4.5。

1#隔爆型高压开关过流整定值按过载值的 5 倍整定。

$$I_{\text{gl}} = 5 \times 4.5 = 22.5 \text{ A}$$

1#隔爆型高压开关过流整定值取 22.5。

1#隔爆型高压开关的整定计算结果见表 6-8。

表 6-8　1#隔爆型高压开关整定计算结果

型号	短路 整定值	过流 整定值	过载 整定值	两相短路 电流/A	灵敏度
PBG-400/10Y	47.3	22.5	4.5	5681	1.5

6.5.1.3　2#隔爆型高压开关的选择

（1）根据长时工作电流初选型号

2#隔爆型高压开关长时工作电流为 180.1 A，具体计算过程见 5.3 节。

隔爆型高压开关额定电流必须大于它的长时工作电流，故选择 PBG-200/10Y 型配电箱。

（2）按分段能力校验

PBG-200/10Y 隔爆型高压开关额定开断电流为 12.5 kA。最大运行方式下三相短路电流 6193.3 A 小于 12.5 kA。分段能力校验合格。

（3）按动稳定性校验

$$i_{\text{sh}} = 2.55 \times I_{\text{d1}}^{(3)} = 2.55 \times 6193.3 = 15792.9 \text{ A}$$

流过隔爆型高压开关的电流峰值为 15792.9 A。15792.9 A 小于设备极限峰值电流 31500 A。动稳定校验合格。

（4）按热稳定性校验

短路电流假想作用时间取 1.5 s。在 2 s 内流过开关的热稳定电流：

$$I_{\text{ss}} = I_{\text{d1}}^{(3)} \sqrt{\frac{t_{\text{i}}}{t}} = 6193.3 \times \sqrt{\frac{1.5}{2.0}} = 5363.5 \text{ A}$$

流过隔爆型高压开关的热稳定电流为 5363.5 A。5363.5 A 小于设备热稳定电流 12.5 kA。热稳定性校验合格。

6.5.1.4　2#隔爆型高压开关的整定计算

负荷侧的额定电流为 181.9 A。电流互感器变比为 40。过载整定值：

$$I_{\text{gz}} = \frac{I_{1\text{N}}}{K_{\text{i}}} = 181.9 \div 40 = 4.55 \text{ A}$$

隔爆型高压开关过载整定值取 4.5。

隔爆型高压开关过流整定值按过载值的 5 倍整定。

$$I_{\text{gl}} = 5 \times 4.5 = 22.5 \text{ A}$$

2#隔爆型高压开关过流整定值取 22.5。

短路整定值按躲过最大容量电动机起动时的最大负荷电流整定。

最大容量电动机为截割电动机，其额定电流为 189.2 A，额定起动电流为 1135.2 A。C11 剩余额定电流为 478.4 A。

185

C11 所带总负荷为 3150 kW, 去除截割电动机后的剩余负荷为 2250 kW, 最大负荷为 900 kW, 需用系数:

$$K_r = 0.4 + 0.6 \times \frac{P_{\max}}{\sum P} = 0.4 + 0.6 \times \frac{900}{2250} = 0.64$$

电流互感器变比为 40。电流互感器检测到的最大电流:

$$I_z = \frac{1.2}{2.9 \times 40} \times (1135.2 + 0.64 \times 478.4) = 14.9 \text{ A}$$

短路整定值按躲过变压器励磁涌流整定:

$$I_{op} = \frac{4 \times 181.9}{40} = 18.2 \text{ A}$$

2#隔爆型高压开关的短路整定值取 18。

隔爆型高压开关短路保护保护至变压器低压侧, 故需要校验变压器低压侧母线上发生最小两相短路的灵敏度是否满足要求。

最小运行方式下系统短路容量取 $S_{s.min} = 119.3 \text{ MVA}$, 低压侧平均电压为 $U_p = 3.45 \text{ kV}$。折算到变压器低压侧系统电抗值:

$$X_{s.min} = \frac{U_p^2}{S_{s.min}} = \frac{3.45^2}{119.3} = 0.0998 \text{ } \Omega$$

C1 电阻值为 0.104 Ω, 电抗值为 0.0877 Ω。

C11 电阻值为 0.0107 Ω, 电抗值为 0.0031 Ω。

d4 点(C21 电缆首端)电阻值:

$$R_{d4} = \frac{R_1 + R_{11}}{k^2} + R_T = \frac{0.104 + 0.0107}{2.9^2} + 0.0154 = 0.029 \text{ } \Omega$$

最小运行方式下, d4 点(C21 首端)短路回路总电抗:

$$X_{d4.min} = X_S + \frac{X_1 + X_{12}}{K_{T2}^2} + X_{T2} = 0.0998 + \frac{0.0877 + 0.0031}{2.9^2} + 0.2072 = 0.318 \text{ } \Omega$$

最小运行方式, d4 点三相稳态短路电流[变压器低压侧(C21 首端)]:

$$I_{d4}^{(2)} = \frac{U_p}{2 \times \sqrt{R_{d4}^2 + X_{d4.min}^2}} = \frac{3450}{2 \times \sqrt{0.029^2 + 0.318^2}} = 5402.1 \text{ A}$$

变压器低压侧母线上的最小两相短路电流为 5402.1 A, 变压器变比为 2.9, 短路整定值为 18, 电流互感器变比为 40。灵敏度为

$$\frac{5402.1}{2.9 \times 40 \times 18} = 2.59 > 1.5$$

2#隔爆型高压开关的灵敏度校验合格。2#隔爆型高压开关选择与整定计算结果见表 6-9。

表 6-9　2#隔爆型高压开关整定计算结果

型号	短路整定值	过流整定值	过载整定值	两相短路电流/A	灵敏度
PJG-100/10Y	18	22.5	4.5	5402.1	2.59

6.5.1.5　3#隔爆型高压开关的选择

（1）根据长时工作电流初选型号

3#隔爆型高压开关长时工作电流为 131.2 A，具体计算过程见 5.3 节。

隔爆型高压开关额定电流必须大于它的长时工作电流，故选择 PBG-150/10Y 型配电箱。

（2）按分段能力校验

PBG-150/10Y 隔爆型高压开关额定开断电流为 12.5 kA。最大运行方式下三相短路电流为 6846 A，小于 12.5 kA。分段能力校验合格。

（3）按动稳定性校验

$$i_{sh} = 2.55 \times I_{d1}^{(3)} = 2.55 \times 6846 = 17457 \text{ A}$$

流过隔爆型高压开关的电流峰值为 17457 A。17457 A 小于设备极限峰值电流 31500 A。动稳定性校验合格。

（4）按热稳定性校验

短路电流假想作用时间取 1.5 s。在 2 s 内流过开关的热稳定电流：

$$I_{ss} = I_{d1}^{(3)} \sqrt{\frac{t_i}{t}} = 6846 \times \sqrt{\frac{1.5}{2.0}} = 5928.8 \text{ A}$$

流过隔爆型高压开关的热稳定电流为 5928.8 A。5928.8 A 小于设备热稳定电流 12.5 kA。热稳定性校验合格。

6.5.1.6　3#隔爆型高压开关的整定计算

负荷侧的额定电流为 144.3 A，电流互感器变比为 30。过载整定值：

$$I_{gz} = \frac{I_{1N}}{K_i} = 144.3 \div 30 = 4.81 \text{ A}$$

3#隔爆型高压开关过载整定值取 4.8。

隔爆型高压开关过流整定值按过载值的 5 倍整定。

$$I_{gl} = 5 \times 4.8 = 24 \text{ A}$$

3#隔爆型高压开关过流整定值取 24。

短路整定值按躲过最大容量电动机起动时的最大负荷电流整定。

剩余电动机的额定电流为 203 A；最大容量电动机起动时剩余负荷的需用系数为 1，变压器变比为 3.03；电流互感器变比为 30。电流互感器检测到的最大电流：

$$I_z = \frac{1.2}{3.03 \times 30} \times (1218 + 1 \times 203) \times \frac{3.3}{1.905} = 32.5 \text{ A}$$

短路整定值按躲过变压器励磁涌流整定：

$$I_{op} = \frac{4 \times 144.3}{30} = 19.4 \text{ A}$$

3#隔爆型高压开关的短路整定值取 32。

隔爆型高压开关短路保护保护至变压器低压侧，故需要校验变压器低压侧母线上发生最小两相短路的灵敏度是否满足要求。

最小运行方式下系统短路容量取 $S_{s.min} = 119.3$ MVA，低压侧平均电压为 $U_p = 1.905$ kV。折算到变压器低压侧系统电抗值：

$$X_{\text{s.min}} = \frac{U_{\text{p}}^2}{S_{\text{s.min}}} = \frac{1.905^2}{119.3} = 0.0304 \ \Omega$$

C1 电阻值为 0.104 Ω,电抗值为 0.0877 Ω。

C11 电阻值为 0.0107 Ω,电抗值为 0.0031 Ω。

折算变压器低压侧的变压器短路电阻为 0.0063 Ω,短路电抗为 0.1197 Ω。

d8 点(C22 电缆首端)电阻值:

$$R_{\text{d8}} = \frac{R_1 + R_{11}}{k^2} + R_{\text{T}} = \frac{0.104 + 0.0107}{3.03^2} + 0.0063 = 0.019 \ \Omega$$

最小运行方式下,d8 点(C22 首端)短路回路总电抗:

$$X_{\text{d8.min}} = X_{\text{S}} + \frac{X_1 + X_{12}}{K_{\text{T2}}^2} + X_{\text{T2}} = 0.0304 + \frac{0.0877 + 0.0031}{3.03^2} + 0.1197 = 0.16 \ \Omega$$

最小运行方式,d8 点三相稳态短路电流[变压器低压侧(C22 首端)]:

$$I_{\text{d8}}^{(2)} = \frac{U_{\text{p}}}{2 \times \sqrt{R_{\text{d8}}^2 + X_{\text{d8.min}}^2}} = \frac{1905}{2 \times \sqrt{0.019^2 + 0.16^2}} = 5915.8 \ \text{A}$$

变压器低压侧母线上的最小两相短路电流为 5915.8 A,变压器变比为 3.03,短路整定值为 32,电流互感器变比为 30。灵敏度为

$$\frac{5915.8}{3.03 \times 32 \times 30} = 2.04 > 1.5$$

3#隔爆型高压开关的灵敏度校验合格。3#隔爆型高压开关选择与整定计算结果见表 6-10。

表 6-10　3#隔爆型高压开关整定计算结果

型号	短路整定值	过流整定值	过载整定值	两相短路电流/A	灵敏度
PJG-100/10Y	32	24	4.8	5915.8	2.04

6.5.1.7　4#隔爆型高压开关的选择

(1)根据长时工作电流初选型号

4#隔爆型高压开关长时工作电流为 67,具体计算过程见 6.3 节。

隔爆型高压开关额定电流比须大于它的长时工作电流,故选择 PBG-100/10Y 型配电箱。

(2)按分段能力校验

PBG-100/10Y 隔爆型高压开关额定开断电流为 12.5 kA。最大运行方式下三相短路电流为 6193.3 A,小于 12.5 kA。分段能力校验合格。

(3)按动稳定性校验

$$i_{\text{sh}} = 2.55 \times I_{\text{d1}}^{(3)} = 2.55 \times 6193.3 = 15792.9 \ \text{A}$$

流过隔爆型高压开关的电流峰值为 15792.9 A。15792.9 A 小于设备极限峰值电流 31500 A。动稳定校验合格。

（4）按热稳定性校验

短路电流假想作用时间取 1.5 s。在 2 s 内流过开关的热稳定电流：

$$I_{ss} = I_{d1}^{(3)} \sqrt{\frac{t_i}{t}} = 6193.2 \times \sqrt{\frac{1.5}{2.0}} = 5363.5 \text{ A}$$

流过隔爆型高压开关的热稳定电流为 5363.5 A。5363.5 A 小于设备热稳定电流 12.5 kA。热稳定性校验合格。

6.5.1.8　4#隔爆型高压开关的整定计算

负荷侧的额定电流为 92.4 A。电流互感器变比为 20。过载整定值：

$$I_{gz} = \frac{I_{1N}}{K_i} = 92.4 \div 20 = 4.62 \text{ A}$$

隔爆型高压开关过载整定值取 4.5。

隔爆型高压开关过流整定值按过载值的 5 倍整定。

$$I_{gl} = 5 \times 4.5 = 22.5 \text{ A}$$

4#隔爆型高压开关过流整定值取 22.5。

短路整定值按躲过最大容量电动机起动时的最大负荷电流整定。

最大容量电动机为转载机，其额定电流为 115 A，额定起动电流为 690 A。C23 剩余额定电流为 251 A。

C23 所带总负荷为 1680 kW，去除转载机后的剩余负荷为 1155 kW，最大负荷为 525 kW，需用系数：

$$K_r = 0.4 + 0.6 \times \frac{P_{max}}{\sum P} = 0.4 + 0.6 \times \frac{525}{1155} = 0.67$$

电流互感器变比为 20。电流互感器检测到的最大电流：

$$I_z = \frac{1.2}{2.9 \times 20} \times (690 + 0.67 \times 251) = 17.8 \text{ A}$$

短路整定值按躲过变压器励磁涌流整定：

$$I_{op} = \frac{4 \times 92.4}{20} = 18.5 \text{ A}$$

4#隔爆型高压开关的短路整定值取 18。

隔爆型高压开关短路保护保护至变压器低压侧，故需要校验变压器低压侧母线上发生最小两相短路的灵敏度是否满足要求。

最小运行方式下系统短路容量取 $S_{s,min} = 119.3 \text{ MVA}$，低压侧平均电压 $U_p = 3.45 \text{ kV}$。折算到变压器低压侧系统电抗值为 0.0998 Ω。

C1 电阻值为 0.104 Ω，电抗值为 0.0877 Ω。

C13 电阻值为 0.017 Ω，电抗值为 0.0021 Ω。

折算到变压器低压侧短路电阻为 0.0395 Ω，短路电抗为 0.37 Ω。

d12 点（C23 电缆首端）电阻值：

$$R_{d12} = \frac{R_1 + R_{13}}{k^2} + R_T = \frac{0.104 + 0.017}{2.9^2} + 0.0395 = 0.0539 \text{ Ω}$$

最小运行方式下，d12 点（C23 首端）短路回路总电抗：

$$X_{\text{d12. min}} = X_S + \frac{X_1 + X_{13}}{K_{\text{T2}}^2} + X_T = 0.0998 + \frac{0.0877 + 0.0021}{2.9^2} + 0.37 = 0.48 \ \Omega$$

最小运行方式,d12 点三相稳态短路电流[变压器低压侧(C23 首端)]:

$$I_{\text{d12}}^{(2)} = \frac{U_p}{2 \times \sqrt{R_{\text{d4}}^2 + X_{\text{d12. min}}^2}} = \frac{3450}{2 \times \sqrt{0.0539^2 + 0.48^2}} = 3481.3 \ \text{A}$$

变压器低压侧母线上的最小两相短路电流为 3481.3 A,变压器变比为 2.9,短路整定值为 18,电流互感器变比为 20。灵敏度为

$$\frac{3481.3}{2.9 \times 20 \times 18} = 3.34 > 1.5$$

4#隔爆型高压开关的灵敏度校验合格。4#隔爆型高压开关选择与整定计算结果见表 6-11。

表 6-11　4#隔爆型高压开关整定计算结果

型号	短路整定值	过流整定值	过载整定值	两相短路电流/A	灵敏度
PJG-100/10Y	18	22.5	4.5	3481.3	3.34

6.5.2　移动变电站高压真空开关的整定计算

6.5.2.1　1#移动变电站高压真空开关的整定计算

负荷侧的额定电流为 181.9 A,计算过程参见负荷统计计算。电流互感器变比为 80。利用式(1-47)计算高压真空开关的过载整定值:

$$I_{\text{gz}} = 181.9 \div 80 = 2.27 \ \text{A}$$

1#移动变电站高压真空开关过载整定值取 2.2。

移动变电站高压真空开关过流整定值按过载值的 5 倍整定。

$$I_{\text{gl}} = 5 \times 2.2 = 11 \ \text{A}$$

1#移动变电站高压真空开关过流整定值取 11。

移动变电站高压真空开关短路整定值按躲过最大容量电动机起动时的最大负荷电流整定。

最大容量电动机为截割电动机,其额定电流为 189.2 A,额定起动电流为 1135.2 A。流过移动变电站低压侧的剩余额定电流为 478.4 A。

1#移动变电站所带总负荷为 3150 kW,去除截割电动机后的剩余负荷为 2250 kW,最大负荷为 900 kW,需用系数:

$$K_r = 0.4 + 0.6 \times \frac{P_{\max}}{\sum P} = 0.4 + 0.6 \times \frac{900}{2250} = 0.64$$

电流互感器变比为 80。电流互感器检测到的最大电流:

$$I_z = \frac{1.2}{2.9 \times 80} \times (1135.2 + 0.64 \times 478.4) = 7.46 \ \text{A}$$

短路整定值按躲过变压器励磁涌流整定：

$$I_{op} = \frac{4 \times 181.9}{80} = 9.1 \text{ A}$$

1#移动变电站高压真空开关短路整定值取9。

变压器低压侧母线的最小两相短路电流为5404.8 A，变压器变比为2.9，短路整定值为9，电流互感器变比为80。灵敏度：

$$\frac{5404.8}{2.9 \times 80 \times 9} = 2.6 > 1.5$$

1#移动变电站高压真空开关的灵敏度校验合格。1#移动变电站高压开关选择与整定计算结果见表6-12。

表6-12　1#移动变电站高压开关选择与整定计算结果

型号	短路整定值	过流整定值	过载整定值	两相短路电流/A	灵敏度
KBSGZY-1600/10/3.45 KBG-200/10Y 或 KJG-200/10Y	9	11	2.2	5404.8	2.6

6.5.2.2　2#移动变电站高压真空开关的整定计算

负荷侧的额定电流为144.3 A，需用系数为1。电流互感器变比为80。利用式（1-47）计算高压真空开关的过载整定值：

$$I_{gz} = 1 \times 144.3 \div 80 = 1.8 \text{ A}$$

2#移动变电站高压真空开关过载整定值取1.8。

移动变电站高压真空开关过流整定值按过载值的5倍整定。

$$I_{gl} = 5 \times 1.8 = 9 \text{ A}$$

2#移动变电站高压真空开关过流整定值取9。

移动变电站高压真空开关短路整定值按躲过最大容量电动机起动时的最大负荷电流整定。刮板输送机机尾电动机起动电流按额定起动电流计算，起动时变压器二次侧流过的电流为595 A。电流互感器检测到的最大电流：

$$I_z = \frac{1.2}{3.03 \times 80} \times (1218 + 1 \times 203) \times \frac{3.3}{1.905} = 12.2 \text{ A}$$

短路整定值按躲过变压器励磁涌流整定：

$$I_{op} = \frac{4 \times 144.3}{80} = 7.2 \text{ A}$$

2#移动变电站高压真空开关短路整定值取12。

变压器低压侧母线的最小两相短路电流为5922.2 A，变压器变比为3.03，短路整定值为12，电流互感器变比为80。灵敏度：

$$\frac{5922.2}{3.03 \times 80 \times 12} = 2.04 > 1.5$$

2#移动变电站高压真空开关的灵敏度校验合格。2#移动变电站高压开关选择与整定计算结果见表 6-13。

表 6-13　2#移动变电站高压开关选择与整定计算结果

型号	短路整定值	过流整定值	过载整定值	两相短路电流/A	灵敏度
KBSGZY-1600/10/3.45 KBG-200/10Y 或 KJG-200/10Y	12	9	1.8	5922.2	2.04

6.5.2.3　3#移动变电站高压真空开关的整定计算

负荷侧的额定电流为 92.4 A,计算过程参见负荷统计计算。电流互感器变比为 20。利用式(1-47)计算高压真空开关的过载整定值:

$$I_{gz} = 92.4 \div 20 = 4.62 \text{ A}$$

3#移动变电站高压真空开关过载整定值取 4.5。

移动变电站高压真空开关过流整定值按过载值的 5 倍整定。

$$I_{gl} = 5 \times 4.5 = 22.5 \text{ A}$$

3#移动变电站高压真空开关过流整定值取 22.5。

移动变电站高压真空开关短路整定值按躲过最大容量电动机起动时的最大负荷电流整定。

最大容量电动机为转载机,其额定电流为 115 A,额定起动电流为 690 A。C23 剩余额定电流为 251 A。

C23 所带总负荷为 1680 kW,去除转载机后的剩余负荷为 1155 kW,最大负荷为 525 kW,需用系数:

$$K_r = 0.4 + 0.6 \times \frac{P_{max}}{\sum P} = 0.4 + 0.6 \times \frac{525}{1155} = 0.67$$

电流互感器变比为 20。电流互感器检测到的最大电流:

$$I_z = \frac{1.2}{2.9 \times 20} \times (690 + 0.67 \times 251) = 17.8 \text{ A}$$

短路整定值按躲过变压器励磁涌流整定:

$$I_{op} = \frac{4 \times 92.4}{20} = 18.5 \text{ A}$$

3#移动变电站高压真空开关短路整定值取 18。

变压器低压侧母线上的最小两相短路电流为 3481.3 A,变压器变比为 2.9,短路整定值为 18,电流互感器变比为 20。灵敏度:

$$\frac{3481.3}{2.9 \times 20 \times 18} = 3.33 > 1.5$$

3#移动变电站高压真空开关的灵敏度校验合格。3#移动变电站高压开关选择与整定计算结果见表 6-14。

表 6-14　3#移动变电站高压开关选择与整定计算结果

型号	短路整定值	过流整定值	过载整定值	两相短路电流/A	灵敏度
KBSGZY-1600/10/3.45 KBG-200/10Y 或 KJG-200/10Y	18	13.5	2.7	3481.3	3.34

6.5.3　移动变电站低压保护箱的整定计算

6.5.3.1　1#移动变电站低压保护箱的整定计算

利用式(1-52)计算低压保护箱的过载整定值:

$$I_{gz} = 0.84 \times 667.6 = 560.78 \text{ A}$$

低压保护箱的过载整定值取 562。

移动变电站低压保护箱短路整定值按躲过最大容量电动机起动时的最大负荷电流整定:

$$I_z = 1135.2 + 0.64 \times 478.4 = 1441.4 \text{ A}$$

移动变电站低压保护箱短路整定值取过载整定值 3 倍,即 1686 A。按变压器低压侧开关所保护线路最远点发生最小两相短路有不低于 1.5 灵敏系数进行逆向整定,则保护线路末端最小两相短路电流:

$$I_d^{(2)} = 1.5 \times 1686 = 2529 \text{ A}$$

6.5.3.2　2#移动变电站低压保护箱的整定计算

利用式(1-52)计算低压保护箱的过载整定值

$$I_{gz} = 1 \times 406 \times 3.3 \div 1.9 = 705.16 \text{ A}$$

低压保护箱的过载整定值取 705。

移动变电站低压保护箱短路整定值按躲过最大容量电动机起动时的最大负荷电流整定。

$$I_z = (1218 + 1 \times 203) \times \frac{3.3}{1.905} = 2461.6 \text{ A}$$

移动变电站低压保护箱短路整定值取过载整定值 4 倍,即 2820 A。按变压器低压侧开关所保护线路最远点发生最小两相短路有不低于 1.5 灵敏系数进行逆向整定,则保护线路末端最小两相短路电流:

$$I_d^{(2)} = 1.5 \times 2820 = 4230 \text{ A}$$

6.5.3.3　3#移动变电站低压保护箱的整定计算

利用式(1-52)计算低压保护箱的过载整定值

$$I_{gz} = 0.59 \times 366 = 215.94 \text{ A}$$

低压保护箱的过载整定值取 215。

移动变电站低压保护箱短路整定值按躲过最大容量电动机起动时的最大负荷电流整定:

$$I_z = 690 + 0.67 \times 251 = 858.2 \text{ A}$$

移动变电站低压保护箱短路整定值取过载整定值 4 倍,即 860 A。按变压器低压侧开关所保护线路最远点发生最小两相短路有不低于 1.5 灵敏系数进行逆向整定,则保护线路末端最小两相短路电流:

$$I_d^{(2)} = 1.5 \times 860 = 1290 \text{ A}$$

根据上述计算结果,将按运行时允许电压损失,起动时允许电压损失和灵敏度分别计算的各支路供电距离列于表 6-15 中。

表 6-15　第四类工作面低压电缆计算选择结果

编号	负荷	电缆型号	额定电压/V	长度/m	根数	空气中允许载流量/A	长时工作电流/A
C21	采煤机、乳化液泵和小破碎机	MCP-1.9/3.3 3×120	3300	30	2	620	545.9
C22	刮板输送机	MCP-1.9/3.3 3×185	3300	50	2	826	703.3
C23	乳化液泵、转载机和破碎机	MCP-1.9/3.3 3×95	3300	10	1	260	203.2
C31	采煤机	MCP-1.9/3.3 3×95	3300	2659	2	520	488.6
C32	1#乳化液泵	MCP-1.9/3.3 3×16	3300	26	1	85	68
C33	2#乳化液泵	MCP-1.9/3.3 3×16	3300	33	1	85	68
C34	小破碎机	MCP-1.9/3.3 3×10	3300	256	1	64	43
C35	刮板输送机机尾电动机	MCP-1.9/3.3 3×70	3300	933	1	215	203
C36	刮板输送机机头电动机	MCP-1.9/3.3 3×70	3300	933	1	215	203
C37	高速运行的转载机	MCP-1.9/3.3 3×35	1140	1643	1	138	115
C38	低速运行的转载机	MCP-1.9/3.3 3×16	1140	781	1	85	80
C39	高速运行的破碎机	MCP-1.9/3.3 3×35	1140	1643	1	138	115
C40	低速运行的破碎机	MCP-1.9/3.3 3×16	1140	781	1	85	80
C41	3#乳化液泵	MCP-1.9/3.3 3×16	1140	45	1	85	68
C42	4#乳化液泵	MCP-1.9/3.3 3×16	1140	50	1	85	68

6.6　第四类工作面供电系统设计数据库

通过增加变压器容量和电缆截面可以增加供电距离。根据前述的第一类和第二类典型工作面设计结论可知,通过增加变压器容量增加供电距离的效果有限,因此本书计算出第四类工作面各支路在不同电缆型号下的极限供电距离,结果列于表 6-16 中。

表 6-16　第四类工作面低压电缆计算选择结果

编号	负荷	电缆型号	额定电压/V	长度/m	根数	空气中允许载流量/A	长时工作电流/A
C21	采煤机、乳化液泵和小破碎机	MCP-1.9/3.3 3×120	3300	30	2	620	545.9
C22	刮板输送机	MCP-1.9/3.3 3×185	3300	50	2	826	703.3
C23	乳化液泵、转载机和破碎机	MCP-1.9/3.3 3×95	3300	10	1	260	203.2
C31	采煤机	MCP-1.9/3.3 3×95	3300	2659	2	520	488.6
C31	采煤机	MCP-1.9/3.3 3×120	3300	3927	2	520	488.6
C31	采煤机	MCP-1.9/3.3 3×150	3300	4513	2	520	488.6
C31	采煤机	MCP-1.9/3.3 3×185	3300	5806	2	520	488.6
C32	1#乳化液泵	MCP-1.9/3.3 3×16	3300	26	1	85	68
C33	2#乳化液泵	MCP-1.9/3.3 3×16	3300	33	1	85	68
C34	小破碎机	MCP-1.9/3.3 3×10	3300	256	1	64	43
C34	小破碎机	MCP-1.9/3.3 3×16	3300	373	1	64	43
C34	小破碎机	MCP-1.9/3.3 3×25	3300	578	1	64	43
C34	小破碎机	MCP-1.9/3.3 3×35	3300	779	1	64	43
C34	小破碎机	MCP-1.9/3.3 3×50	3300	1054	1	64	43
C34	小破碎机	MCP-1.9/3.3 3×70	3300	1437	1	64	43
C34	小破碎机	MCP-1.9/3.3 3×95	3300	1905	1	64	43
C34	小破碎机	MCP-1.9/3.3 3×120	3300	2792	1	64	43
C34	小破碎机	MCP-1.9/3.3 3×150	3300	3084	1	64	43
C34	小破碎机	MCP-1.9/3.3 3×185	3300	4207	1	64	43
C34	小破碎机	MCP-1.9/3.3 3×120	3300	5584	2	64	43
C34	小破碎机	MCP-1.9/3.3 3×150	3300	6169	2	64	43
C35	刮板输送机机尾电动机	MCP-1.9/3.3 3×70	3300	933	1	215	203

续表 6-16

编号	负荷	电缆型号	额定电压/V	长度/m	根数	空气中允许载流量/A	长时工作电流/A
C35	刮板输送机机尾电动机	MCP-1.9/3.3 3×95	3300	1202	1	215	203
C35	刮板输送机机尾电动机	MCP-1.9/3.3 3×120	3300	1738	1	215	203
C35	刮板输送机机尾电动机	MCP-1.9/3.3 3×150	3300	1835	1	215	203
C35	刮板输送机机尾电动机	MCP-1.9/3.3 3×185	3300	2717	1	215	203
C35	刮板输送机机尾电动机	MCP-1.9/3.3 3×70	3300	1867	2	215	203
C35	刮板输送机机尾电动机	MCP-1.9/3.3 3×95	3300	2404	2	215	203
C35	刮板输送机机尾电动机	MCP-1.9/3.3 3×120	3300	3477	2	215	203
C35	刮板输送机机尾电动机	MCP-1.9/3.3 3×150	3300	3670	2	215	203
C35	刮板输送机机尾电动机	MCP-1.9/3.3 3×185	3300	5434	2	215	203
C36	刮板输送机机头电动机	MCP-1.9/3.3 3×70	3300	933	1	215	203
C37	高速运行的转载机	MCP-1.9/3.3 3×35	3300	1643	1	138	115
C37	高速运行的转载机	MCP-1.9/3.3 3×50	3300	2236	1	138	115
C37	高速运行的转载机	MCP-1.9/3.3 3×70	3300	3069	1	138	115
C37	高速运行的转载机	MCP-1.9/3.3 3×120	3300	4106	1	138	115
C37	高速运行的转载机	MCP-1.9/3.3 3×150	3300	6041	1	138	115
C38	低速运行的转载机	MCP-1.9/3.3 3×16	3300	781	1	85	80
C38	低速运行的转载机	MCP-1.9/3.3 3×25	3300	1215	1	85	80

续表 6-16

编号	负荷	电缆型号	额定电压/V	长度/m	根数	空气中允许载流量/A	长时工作电流/A
C38	低速运行的转载机	MCP-1.9/3.3 3×35	3300	1643	1	138	115
C38	低速运行的转载机	MCP-1.9/3.3 3×50	3300	2236	1	138	115
C38	低速运行的转载机	MCP-1.9/3.3 3×70	3300	3069	1	138	115
C38	低速运行的转载机	MCP-1.9/3.3 3×120	3300	4106	1	138	115
C38	低速运行的转载机	MCP-1.9/3.3 3×150	3300	6041	1	138	115
C39	高速运行的破碎机	MCP-1.9/3.3 3×35	3300	1643	1	138	115
C39	高速运行的破碎机	MCP-1.9/3.3 3×50	3300	2236	1	138	115
C39	高速运行的破碎机	MCP-1.9/3.3 3×70	3300	3069	1	138	115
C39	高速运行的破碎机	MCP-1.9/3.3 3×120	3300	4106	1	138	115
C39	高速运行的破碎机	MCP-1.9/3.3 3×150	3300	6041	1	138	115
C40	低速运行的破碎机	MCP-1.9/3.3 3×16	3300	781	1	85	80
C40	低速运行的破碎机	MCP-1.9/3.3 3×25	3300	1215	1	85	80
C40	低速运行的破碎机	MCP-1.9/3.3 3×35	3300	1643	1	138	115
C40	低速运行的破碎机	MCP-1.9/3.3 3×50	3300	2236	1	138	115
C40	低速运行的破碎机	MCP-1.9/3.3 3×70	3300	3069	1	138	115
C40	低速运行的破碎机	MCP-1.9/3.3 3×120	3300	4106	1	138	115
C40	低速运行的破碎机	MCP-1.9/3.3 3×150	3300	6041	1	138	115

续表 6-16

编号	负荷	电缆型号	额定电压/V	长度/m	根数	空气中允许载流量/A	长时工作电流/A
C41	3#乳化液泵	MCP-1.9/3.3 3×16	3300	45	1	85	68
C42	4#乳化液泵	MCP-1.9/3.3 3×16	3300	50	1	85	68

6.7 焦作煤业(集团)有限责任公司赵固二矿 14030 综采工作面设计示例

赵固二矿 14030 综采工作面概况如表 2-7 所示。综合考虑煤层的厚度,倾角及煤的物理机械性质、地质条件等煤层情况、开采规模以及采煤工艺,巷道布置情况,14030 工作面选择的综采设备及布置情况如表 6-17 所示。

表 6-17 赵固二矿 14030 主要设备配置及布置情况

设备名称	供电距离 (电缆长度)/m	设备数量 /台	额定功率 /kW	额定电压 /V
采煤机	1780	1	2320	3300
小破碎机	1820	1	200	3300
1#乳化液泵	1013	1	315	3300
2#乳化液泵	1006	1	315	3300
刮板输送机尾电动机	1795	1	1000	3300
刮板输送机头电动机	1555	1	1000	3300
转载机	1823	1	525/263	3300
破碎机	1823	1	525/263	3300
3#乳化液泵	1013	1	315	3300
4#乳化液泵	1008	1	315	3300

由表 6-1 和表 6-17 可知,赵固二矿 14030 工作面的负荷分配同表 6-1。

采煤机实际供电距离为 1780 m,1#隔爆型高压开关至 2#隔爆型高压开关段长度为 915 m,2#隔爆型高压开关至 1#移动变电站段长度为 35 m,1#移动变电站至组合开关段长度为 30 m,采煤机支路 C31 段为 800 m。在 1#变压器选择 KBSGZY-3150/10/3.45 移动变电站,C1 选择 MYPTJ-8.7/10 3×185,C11 选择 MYPTJ-8.7/10 3×70,C21 选择 2 根 MCP-1.9/3.3 3×120 并列敷设时,查表 6-16 可知支线电缆选择 2 根 MCP-1.9/3.3 3×95 并列敷设对应的极限供电距离为 2659 m>800 m,C34 选择 MCP-1.9/3.3 3×50 对应的极限供电距离为 1054 m>820 m,满足要求。

刮板输送机支路实际供电距离为 1795 m,1#隔爆型高压开关至 3#隔爆型高压开关段长度为 915 m,3#隔爆型高压开关至 2#移动变电站段长度为 10 m,1#移动变电站至变频器段长度为 10 m,刮板机机尾支路 C35 段 820 m,刮板机机头支路 C36 段 580 m。在 2#变压器选择 KBSGZY-2500/10/2×1.905 移动变电站,C1 选择 MYPTJ-8.7/10 3×185,C12 选择 MYPTJ-8.7/10 3×50,C22 选择 2 根 MCP-1.9/3.3 3×185 并列敷设时,查表 6-16 可知 C35 支线电缆选择 MCP-1.9/3.3 3×70 对应的极限供电距离为 933 m>820 m,C36 支线电缆选择 MCP-1.9/3.3 3×70 对应的极限供电距离为 933 m>580 m,满足供电要求。

　　转载机(破碎机)实际供电距离为 1823 m,1#隔爆型高压开关至 4#隔爆型高压开关段长度为 915 m,4#隔爆型高压开关至 3#移动变电站段长度为 20 m,3#移动变电站至组合开关段长度为 10 m,转载机(高速运行)支路 C37 段 860 m,转载机(低速运行)支路 C38 段 860 m,破碎机(高速运行)支路 C39 段 860 m,破碎机(低速运行)支路 C40 段 840 m。在 3#变压器选择 KBSGZY-1600/10/3.45 移动变电站,C1 选择 MYPTJ-8.7/10 3×185,C13 选择 MYPTJ-8.7/10 3×25,C23 选择 MCP-1.9/3.3 3×95 时,查表 6-16 可知支线电缆 C37 及 C39 选择 MCP-1.9/3.3 3×35 对应的极限供电距离为 1643 m>860 m,支线电缆 C38 选择 MCP-1.9/3.3 3×25 对应的极限供电距离为 1215 m>860 m,支线电缆 C40 选择 MCP-1.9/3.3 3×25 对应的极限供电距离为 1215 m>840 m。

参考文献

[1]徐凯.煤矿井下综采工作面远距离供电技术讨论[J].煤炭工程,2020,52(06): 48-50.

[2]冯建通,贾纪兵.薄煤综采工作面远距离供电系统设计校验[J].煤炭与化工,2019,42 (10):80-82,85.

[3]张利军.综采工作面超远距离供电系统设计和应用[J].机电工程技术,2021,50 (07):216-219.

[4]卫华.大型综采工作面远距离供电系统的设计及应用[J].机械管理开发,2021,36 (04):157-158.

[5]杨治国,田建辉,乔军伟,等.综采工作面远距离供电设计与应用[J].煤炭技术, 2012,31(10):53-54.

[6]郑云瑞,郭玉红.煤矿综采工作面供电系统电气设计[J].能源与节能,2021(01): 126-128.

[7]李占平.综采工作面远距离供电供液系统设计与应用[J].煤矿开采,2012,17(03): 28-29,16.

[8]ZHU Q L. Low voltage power supply system in the reliability analysis and countermeasures of coal [C] // 2014 3rd International Conference on Science and Social Research. International Informatization and Engineering Associations, Atlantis Press: Computer Science and Electronic Technology International Society,2014:1298-1301.

[9]黄晓伟.综采工作面瓦斯监测与供电控制系统设计应用[J].机械研究与应用, 2021,34(04):148-150.

[10]吴昕.综采工作面远距离供电压降问题的研究[J].中国煤炭,2014,40(10):77-79.

[11]杨鸿飞.综采工作面超远距离供电及供液技术的研究与应用[J].当代化工研究, 2021(03):99-100.

[12]边小科,包彦明,程建胜.综采工作面超远距离供电及供液技术的研究与应用[J].煤 矿机械,2018,39(11):125-127.

[13]原学新.煤矿综采工作面远距离供电的研究与实践[J].煤炭与化工,2020,43(12): 80-82.

[14]贾璐.矿井综采工作面远距离供电的研究[J].当代化工研究,2021(16):185-186.

[15]周建新.关于某综采工作面运输机远距离供电电压损失的计算分析[J].科技与创 新,2015(03):93,96.

[16]CHEN W H,SHAN R Z,BAI C F,et al. Research on safety of mine power supply system [J]. E3S Web of Conferences,2021,252:2008.

[17]阎东慧,范生军,侯刚,等.电缆回收方式对综采工作面远距离供电影响分析[J].工

矿自动化,2021,47(02):26-31.

[18]张利军.综采工作面供电供液系统优化及自动化技术研究与应用[D].徐州:中国矿业大学,2019.

[19]李立军,李峰,王振江,等.综采远距离供电供液方案的设计与应用[J].煤矿安全,2000(12):21-22.

[20]魏超.煤矿掘进工作面远距离供电方式探究[J].能源与节能,2019(04):13-15.

[21]渠润生.远距离供电方式在矿井中的应用[J].工程技术研究,2019,4(13):213-214.

[22]郝志清.煤矿井下远距离供电技术的探讨[J].城市建设理论研究,2017(33):97-99.

[23]张文科.煤矿井下大采高工作面远距离供电、供液研究[J].能源与环保,2018,40(09):161-164,189.

[24]夏树磊.采煤工作面远距离供电系统的设计与应用[J].机械管理开发,2020,35(07):18-19,24.

[25]李东辉,程海兵.矿井供电设计与校核系统在采区供电设计的应用[J].煤,2014,23(02):16-18.

[26]刘要宇.综放工作面供电系统设计与探讨[J].机械管理开发,2018,33(06):107-108.

[27]梁剑超.阳煤一矿综放工作面供电系统优化设计[J].能源与节能,2020(11):42-43,82.

[28]韩瑞东,李伟伟.井下远距离供电电压降的计算方法[J].煤矿机电,2012(05):88-90.

[29]尉敏.关于煤矿井下远距离供电技术的探讨[J].内蒙古煤炭经济,2018(11):54-55.

[30]陆幼鲁.复杂条件下综采放工作面远距离供电供液系统研究[J].煤矿现代化,2012,111(6):75-78.

[31]樊宪宇.小纪汗煤矿11213综采工作面供电系统设计[D].西安:西安科技大学,2013.

[32]赵利杰,苗继军,姜明学.煤矿采区远距离供电方案的设计[J].煤矿机电,2014(5):122-125.

[33]住房和城乡建设部.煤矿井下供配电设计规范:GB/T 50417—2017[S].北京:中国计划出版社,2018.

[34]国家能源局.电力系统继电保护整定计算数据交换格式规范:DL/T 1011—2016[S].北京:中国电力出版社,2016.

[35]国家市场监督管理总局.综采综放工作面远距离供电系统技术规范:GB/T 37814—2019[S].北京:中国标准出版社,2019.

[36]庞义辉.大采高综放工作面远距离供液供电技术[J].煤炭工程,2017,49(11):17-20,24.

[37]OUYANG W,CHENG H,ZHANG X,et al. Distribution network planning considering dis-

tributed generation by genetic algorithm combined with graph theory［J］. Electric Power Components and Systems,2010,38(3):325-339.

［38］VALLEM M R,MITRA J. Siting and sizing of distributed generation for optimal microgridarchitecture［C］. Proceedings of the 37th Annual North American Power Symposium, 2005(7):611-616.

［39］陈根永.电力系统继电保护整定计算原理与算例［M］.北京:化学工业出版社,2011.

［40］崔家佩,孟庆炎,陈永芳,等.电力系统继电保护与安全自动装置整定计算［M］.北京:中国电力出版社,2007.

［41］谷水清.电力系统继电保护［M］.北京:中国电力出版社,2012.

［42］顾永辉.煤矿供电手册(第二分册 上)［M］.北京:煤炭工业出版社,1997.

［43］顾永辉.煤矿供电手册(第二分册 下)［M］.北京:煤炭工业出版社,1998.

［44］郭光荣.电力系统继电保护［M］.北京:高等教育出版社,2006.

［45］国家电力调度通信中心.电力系统继电保护题库［M］.北京:中国电力出版社,2008.

［46］何仰赞,温增银.电力系统分析(上册)［M］.3 版.武汉:华中科技大学出版社,2010.

［47］何仰赞,温增银.电力系统分析(下册)［M］.3 版.武汉:华中科技大学出版社,2011.

［48］李玉海,刘昕,李鹏.电力主设备继电保护的理论实践及运行案例(电气部分)［M］.北京:中国水利水电出版社,2009.

［49］梁振锋,康小宁.电力系统继电保护习题集［M］.北京:中国电力出版社,2008.

［50］煤炭工业部.煤矿井下三大保护细则［M］.北京:煤炭工业出版社,1998.

［51］穆连生.煤矿综连采实用电工技术［M］北京:煤炭工业出版社,2006.

［52］任元会.工业与民用配电设计手册［M］.3 版.北京:中国电力出版社.2005.

［53］山东电力研究院.山东电网发电厂继电保护整定计算指导范本［R］.2010.

［54］熊信银.发电厂电气部分［M］.4 版.北京:中国电力出版社,2011.

［55］熊信银.张步涵.电力系统工程基础［M］.武汉:华中科技大学出版社,2009.

［56］余健明,同向前,苏文成.供电技术［M］.4 版.北京:机械工业出版社,2011.

［57］袁亮.煤矿总工程师技术手册(中册)［M］.北京:煤炭工业出版社,2010.

［58］中国煤炭建设协会.煤矿井下供配电设计规范［M］.北京:中国计划出版社,2007.

［59］《综采技术手册》编委会.综采技术手册(下)［M］.北京:煤炭工业出版社,2001.

［60］BERGEN A R, VITTAL V. Power system analysis ［M］. 2nd ed. London:Prentice Hall,2000.

［61］DAS J C. Power system analysis:short circuit load flow and harmonics［M］. New York: Marcel Dekker Ine,2002.

［62］JOHN J G,WILLIAM D S. Elements of power system analysis［M］. New York:Mc Graw-Hill,1994.

［63］JEEE 电力工程委员会.微处理机式继电器和保护系统［M］.重庆:重庆大学出版社,1990.

［64］MILLER T J E.电力系统无功功率控制［M］.胡国根,译.北京:水利电力出版社,1990.

［65］VENIKOW V A. Transient Processes in Electrical Power System ［M］. Moscow:

MirPublishens,1980.

[66]陈建国.煤矿供电系统运行与维护[M].重庆:重庆大学出版社,2010.

[67]顾永辉.煤矿电工手册(上、下册)[M].北京:煤炭工业出版社,1994.

[68]郭玉.矿山电工学(采矿工程专业)[M].北京:煤炭工业出版社,1984.

[69]国家安全生产监督管理局,国家矿山安全监察局.煤矿安全规程[M].北京:煤炭工业出版社,2011.

[70]华中科技大学.电力系统继电保护原理与运行[M].北京:电力工业出版社,1981.

[71]赖昌干.矿山电工学[M].北京:煤炭工业出版社,2006.

[72]李树伟.矿山供电[M].徐州:中国矿业大学出版社,2006.

[73]马大强.电力系统机电暂态过程[M].北京:水利电力出版社,1988.

[74]马志溪.供配电工程[M].北京:清华大学出版社,2009.

[75]电力工业部西北电力设计院,电力工业部西部勘测设计院.短路电流使用计算方法[M].北京:电力工业出版社,1982.

[76]杨冠成.电力系统自动装置原理[M].北京:水利电力出版社,1995.

[77]杨奇逊,黄少锋.微型机继电保护基础[M].北京:中国电力出版社,2005.

[78]赵新卫.中低压电网无功补偿实用技术[M].北京:电子工业出版社,2011.

[79]邹有明.现代供电技术[M].北京:中国电力出版社,2008.